高等学校实验实训规划教材

大学化学实验教程

余彩莉　刘峥　主编

北京
冶金工业出版社
2018

内 容 提 要

本书为高等学校实验实训规划教材。全书共分三部分，48 个实验：第一部分为化学实验基础知识，主要介绍化学实验的基本知识和基本操作技术。第二部分为实验，包括化合物的物理、化学常数的测定；基本原理的验证；元素、化合物性质及离子的分离鉴定；化合物制备、提纯、分析检测；综合应用和设计性实验；仿真实验等。第三部分为附录，包括常用仪器介绍、常用数据表、常用指示剂的配制和常见离子的鉴定方法。

本书既可作为工科院校无机化学、普通化学的实验教科书，也可作为其他院校同类课程的实验教学参考书。

图书在版编目（CIP）数据

大学化学实验教程/余彩莉，刘峥主编. —北京：冶金工业出版社，2009.3（2018.9 重印）
高等学校实验实训规划教材
ISBN 978-7-5024-4773-1

Ⅰ. 大… Ⅱ. ①余… ②刘… Ⅲ. 化学实验—高等学校—教材 Ⅳ. 06-3

中国版本图书馆 CIP 数据核字（2009）第 035803 号

出 版 人 谭学余
地　　址 北京市东城区嵩祝院北巷 39 号 邮编 100009 电话 (010)64027926
网　　址 www.cnmip.com.cn 电子信箱 yjcbs@cnmip.com.cn
责任编辑 王之光 曾 媛 美术编辑 吕欣童 版式设计 张 青
责任校对 石 静 责任印制 李玉山
ISBN 978-7-5024-4773-1
冶金工业出版社出版发行；各地新华书店经销；三河市双峰印刷装订有限公司印刷
2009 年 3 月第 1 版，2018 年 9 月第 7 次印刷
148mm×210mm；9 印张；266 千字；278 页
22.00 元

冶金工业出版社 投稿电话 (010)64027932 投稿信箱 tougao@cnmip.com.cn
冶金工业出版社营销中心 电话 (010)64044283 传真 (010)64027893
冶金书店 地址 北京市东四西大街 46 号(100010) 电话 (010)65289081(兼传真)
冶金工业出版社天猫旗舰店 yjgycbs.tmall.com

前　　言

化学实验教学在大学化学教学方面起着课堂讲授不可代替的特殊作用，它能加深学生对化学基本概念和基本理论的理解，更重要的是能培养学生动手、观察、思维和表达等方面的能力以及培养学生掌握基本的操作技能、实验技术、分析问题与解决问题的能力，养成严谨的实事求是的科学态度，树立勇于开拓的创新意识，同时也为学习其他化学学科奠定良好的基础。

本教材为高等学校实验实训规划教材。在实验内容的选择上，在保证学生掌握一定的化学实验基本技能、基本方法的基础上，减少了验证性实验，增加了制备、提纯、测试性实验以及综合性、设计性实验。适当加入了同一实验项目不同实验方法的实验，加入了微型实验和仿真实验，部分实验还结合了教师的科研成果。

本教材共包括三部分：第一部分为化学实验基础知识，主要介绍化学实验的基本知识和基本操作技术。第二部分为实验部分，共48个实验，包括化合物的物理、化学常数的测定；基本原理的验证；元素、化合物性质及离子的分离鉴定；化合物制备、提纯、分析检测；综合应用和设计性实验；仿真实验等，着重于基本技能训练及综合思维和创新能力训练。第三部分为附录，包括常用仪器介绍、常用数据表、常用指示剂的配制和常见离子的鉴定方法。

参加本教材编写的有余彩莉（第4章中的实验2～实验4、第6章），刘峥（第4章中的实验5～实验7，第5章），钟福新（第

3章)，魏小平（第1章、第2章、附录)，蒋锡福（第4章中的实验1、第7章)；由余彩莉、刘峥担任主编。

本教材由桂林工学院教材建设基金资助出版。在编写过程中，参阅了一些院校已出版的教材，并吸取了一些内容，对此表示感谢。

由于作者水平所限，书中有不妥之处，恳请使用本教材的老师和同学批评指正。

编 者

2008年9月

目　　录

绪　　论……………………………………………………………… 1

一、化学实验的意义……………………………………………… 1
二、化学实验的目的……………………………………………… 1
三、化学实验的学习方法………………………………………… 1
四、实验报告格式示例…………………………………………… 2

第一部分　化学实验基础知识

第 1 章　化学实验室基本知识………………………………………… 5

一、实验室规则…………………………………………………… 5
二、实验安全知识………………………………………………… 6

第 2 章　化学实验基本操作技术 …………………………………… 12

一、常用仪器的洗涤与干燥 ……………………………………… 12
二、常用的加热器具及其使用方法 ……………………………… 15
三、度量液体体积的仪器及其使用方法 ………………………… 23
四、试剂及取用方法 ……………………………………………… 31
五、固体物质的溶解、蒸发、结晶与固液分离 ………………… 34
六、称量 …………………………………………………………… 41
七、基本测量仪器的使用 ………………………………………… 49

第二部分　实　　验

第 3 章　化学原理实验 ……………………………………………… 67

实验 1　化学反应热效应的测定 ………………………………… 67
实验 2　气体密度法测定二氧化碳的相对分子质量 …………… 70

实验3 凝固点降低法测定萘的相对分子质量 …… 73
实验4 化学反应速率与活化能的测定 …… 76
实验5 化学平衡常数的测定 …… 81
实验6 醋酸解离常数的测定 …… 85
实验7 解离平衡 …… 88
实验8 沉淀溶解平衡 …… 92
实验9 分光光度法测定碘酸铜溶度积常数 …… 95
实验10 氧化还原反应 …… 97
实验11 原电池电动势和电极电势的测定 …… 100
实验12 银氨配离子配位数和稳定常数的测定 …… 104
实验13 配合物形成时性质的改变 …… 107
实验14 分光光度法测定 $Ti(H_2O)_6^{3+}$、$Cr(H_2O)_6^{3+}$ 和 $(Cr\text{-}EDTA)^-$的分裂能 Δ(10Dq) …… 110

第4章 元素化学实验 …… 114

实验1 s 区元素实验 …… 114
实验2 硼、碳、硅 …… 121
实验3 氮、磷 …… 125
实验4 氧、硫 …… 130
实验5 铬、锰 …… 135
实验6 铁、钴、镍 …… 140
实验7 铜、银 …… 146

第5章 化合物的制备和提纯实验 …… 150

实验1 固体释氧剂过氧化钙的制备和产品质量分析 …… 150
实验2 固体碱熔氧化法制备重铬酸钾的微型实验和产品质量分析 …… 152
实验3 氯化铵的制备 …… 155
实验4 硫酸亚铁铵的制备 …… 157
实验5 三草酸合铁（Ⅲ）酸钾的制备及组成测定 …… 161
实验6 硫酸铝钾（明矾）的制备及其单晶的培养 …… 164

实验 7　三氯化六氨合钴（Ⅲ）的制备及配离子电荷测定 …… 167
实验 8　微型实验法制备十二钨磷酸 …… 170
实验 9　五水硫酸铜的制备及结晶水的测定 …… 172
实验 10　硝酸钾的制备与提纯 …… 174
实验 11　甲酸铜的制备 …… 176
实验 12　氯化钠的提纯 …… 178
实验 13　硫代硫酸钠的制备和纯度检验 …… 180

第 6 章　综合应用和设计实验 …… 183

实验 1　吉布斯自由能变与化学反应方向（综合应用实验） …… 183
实验 2　电化学及其应用（综合应用实验） …… 184
实验 3　高岭土中杂质铁的除去与增白（综合应用实验） …… 189
实验 4　水的纯化及其纯度测定（综合应用实验） …… 193
实验 5　基本离子的鉴定（设计实验） …… 199
实验 6　卤素元素（设计实验） …… 200
实验 7　硫酸铜的提纯（设计实验） …… 202
实验 8　碱式碳酸铜的制备（设计实验） …… 203
实验 9　席夫碱及其过渡元素配合物的制备（设计实验） …… 204
实验 10　废干电池的综合应用（设计实验） …… 206
实验 11　印刷电路腐蚀废液回收铜和氯化亚铁(设计实验) …… 208

第 7 章　仿真实验 …… 210

实验 1　阿伏加德罗常数的测定 …… 210
实验 2　无水二氯化锡的制备 …… 214
实验 3　配合物的生成和性质 …… 216

第三部分　附　　录

附录 1　化学实验常用仪器介绍 …… 221
附录 2　常见离子和化合物的颜色 …… 230
附表 2-1　常见离子的颜色 …… 230

附表 2-2　常见化合物的颜色 …… 230
附录 3　常见离子的鉴定方法 …… 231
附表 3-1　阳离子的鉴定方法 …… 231
附表 3-2　阴离子的鉴定方法 …… 244
附录 4　常用指示剂 …… 250
附表 4-1　酸碱指示剂（291～298K） …… 250
附表 4-2　混合酸碱指示剂 …… 252
附表 4-3　氧化还原指示剂 …… 253
附录 5　实验室中常用酸碱的浓度及其配制 …… 253
附录 6　常用物理化学常数 …… 255
附表 6-1　弱电解质的解离常数 …… 255
附表 6-2　难溶化合物的溶度积常数 …… 257
附表 6-3　常见配离子的稳定常数 …… 261
附表 6-4　标准电极电势 …… 263
附录 7　元素的相对原子质量和化合物的摩尔质量 …… 272
附表 7-1　元素的相对原子质量 …… 272
附表 7-2　化合物的摩尔质量 …… 273
参考文献 …… 277

绪　论

一、化学实验的意义

化学是在分子、原子（或离子）层次上研究物质的组成、结构、性质和变化规律的自然科学。而化学实验则是化学学科的基础和重要组成。化学实验是化学理论、化学规律和成果产生的基础，也是检验化学理论正确与否的唯一标准。

通过化学实验，不仅可以加深学生对化学基本概念与基本理论的理解，初步树立“量”的概念，更重要的是培养学生动手、观察、思维和表达等方面的能力，使学生掌握基本的操作技能、实验技术；培养学生分析问题与解决问题的能力；使学生养成严谨的实事求是的科学态度，树立勇于开拓的创新意识。

二、化学实验的目的

（1）通过实验教学，加强学生对课堂上所学的化学基本理论和反应的理解，增强学生运用所学理论解决实际问题的能力。

（2）使学生掌握化学实验的基本操作技术和技能，学会正确选择化合物的合成方法，分离提纯及分析鉴定的方法。

（3）培养学生实事求是的、严谨的科学态度，良好的科学素养及实验室工作习惯，培养学生初步具有独立进行实验工作的能力，为后续课程及研究工作和参加实际工作奠定良好的基础。

三、化学实验的学习方法

（1）预习：实验前必须进行充分的预习和准备，并写出预习报告，做到心中有数，这是做好实验的前提。

（2）操作：应按拟定的实验操作计划与方案进行。做到轻（动作轻、讲话轻），细（细心观察、细致操作），准（试剂用量准、结果及其记录准确），洁（使用的仪器清洁，实验桌面整洁，实验结束把实验室打扫清洁）。在实验全过程中，应集中注意力，独立思考并解决问题。自己难以解释时可请老师解答。

（3）写实验报告：做完实验后，应解释实验现象，并作出结论，或根据实验数据进行计算和处理。

书写实验报告应字迹端正，简明扼要，整齐清洁。在实验报告的格式上，可根据不同的实验写出不同的格式。

四、实验报告格式示例

格式 1　化学常数测定实验报告

实验名称：＿＿＿＿＿＿＿＿　日期：＿＿＿＿＿＿＿＿

班级：＿＿＿　学号：＿＿＿　姓名：＿＿＿　同组实验者：＿＿＿

（一）实验目的

（1）……

（2）……

（二）实验测定原理（简述）

（三）实验步骤

（四）数据记录和结果处理（以表格形式为佳）

（五）问题讨论

（六）实验小结

（七）思考题

指导教师签名：＿＿＿＿＿＿

格式2　化学性质实验报告

实验名称：________________ 日期：________________

班级：______ 学号：______ 姓名：______ 同组实验者：______

（一）实验目的

（1）……

（2）……

（二）实验内容、现象及解释

实验内容	实验现象	解释和反应方程式

（三）问题讨论

（四）实验小结

（五）思考题

指导教师签名：____________

格式3 化合物制备实验报告

实验名称：________________ 日期：________________

班级：______ 学号：______ 姓名：______ 同组实验者：______

（一）实验目的

（1）……

（2）……

（二）实验基本原理（简述）

（三）实验装置

（四）简单流程

（五）实验过程主要现象

（六）实验结果

产品外观（包括级别）：

产量（包括理论产量和实际产量）：

产率：

（七）实验小结

（八）思考题

指导教师签名：____________

第一部分　化学实验基础知识

第1章　化学实验室基本知识

化学实验室是开展实验教学的主要场所，化学实验教学不同于传统的讲授教学，学生是教学过程中的主体，教师要充分发挥主导作用。为了使学生尽快熟悉这种教学方式，规范教学秩序，必须制定相关的规章制度。

化学实验室涉及许多仪器、仪表、化学试剂甚至有毒药品，常常会用到一些易燃、易爆、有腐蚀性和有毒性的化学药品，所以必须十分重视安全问题，决不能麻痹大意。在实验前应充分了解每次实验中的安全问题和注意事项，保证教学人员的安全、实验室设备的完好。在实验过程中要集中精力，严格遵守操作规程和安全守则，这样，才能避免事故的发生。万一发生了事故，要立即紧急处理。

一、实验室规则

（1）实验前一定要做好预习和实验准备工作，检查实验所需的药品、仪器是否齐全。做规定以外的实验，应先经教师允许。

（2）在实验过程中要集中精力，认真操作，仔细观察，积极思考，如实详细地做好记录。

（3）实验中必须保持肃静，不准大声喧哗，不得到处乱走；不得无故缺席，因故缺席未做的实验应该补做。

（4）爱护国家财物，小心使用仪器和实验室设备，注意节约水、电和煤气。每人应取用自己的仪器，不得动用他人的仪器；公用仪器和临时公用的仪器用毕应洗净，并立即送回原处。如有损坏，必须及时登记补领并且按照规定赔偿。

（5）加强环境保护意识，采取积极措施，减少有毒气体和废液对大气、水、周围环境的污染。

（6）剧毒药品必须有严格的管理、使用制度，领用时要登记，用完后要回收或销毁，并把落过毒物的桌子和地面擦净，洗净双手。

（7）实验台上的仪器、药品应整齐地放在一定的位置上并保持台面的清洁。每人准备一个废品杯，实验中的废纸、火柴梗和碎玻璃等应随时放入废品杯中，待实验结束后，集中倒入垃圾箱。酸性溶液应倒入废液缸，切勿倒入水槽，以防腐蚀下水管道。碱性废液倒入水槽并用水冲洗。

（8）按规定的量取用药品，注意节约。称取药品后，及时盖好原瓶盖；放在指定地方的药品不得擅自拿走。

（9）使用精密仪器时，必须严格按照操作规程进行操作，细心谨慎，避免粗枝大叶而损坏仪器。如发现仪器有故障，应立即停止使用，报告教师，及时排除故障。

（10）在使用煤气、天然气时要严防泄漏，火源要与其他物品保持一定的距离，用后要关闭煤气阀门。

（11）实验后，应将所用仪器洗净并整齐地放回实验柜内。实验台和试剂架必须擦拭干净，最后关好水、电、煤气和门。实验柜内仪器应存放有序，清洁整齐。

（12）每次实验后由学生轮流值勤，负责打扫和整理实验室，并检查水龙头、煤气开关、门、窗是否关紧，电闸是否拉掉，以保持实验室的整洁和安全。教师检查合格后方可离去。

（13）如果发生意外事故，应保持镇静，不要惊慌失措；遇有烧伤、烫伤、割伤时应立即报告教师，及时救治。

二、实验安全知识

（一）实验室安全守则

（1）一切易燃、易爆物质的操作都要在远离火源的地方进行。金属钾、钠和白磷等暴露在空气中易燃烧，所以金属钾、钠应保存在煤油中，白磷则可保存在水中，取用时要用镊子。一些有机溶剂

（如乙醚、乙醇、丙酮、苯等）极易引燃，使用时必须远离明火、热源，用毕立即盖紧瓶塞。

（2）绝对不允许随意混合各种化学药品，以免发生意外事故。

（3）有毒、有刺激性的气体的操作都要在通风橱内进行。当需要借助于嗅觉判别少量的气体时，不要俯向容器口去嗅放出的气味。面部应远离容器，用手轻轻煽动少量逸出容器的气体飘向自己的鼻孔进行嗅闻。能产生有刺激性或有毒气体（如 H_2S、HF、Cl_2、CO、NO_2、SO_2、Br_2等）的实验必须在通风橱内进行。

（4）加热、浓缩液体的操作要十分小心，不能俯视正在加热的液体，试管在加热操作中管口不能对着自己或别人。浓缩溶液时，特别是有晶体出现之后，要不停地搅拌，不能离开工作岗位，应尽可能戴上防护眼镜。

（5）绝对禁止在实验室内饮食、抽烟，或把食具带进实验室。有毒药品（如重铬酸钾、铬盐、钡盐、铅盐、砷的化合物、汞及汞的化合物，特别是氰化物等）严格防止进入口内或接触伤口。剩余的药品或废液不能随便倒入下水道，应回收集中处理。

（6）使用具有强腐蚀性的浓酸、浓碱、洗液时，应避免接触皮肤和溅在衣服上，更要注意保护眼睛，必要时可戴上防护眼镜。稀释酸、碱时（特别是浓硫酸），应将它们慢慢倒入水中，而不能反向进行，以避免迸溅。

（7）不要用湿的手、物接触电源。水、电、煤气使用完毕应立即关闭。点燃的火柴用后立即熄灭，不得乱扔。

（8）金属汞易挥发，并通过呼吸道而进入人体内，逐渐积累会引起慢性中毒。所以做金属汞的实验应特别小心，不得把金属汞洒落在桌上或地上。一旦洒落，必须尽可能收集起来，并用硫磺粉盖在洒落的地方，使金属汞转变成不挥发的硫化汞。

（9）含氧气的氢气遇火易爆炸，操作时必须严禁接近明火。在点燃氢气前，必须先检查并确保纯度符合要求。银氨溶液不能留存，因久置后会变成氮化银，也易爆炸。某些强氧化剂（如氯酸钾、硝酸钾、高锰酸钾等）或其混合物不能研磨，否则将引起爆炸。

（10）实验室所有药品不得携出室外。剩余的有毒药品应交还给教师。

（11）每次实验结束后，必须洗净双手后方可离开实验室。

（二）实验室意外事故的紧急处理

如果在实验过程中发生了意外事故，可以采取如下救护措施：

（1）割伤，伤处不能用手抚摸，也不能用水洗涤。伤口内若有异物，须先从伤处挑出，轻伤可涂以紫药水（或红汞、碘酒）或贴上“创可贴”，必要时撒些消炎粉或敷些消炎膏，用绷带包扎。严重时送医院治疗。

（2）烫伤，切勿用水冲洗伤处。伤处皮肤未破时，可在烫伤处涂擦饱和碳酸氢钠溶液或用碳酸氢钠粉调成糊状敷于伤处，也可抹獾油、烫伤膏或万花油；如果伤处皮肤已破，可涂些紫药水或1%高锰酸钾溶液。

（3）酸腐蚀伤害皮肤时，先用洁净的干布或吸水纸揩干，再用大量水冲洗，然后用饱和碳酸氢钠（或稀氨水、肥皂水）冲洗，最后再用水冲洗，必要时送医院治疗。如果酸液溅入眼内，应立即用大量水冲洗，再用3%～5%的碳酸氢钠溶液冲洗，然后立即到医院治疗。

（4）碱腐蚀伤害皮肤时，先用洁净的干布或吸水纸揩干，再用大量水冲洗，然后用3%～5%的醋酸溶液或饱和硼酸溶液洗，最后用水冲洗，必要时送医院治疗。如果碱液溅入眼中，应立即用大量水冲洗，再用3%硼酸溶液冲洗，然后立即到医院治疗。

（5）受溴腐蚀致伤，用苯或甘油清洗伤口，再用水洗。

（6）受磷灼伤，用1%硝酸银，5%硫酸铜或浓高锰酸钾溶液清洗伤口，然后包扎。

（7）在吸入刺激性或有毒气体如氯、氯化氢气体时，可吸入少量酒精和乙醚的混合蒸气解毒。因吸入硫化氢或一氧化碳气体而感到不适（头晕、胸闷、欲吐）时，立即到室外呼吸新鲜空气。应特别注意，氯气、溴中毒不可进行人工呼吸，一氧化碳中毒不可施用兴奋剂。

（8）遇毒物进入口内时，可将5～10mL稀硫酸铜溶液加入一杯温水中，内服后，再用手指伸入咽喉部，促使呕吐，吐出毒物，然后立即送医院治疗。

（9）不慎触电时，首先应立即切断电源。必要时进行人工呼吸，找医生抢救。

（10）起火后，一面立即灭火，一面要采取措施防止火势扩展（如采取切断电源，移走易燃药品等措施）。灭火的方法要针对起火原因选择合适的方法和灭火设备：

1）一般起火，小火可用湿布、石棉布或沙子覆盖燃烧物即可灭火；大火可以用水、泡沫灭火器灭火。

2）活泼金属如 Na、K、Mg、Al 等引起的着火，不能用水、泡沫灭火器、二氧化碳灭火器灭火，只能用沙土、干粉等灭火；有机溶剂着火，切勿使用水、泡沫灭火器灭火，而应该用二氧化碳灭火器、专用防火布、沙土、干粉等灭火。

3）电器设备所引起的着火，首先关闭电源，再用防火布、干粉、沙土等灭火，或者使用二氧化碳或四氯化碳灭火器灭火，不能使用水、泡沫灭火器灭火，以免触电。

4）当实验人员身上衣服着火时，切勿惊慌乱跑，应赶快脱下衣服或用专用石棉布、防火布覆盖着火处，或就地卧倒打滚，也可起到灭火的作用。

（11）伤势较重者，应立即送医院。

附注　实验室常用的灭火器及其适用范围见表 1-1。

表 1-1　常用灭火器及其适用范围

灭火器类型	药液主要成分	适用范围
酸碱式	H_2SO_4 和 $NaHCO_3$	非油类和电器失火的一般初起火灾
泡沫灭火器	$Al_2(SO_4)_3$ 和 $NaHCO_3$	适用于油类火灾
二氧化碳灭火器	液态 CO_2	适用于扑灭电器设备、小范围油类及忌水的化学物品的失火
四氯化碳灭火器	液态 CCl_4	适用于扑灭电器设备、小范围的汽油、丙酮等失火； 不能用于扑灭活泼金属钾、钠的失火，因 CCl_4 会强烈分解，甚至爆炸； 也不能用于电石、二硫化碳的失火，因为会产生光气一类的毒气

续表 1-1

灭火器类型	药液主要成分	适 用 范 围
干粉灭火器	主要成分是 $NaHCO_3$ 等盐类物质与适量的润滑剂和防滑剂	扑救油类、可燃性气体、电器设备、精密仪器、图书文件和遇水易燃物品的初起火灾
1211 灭火剂	CF_2ClBr 液化气体	适用于扑灭油类、有机溶剂、精密仪器、高压电器设备的失火

（三）实验室三废处理

实验中经常会产生某些有毒的气体、液体和固体，都需要及时排弃，特别是某些剧毒物质，如果直接排出就可能污染周围空气和水源，损害人体健康。因此，对废液和废气、废渣要经过一定的处理后，才能排弃。

产生少量有毒气体的实验应在通风橱内进行。通过排风设备将少量毒气排到室外，使排出气体在外面大量空气中稀释，以免污染室内空气。产生毒气量大的实验必须备有吸收或处理装置，如二氧化氮、二氧化硫、氯气、硫化氢、氟化氢等可用导管通入碱液中，使其大部分吸收后排出，一氧化碳可点燃转成二氧化碳。少量有毒的废渣常埋于固定地点的地下。下面主要介绍一些常见废液处理的方法：

（1）无机实验中通常大量的废液是废酸液，废酸缸中废酸液可先用耐酸塑料网纱或玻璃纤维过滤，滤液加碱中和，调 pH 值为 6 ~ 8 后就可排出。少量滤渣可埋于地下。

（2）废铬酸洗液可以用高锰酸钾氧化法使其再生，重复使用。氧化方法：先在 383 ~ 403K 下将其不断搅拌、加热、浓缩，除去水分后，冷却至室温，缓缓加入高锰酸钾粉末。每升加入约 10g 高锰酸钾粉末，边加边搅拌直至溶液呈深褐色或微紫色，不要过量。然后直接加热至有三氧化硫出现，停止加热。稍冷，通过玻璃砂芯漏斗过滤，除去沉淀；冷却后析出红色三氧化铬沉淀，再加适量硫酸使其溶解即可使用。少量的废铬酸洗液可加入废碱液或石灰使其生成氢氧化铬（Ⅲ）沉淀，将此废渣埋于地下。

（3）氰化物是剧毒物质，含氰废液必须认真处理。对于少量的含氰废液，可先加氢氧化钠调至 pH 值大于 10，再加入少量高锰酸钾使 CN^- 氧化分解。大量的含氰废液可用碱性氧化法处理。先用碱将废液调至 pH 值大于 10，再加入漂白粉，使 CN^- 氧化成氰酸盐，并进一步分解为二氧化碳和氮气。

(4) 含汞盐废液应先调 pH 值为 8 ~ 10，然后，加适当过量的硫化钠生成硫化汞沉淀，并加硫酸亚铁生成硫化亚铁沉淀，从而吸附硫化汞共沉淀下来。静置后分离，再离心，过滤。清液汞的质量浓度降到 0.02mg/L 以下可排放。少量残渣可埋于地下，大量残渣可用焙烧法回收汞，但要注意一定要在通风橱内进行。

(5) 含重金属离子的废液，最有效和最经济的处理方法是加碱或加硫化钠把重金属离子变成难溶性的氢氧化物或硫化物沉积下来，然后过滤分离，少量残渣可埋于地下。

第 2 章　化学实验基本操作技术

一、常用仪器的洗涤与干燥

（一）洗涤剂的选择

选择洗涤剂时应根据实验的要求、污物性质和沾污程度来选择。一般来说，附着在仪器上的污物既有可溶性物质，也有尘土和其他不溶性物质，还有有机物质和油污等。针对这些情况“对症下药”，选用适当的洗涤剂来洗涤。常见污物处理方法见表 2-1。

表 2-1　常见污物处理方法

常见污物	处理方法
可溶于水的污物、灰尘等	自来水清洗
不溶于水的污物	肥皂、合成洗涤剂
氧化性污物（如 MnO_2、铁锈等）	浓盐酸、草酸洗液
油污、有机物	碱性洗液（Na_2CO_3、NaOH 等），有机溶剂、铬酸洗液，碱性高锰酸钾洗涤液
残留在容器内的 Na_2SO_4 或 $NaHSO_4$ 固体	用沸水使其溶解后趁热倒掉
高锰酸钾污垢	酸性草酸溶液
黏附的硫磺	用煮沸的石灰水处理
瓷研钵内的污迹	用少量食盐在研钵内研磨后倒掉，再用水洗
被有机物染色的比色皿	用体积比为 1∶2 的盐酸-酒精液处理
银迹、铜迹	硝　酸
碘　迹	用 KI 溶液浸泡，温热的稀 NaOH 或用 $Na_2S_2O_3$ 溶液处理

（二）常用仪器的洗涤方法

（1）刷洗。用自来水和毛刷刷洗，除去仪器上的尘土、其他不溶性杂质和可溶性杂质。

（2）用去污粉、肥皂或合成洗涤剂（洗衣粉）洗，除去油污和有机物质，最后再用自来水清洗。有时去污粉的微小粒子会黏附在玻璃器皿壁上，不易被水冲走，此时可用2%盐酸摇洗一次，再用自来水清洗；若油垢和有机物质仍洗不干净，可用热的碱液洗。但滴定管、移液管等量器，不宜用强碱性的洗涤剂，以免玻璃受腐蚀而影响容积的准确性。

（3）用铬酸洗液洗。在进行精确的定量实验时，对仪器的洁净程度要求高，所用仪器如坩埚、称量瓶、洗瓶、容量瓶、移液管、滴定管等宜用合适的洗液洗涤，必要时把洗液先加热，并浸泡一段时间。洗液具有强酸性、强氧化性，能把仪器洗干净，但对衣服、皮肤、桌面、橡皮等的腐蚀性也很强，使用时要特别小心。由于铬酸洗液中Cr（Ⅵ）有毒，故洗液尽量少用，一般只用于容量瓶、吸管、滴定管、比色管、称量瓶的洗涤。

使用洗液时应注意以下几点：

1）被洗涤器皿不宜有水，以免洗液被冲稀而失效。

2）洗液可以反复使用，用后即倒回原瓶内。

3）当洗液的颜色由原来的深棕色变为绿色，即重铬酸钾被还原为硫酸铬时，洗液即失效而不能使用。

4）洗液瓶的瓶塞要塞紧，以防洗液吸水而失效。

（4）用浓盐酸（粗）洗可以洗去附着在器壁上的氧化剂，如二氧化锰。大多数不溶于水的无机物都可以用它洗去，如灼烧过沉淀物的瓷坩埚，可先用热盐酸（1+1）洗涤，再用洗液洗。

（5）用氢氧化钠-高锰酸钾洗液洗可以洗去油污和有机物。洗后在器壁上留下的二氧化锰沉淀可再用盐酸洗。

（6）除以上洗涤方法外，还可以根据污物的性质选用适当试剂。如AgCl沉淀，可以选用氨水洗涤；硫化物沉淀可选用硝酸加盐酸洗涤。

（7）去离子水或蒸馏水荡洗。刷洗或洗涤剂洗过后，再用水连续淋洗数次，最后用去离子水或蒸馏水荡洗2~3次，以除去由自来水带入的钙、镁、钠、铁、氯等离子。洗涤方法一般是用洗瓶向容器内壁挤入少量水，同时转动器皿或变换洗瓶水流方向，使水能充分淋洗内壁，每次用水量不需太多，以少量多次（每次用量少，一般洗3次）为原则。把仪器倒转过来，水即顺器壁流下，器壁上只留下一层既薄又均匀的水膜，不挂水珠，这表示仪器已经洗干净。

已洗净的仪器不能再用布或纸抹，因为布和纸的纤维会留在器壁上弄脏仪器。在定性、定量实验中，由于杂质的引进会影响实验的准确性，对仪器洁净程度的要求较高。但有些情况下，如一般的无机制备、性质实验或者药品本身很脏，此时对仪器洁净程度的要求不高，仪器只要刷洗干净，不必要求不挂水珠，也不必用蒸馏水荡洗。工作中应根据实际情况决定洗涤的程度。

（三）仪器的干燥方法

实验中经常用到的仪器应在每次实验结束后洗净干燥备用。不同实验对干燥有不同的要求，一般定量分析用的烧杯、锥形瓶等仪器洗净即可使用，而其他实验用的仪器很多要求是干燥的，应根据不同要求进行仪器干燥。仪器干燥的方法很多，但要根据具体情况，选用具体的方法。

（1）晾干。晾干即自然风干。对于不急着等用的仪器，可在蒸馏水冲洗后于无尘处倒置在干净的实验柜内或仪器架上控去水分，任其自然干燥。可用安有木钉的架子或带有透气孔的玻璃柜放置仪器。

（2）烘干。将洗净的仪器尽量倒干水后放入电热烘干箱烘干，烘箱温度为378～383K烘1h左右。放时应使仪器口朝下，并在烘箱的最下层放一搪瓷盘，承接从仪器上滴下的水滴，以免水滴到电热丝上，损坏电热丝。也可放在红外灯干燥箱中烘干，此法适用于一般仪器。称量瓶等在烘干后要放在干燥器中冷却和保存；带实心玻璃塞及厚壁仪器烘干时要注意慢慢升温并且温度不可过高，以免破裂；量器不可放于烘箱中烘；硬质试管可用酒精灯加热烘干，要从底部烤起，把管口向下，以免水珠倒流把试管炸裂，烘到无水珠后把试管口向上赶净水气。注意木塞、橡皮塞不能与玻璃仪器一同干燥，玻璃塞也应分开干燥。

（3）热（冷）风吹干。利用电吹风吹干。对于急于干燥的仪器或不适于放入烘箱的较大的仪器可用吹干的办法。通常用少量乙醇、丙酮（或最后再用乙醚）倒入已控去水分的仪器中摇洗，然后用电吹风机吹，开始用冷风吹1～2min，当大部分溶剂挥发后吹入热风至完全干燥，再用冷风吹去残余蒸汽，不使其又冷凝在容器内。

（4）烤干。将一些常用的、洗涤干净的烧杯、蒸发皿等可放在石棉网上，用小火烤干；试管可以用试管夹夹住后，在火焰上来回移动，直至烤干。但在烤干试管过程中，开始必须将试管口向下倾斜，以使管口低于管底，避免水珠倒流至灼热部位，导致试管炸裂，火焰也不要集中于一个部位，先从底部开始加热，慢慢移至管口，反复数次直至无水珠，最后将管口向上赶尽水汽。

（5）快干（有机溶剂快速干燥法）。带有刻度的计量仪器不能用加热的方法干燥，与一些急需用的仪器一样，采用有机溶剂快速干燥法干燥。即将一些易挥发的有机溶剂（如乙醇、丙酮等）少量加入到已经用水洗干净的玻璃仪器中，倾斜并转动仪器，使水与有机溶剂互相溶解、混合，然后倒出有机溶剂，同样操作两次后，再用乙醚洗涤仪器后倒出，少量残留在仪器中的混合物很快挥发而自然干燥。如用电吹风往仪器中吹风，则干得更快。

二、常用的加热器具及其使用方法

（一）灯的使用

酒精灯和酒精喷灯是实验室常用的加热器具。酒精灯的温度一般可达673～773K；酒精喷灯可达973～1273K。

1. 酒精灯

（1）酒精灯的构造。酒精灯一般是由玻璃制成的，它由灯壶、灯帽和灯芯构成（图2-1）。酒精灯的正常火焰分为三层（图2-2），

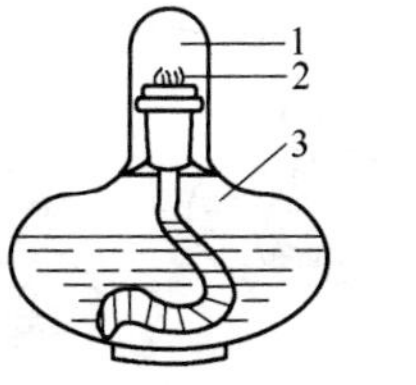

图2-1　酒精灯的构造

1—灯罩；2—灯芯；3—灯壶

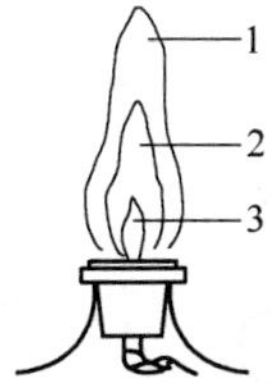

图2-2　酒精灯的正常火焰

1—外焰；2—内焰；3—焰心

内层为焰心，温度最低；中层为内焰（还原焰），由于酒精蒸气燃烧不完全，并分解为含碳的产物，所以这部分火焰具有还原性，称为“还原焰”，温度较高；外层为外焰（氧化焰），酒精蒸气完全燃烧，温度最高。进行实验时，一般都用外焰来加热。

（2）酒精灯的使用方法：

1）新购置的酒精灯应首先配置灯芯。灯芯通常是用多股棉纱拧在一起或编织而成的，它插在灯芯瓷套管中。灯芯不宜过短，一般浸入酒精后还要长 4 ~ 5cm。对于旧灯，特别是长时间未用的酒精灯，取下灯帽后，应提起灯芯瓷套管，用洗耳球或嘴轻轻地向灯壶内吹几下以赶走其中聚集的酒精蒸气，再放下套管检查灯芯，若灯芯不齐或烧焦都应用剪刀修整为平头等长，如图 2-3 所示。

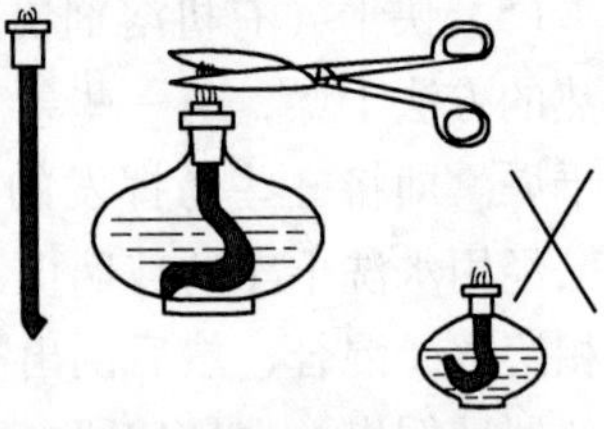

图 2-3　灯芯的检查与修整

2）酒精灯壶内的酒精少于其容积的 1/2 时，应及时添加酒精，但酒精不能装得太满，以不超过灯壶容积的 2/3 为宜。添加酒精时，一定要借助小漏斗（图 2-4），以免将酒精洒出。燃着的酒精灯，若需添加酒精时，首先必须熄灭火焰，决不允许在酒精灯燃着时添加酒精，否则很容易起火而造成事故。

3）新装的灯芯须放入灯壶内酒精中浸泡，而且将灯芯不断移动，使每端灯芯都浸透酒精，然后调好其长度，才能点燃。因为未浸过酒精的灯芯，一点燃就会烧焦。点燃酒精灯一定要用火柴点燃，决不允许用燃着的另一酒精灯对点（图 2-5）。否则会将酒精洒出，引

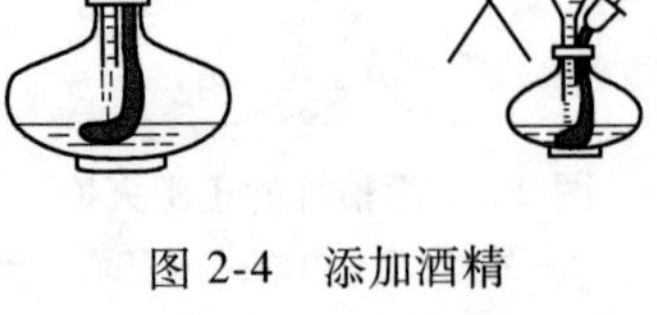

图 2-4　添加酒精

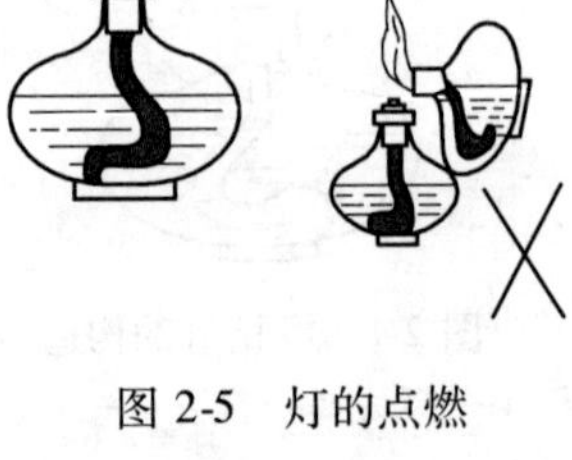

图 2-5　灯的点燃

起火灾。

4）加热时，若无特殊要求，一般用温度最高的火焰（外焰与内焰交界部分）来加热器具。加热的器具与灯焰的距离要合适，过高或过低都不正确。被加热的器具与酒精灯焰的距离可以通过铁环或垫木块来调节。被加热的器具必须放在支撑物（三脚架或铁环等）上，或用坩埚钳，试管夹夹持，决不允许用手拿着仪器加热（图2-6）。

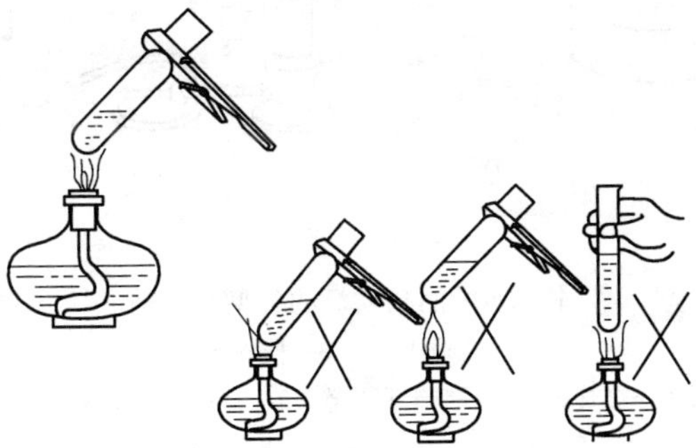

图2-6　酒精灯加热方法

5）若要使灯焰平稳，并适当提高温度，可以加一金属网罩（图2-7）。

6）加热完毕或因添加酒精要熄灭酒精灯时，必须用灯帽盖灭，盖灭后需重复盖一次，让空气进入且让热量散发，以免冷却后盖内造成负压使盖打不开。决不允许用嘴吹灭酒精灯（图2-8）。

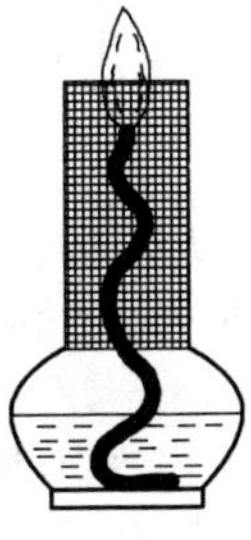

图2-7　提高温度的方法

图2-8　熄灭酒精灯

2. 酒精喷灯

（1）类型和构造。酒精喷灯的类型与构造如图 2-9 所示。

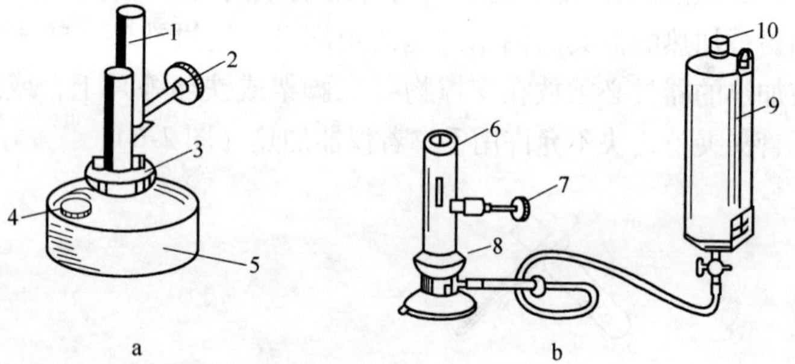

图 2-9 酒精喷灯的类型与构造

a—座式；b—挂式

1，6—灯管；2，7—空气调节器；3，8—预热盘；4—铜盖；

5—酒精壶；9—酒精贮存罐；10—盖子

（2）使用方法：

1）使用酒精喷灯时，首先用捅针捅一捅酒精蒸气出口，以保证出气口畅通。

2）借助小漏斗向酒精壶内添加酒精，酒精壶内的酒精不能装得太满，以不超过酒精壶容积（座式）的 2/3 为宜。

3）往预热盘里注入一些酒精，点燃酒精使灯管受热，待酒精接近燃完且在灯管口有火焰时，上下移动调节器调节火焰为正常火焰（图 2-10）。

4）座式喷灯连续使用不能超过 0.5h，如果超过 0.5h，必须暂时熄灭喷灯，待冷却后，添加酒精再继续使用。

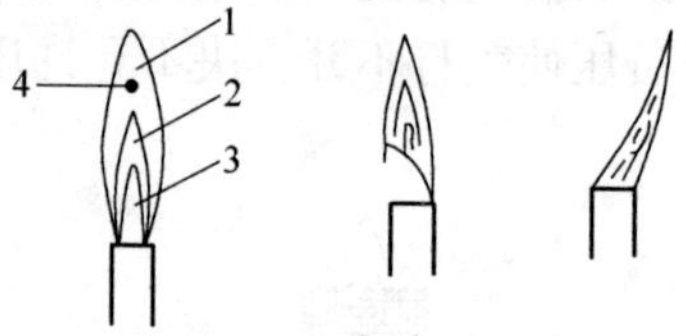

图 2-10 火焰的几种类型

a—正常火焰；b—临空火焰，酒精蒸气、空气量都过大；c—侵入火焰，酒精蒸气量过小、空气量过大

1—氧化焰（温度约 973 ~ 1273K）；2—还原焰；3—焰芯；4—最高温度点

5）用完后，用石棉网或硬质板盖灭火焰，也可以将调节器上移来熄灭火焰。若长期不用时，须将酒精壶内剩余的酒精倒出。

6）若酒精喷灯的酒精壶底部凸起时，不能再使用，以免发生事故。

（二）高温热源

根据需要，实验室还经常用到电炉、马弗炉等加热设备。

（1）电炉。电炉是一种利用电阻丝将电能转化为热能的装置（图2-11a），可以代替酒精灯、燃气灯作为加热工具，温度的高低可通过调节外电阻来控制；加热时为保证容器（烧杯、蒸发皿等）受热均匀，在反应容器与电炉之间利用石棉网相隔离。

（2）管式炉。管状炉膛（图2-11b），利用电热丝或硅炭棒加热，温度可以调节；用镍铬电热丝加热的管式炉最高可使用温度约1223K，硅炭棒加热的管式炉最高可使用温度可达1573K；炉内温度利用热电偶和毫伏表组成的高温计测量，并使用温度控制器控制加热速度。在炉膛中插入一根耐高温的瓷管或石英管，瓷管中再放进盛有反应物的瓷舟，反应物可以在空气气氛或其他气氛中受热。

（3）马弗炉。马弗炉是一种用电热丝或硅炭棒加热的密封炉子（图2-11c），炉膛利用耐高温材料制成，呈长方体。一般电热丝炉最高温度为1223K，硅炭棒炉为1573K，炉内温度利用热电偶和毫伏表组成的高温计测量，并使用温度控制器控制加热速度。使用马弗炉时，被加热物体必须放置在能够耐高温的容器（如坩埚）中，不要

a　　b　　c

图2-11　常用高温电加热器

a—电炉；b—管式炉；c—马弗炉

直接放在炉膛上，同时不能超过最高允许温度。

（三）加热和冷却

1. 加热

（1）直接加热。试管中的液体一般可直接在火焰上加热。在火焰上加热试管时，应注意以下几点：应用试管夹夹持试管的中上部，以免烧坏试管或烤伤手指；试管口应稍微向上倾斜（图 2-12a），应使液体各部分受热均匀，先加热液体中上部，再慢慢往下移动，同时不停地上下移动，不要集中加热某一部分，否则将使液体局部受热突然沸腾而冲出管外；不要将试管口对着别人或自己，以免溶液溅出时把人烫伤。加热试管中的固体时，必须使管口稍微向下倾斜，以免凝结在试管上的水珠流到灼热的管底而使试管炸裂。

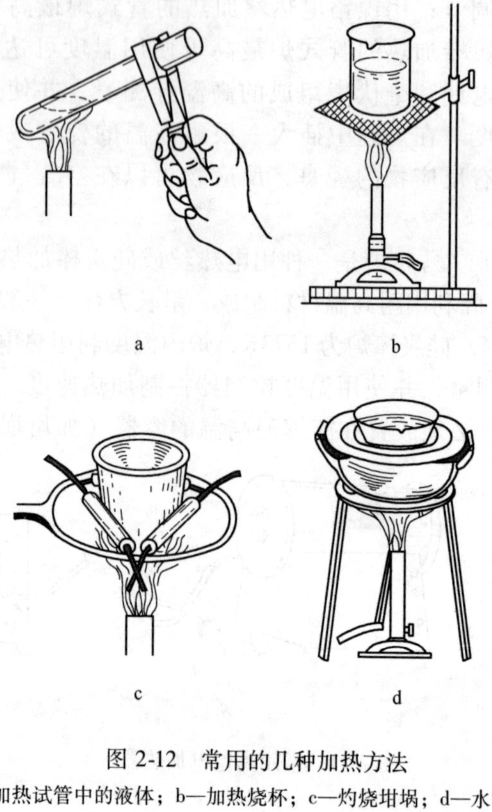

图 2-12　常用的几种加热方法

a—加热试管中的液体；b—加热烧杯；c—灼烧坩埚；d—水浴加热

使用烧杯、烧瓶加热液体样品时，容器外的水应擦干，同时在火源与容器之间应放置石棉网（图 2-12b）。在加热过程中，应适时搅拌，以防暴沸。在高温下加热固体样品时，可将固体样品放置于坩埚中，用氧化焰灼烧（图 2-12c）。具体做法是：开始用小火烘烧坩埚，使其受热均匀，然后加大火焰，根据实验要求控制灼烧温度和时间，灼烧完毕后移去热源，冷却后（或用干净的坩埚钳夹着坩埚，放置于石棉网上冷却）备用。实验室进行灼烧实验时经常用到马弗炉或管式电炉。

（2）用热浴间接加热。当被加热的样品易分解，温度变化易引起不必要的副反应时，就要求加热过程中受热均匀，而又不超过一定温度，使用特定热浴间接加热可满足此要求。

1）水浴。当要求被加热的物质受热均匀，而反应温度不超过 373K 时，可利用水浴加热，先把水浴中的水煮沸，用水蒸气来加热。水浴上可放置大小不同的金属圈，以承受各种器皿（图 2-12d）。在一般实验中，常使用大烧杯来代替水浴锅。使用水浴锅时应注意以下 4 点：①水浴锅中水的总量不要超过总容量的 2/3，应随时往水浴中补充适量的水，以保持容器中的热水量；②应尽量保持水浴的严密；③勿使水浴锅中的水烧干（在水浴表面加入少量石蜡油可有效地阻止水分的快速蒸发），如果不慎把铜质水浴锅中的水烧干时，应立即停止加热，等水浴锅冷却后，再加水继续使用；④被加热容器不要触及水浴的底部，不要把烧杯等直接放在水浴锅底上加热，这样会使烧杯底部因接触水浴锅的锅底受热不均匀而破裂。在用水浴加热试管、离心管中的液体时，常用的水浴是 250mL 烧杯，将烧杯里的水加热至沸。

2）油浴和沙浴。当要求被加热的物质受热均匀，温度又需高于 373K 时，可使用油浴或沙浴（图 2-13）。用油代替水浴中的水，即是油浴。当用甘油、石蜡油代替水浴中的水时可得到相应的甘油浴和石蜡油浴（甘油浴可在 423K 以下加热，石蜡油浴可在 473K 以下温度加热，硅油浴可在近于 573K 温度下加热）。

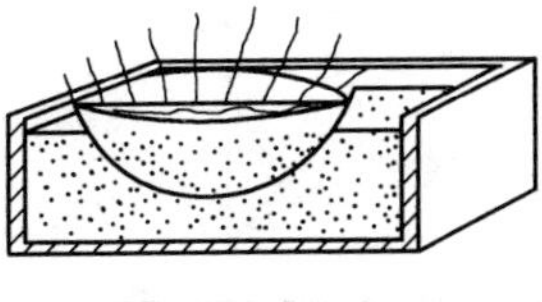
图 2-13　沙浴加热

油浴的优点是加热均匀、温度易于控制，但价格较高并且有一定的污染。将被加热容器的下部包埋于铁盘的细沙中达到沙浴的目的，沙浴是另外一种加热方式，其特点是升温较缓慢，停止加热后散热也较慢，可用于需较高温度的样品的加热。

沙浴是一个铺有一层均匀细沙的铁盘。先加热铁盘，被加热的器皿放在沙子上。若要测量沙浴的温度，可把温度计插入沙子中。

2. 冷却

放热反应产生的热量，常使反应温度迅速提高，如控制不当往往会引起反应物的挥发，并可能引发副反应的发生，甚至爆炸。为了将反应温度控制在一定的范围内，就需要适当的冷却，最简便的方法就是将盛有反应物的容器适时地浸入冷水浴中。

有些反应需要在低于室温的条件下进行，为了降低物质的溶解度，重结晶也常在低温下进行，这时一般用碎冰与水的混合物作冷却剂。

若要将反应物维持在273K以下，经常用碎冰与无机盐的混合物作冷却剂。用盐作冷却剂时，应该将盐研细，然后和碎冰按一定的比例混合以达到最低温度。几种不同的冰盐浴见表2-2。

表 2-2 几种不同的冰盐浴

盐 类	100份碎冰中盐所占的份数（质量）	能够达到的最低温度/K
NH_4Cl	35	258
$NaNO_3$	50	255
NaCl	33	252
$CaCl_2 \cdot 6H_2O$	100	244
	125	233
	150	224
	41	264

注：干冰与丙酮（或乙醇）的混合物，最低可达到195K的低温。

三、度量液体体积的仪器及其使用方法

（一）量筒

量筒用于量取一定体积、要求不十分准确的液体。常见量筒的容量有10mL、25mL、50mL、100mL、250mL等，可根据需要选择不同容量的量筒；量取液体时，手拿量筒的上部，让量筒竖直，使量筒内液体凹面的最低处与视线保持水平，然后读出量筒的刻度值，即液体的体积（图2-14）；视线偏高或偏低都会使读数不准而造成不必要的误差。

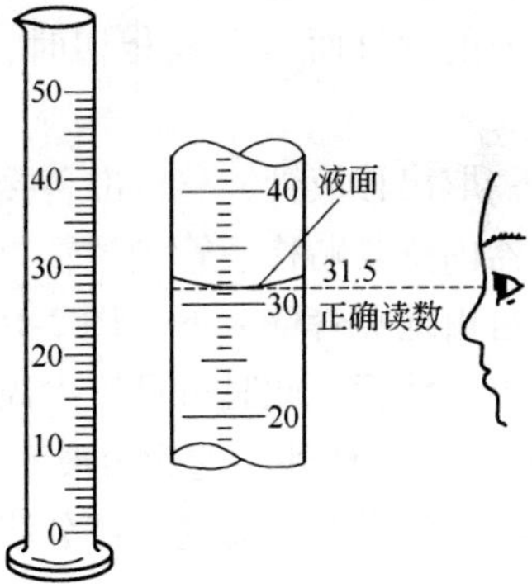

图2-14　量筒及其读数方法

（二）移液管和吸量管

要求准确地移取一定体积的液体时，可以使用移液管或吸量管。移液管玻璃球上部的玻璃管上有一标线，吸入液体的弯月面下沿与此标线相切后，让液体自然放出，所放出的液体的总体积，就是移液管的容量。常用的有25mL、10mL、5mL（293K或298K）等规格。

吸量管是一种刻有分度的内径均匀的玻璃管（下部管口尖细），常用的吸量管有10mL、5mL、2mL和1mL等多种规格，可以量取非整数的小体积液体。最小分度有0.1mL、0.02mL以及0.01mL等。量取液体时每次都是从上端某一刻度开始，放至所需要的体积刻度为止。

移液管和吸量管使用方法如下：

（1）使用前依次用洗液（可用洗耳球将洗液吸入管内，每次大约吸至移液管球部1/4处）、自来水、蒸馏水洗至内壁不挂水珠为止。用滤纸将壁尖内外的水吸干，然后用少量待取溶液洗涤3次。

（2）吸取液体时，左手拿洗耳球，右手拇指及中指拿住移液管或吸量管标线以上部位，使管下端伸入液面下约1～2cm处，不要伸

入太深，以免外壁沾有过多液体，也不应伸入太浅，以免液面下降时吸入空气。然后左手用洗耳球轻轻吸取液体，眼睛注意观察管中液面上升情况，移液管或吸量管应随容器中液体的液面下降而往下伸（图2-15）。当液体上升到刻度标线以上时，迅速移去洗耳球，并用右手食指按住管口，将移液管从溶液中取出，靠在容器壁上，稍微放松食指，让移液管在拇指和中指间微微转动，使液面缓慢下降，直到溶液的弯月面与标线相切时，立即用食指按紧管口，使溶液不再流出。

取出移液管，移入准备接受溶液的容器中，将接受容器倾斜，使容器内壁紧贴移液管尖端管口，并呈45°左右。放松右手食指，使溶液自由地顺管壁流下（图2-16），待液面下降到管尖，停靠约15s后取出移液管。此时可见管尖尚留有少量溶液，除移液管上有特别注明“吹”的字样外，这滴溶液不必用外力使之放出，因为在校正移液管的容量时没有考虑这一部分溶液。

（三）容量瓶

容量瓶是一种细颈梨形的平底玻璃瓶，带有磨口塞子或塑料塞，瓶颈上有标线，表示在所指温度（一般为293K）下，当液体充满到

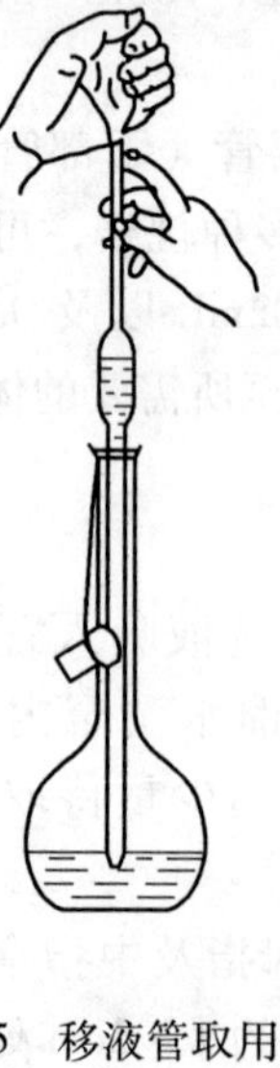

图2-15　移液管取用液体

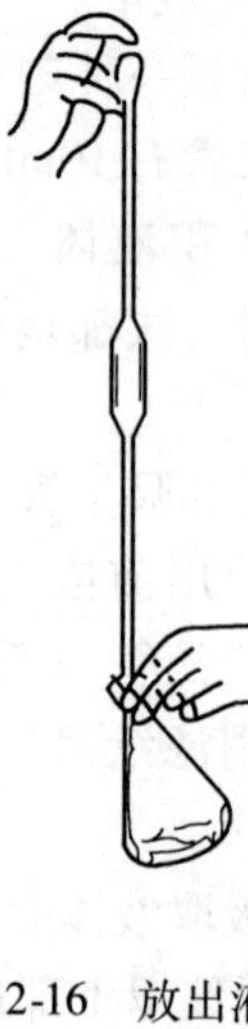

图2-16　放出液体

标线时，液体体积恰好与瓶子上所注明的体积相等，容量瓶有 50mL、100mL、250mL、1000mL 等多种规格，颜色有棕色和无色。它可用来配制准确浓度的溶液。

使用方法：

（1）使用前应检查瓶塞是否漏水，如漏水则不宜使用。检查方法如下：加自来水至标线附近，盖好瓶塞后，左手用食指按住塞子，其余四指拿住瓶颈标线以上部分，右手用指尖部位托住瓶底边缘（图 2-17），将瓶倒立 2min，如不漏水，将瓶直立，转动瓶塞 180°后，再倒过来检查一次，确认无漏水后，方可使用。合适的瓶塞应用线绳系在瓶颈上，以便配套使用，并防止被打破或遗失。

（2）按常规操作把容量瓶洗涤干净（注意不能用毛刷刷洗容量瓶内壁）。

（3）配制溶液。若用固体物质配制溶液，应先把称好的固体物质放在烧杯中，加入少量水或其他溶剂溶解，然后将溶液沿玻璃棒定量地转入容量瓶中（图 2-18）。定量转移时要注意烧杯嘴应紧靠玻璃棒，玻璃棒下端靠着瓶颈内壁，使溶液沿着玻璃棒和内壁流入。溶液全部流完后，将烧杯轻轻上提，同时直立，使附在玻璃棒与烧杯嘴之间的一滴溶液收回烧杯中，将玻璃棒放回烧杯，用蒸馏水多次洗涤烧杯和玻璃棒，把洗涤液也转移至容量瓶中，以保证溶质全部转移。加入蒸馏水至容量瓶容积 3/4 左右时，将容量瓶拿起，按水平方向旋转

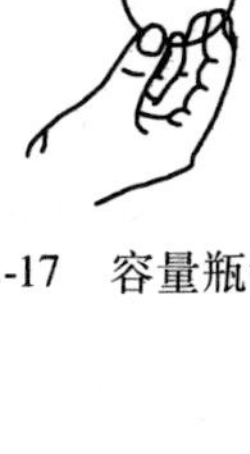

图 2-17　容量瓶拿法

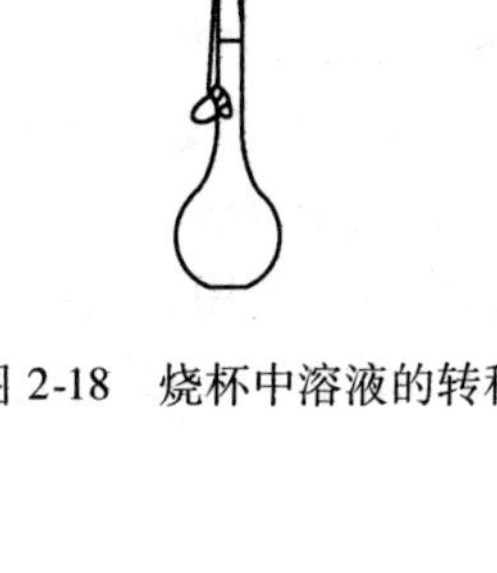

图 2-18　烧杯中溶液的转移

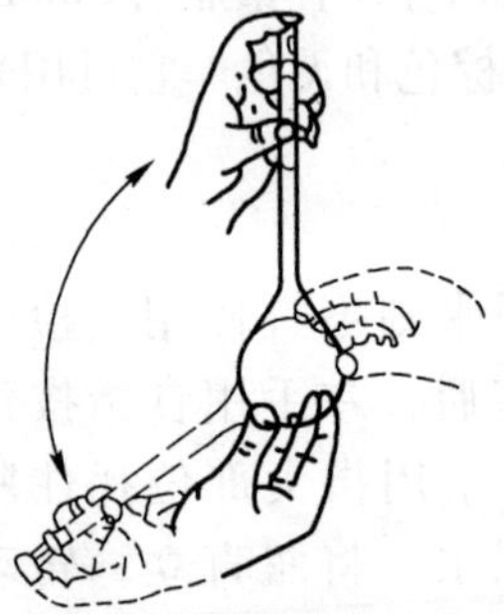

图 2-19　振荡容量瓶

几圈，使溶液初步混合均匀，继续加水至接近刻度线 1cm 左右时，等 1～2min，使附在瓶颈的溶液流下，再用洗瓶或滴管滴加至弯月面下缘与刻度线相切（小心操作，勿过刻度线），盖紧瓶塞，按图 2-19 的手法将容量瓶倒转，使气泡上升到顶部，轻轻振荡，再倒转过来。如此反复约 10 次，将溶液混合均匀（由于瓶塞附近部分溶液此时可能未完全混匀，为此可将瓶塞打开，使瓶塞附近的溶液流下，重新塞好塞子，再倒转振荡 2～3 次，以使溶液全部混匀）。

如果固体物质是经过加热溶解的，则溶液必须冷却后才能转移到容量瓶中。

若要将一种已知准确浓度的浓溶液稀释成另一个准确浓度的稀溶液，则用吸量管吸取一定体积的浓溶液，放入适当的容量瓶中，然后按上述方法稀释至标线。

（四）滴定管

滴定管是滴定时准确测量标准溶液体积的器具，常量分析的滴定管容积有 25mL 和 50mL，最小刻度为 0.10mL，读数可估读到 0.01mL。

一般情况下滴定管分为两种：下端带有玻璃活塞的酸式滴定管（图 2-20a），用于盛放酸类溶液或氧化性溶液（不能盛放碱类溶液以及对玻璃有腐蚀作用的溶液）；碱式滴定管是下端连接一段医用橡皮管，内放一玻璃珠来控制溶液的流速，橡皮管下端再连接一个尖嘴玻璃管（图 2-20b），用于盛放碱类溶液。

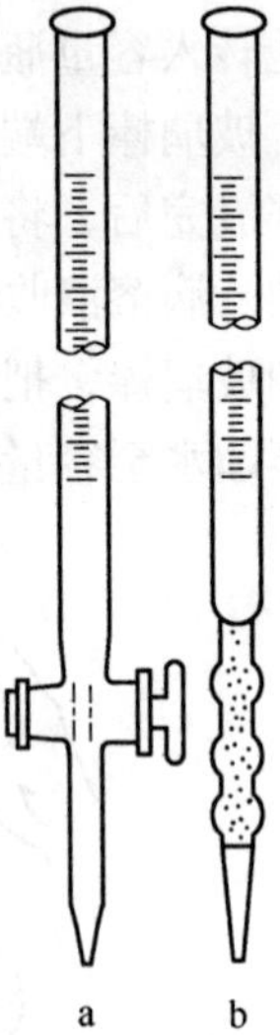

图 2-20　滴定管

a—酸式滴定管；

b—碱式滴定管

滴定管的使用方法：

（1）检查。使用前应检查酸式滴定管的活塞是否配合紧密，碱式滴定管的橡胶管是否老化、玻璃珠大小是否合适。如不合要求，就应更换处理，然后再检查是否漏液。对于酸式滴定管，关闭其活塞，注满自来水置于滴定管架上直立静置 2min，仔细观察有无水滴漏下，特别要注意是否有水从活塞缝隙处渗出。然后将活塞旋转 180°，直立观察 2min。对于碱式滴定管，只要装满水，直立观察 2min 即可。

若碱式滴定管漏液，可能是玻璃珠过小，或胶管老化，弹性不好，应根据具体情况更换处理，然后再检查，直到不漏液为止。为使酸式滴定管活塞转动灵活并防止漏水，则应给旋塞涂油（凡士林或真空活塞脂）。方法是将酸式滴定管平放于桌上，取下旋塞并将旋塞和塞槽内壁擦干净（图 2-21a），然后用手指蘸少量凡士林分别在旋塞粗端（离塞孔 3mm 处）及塞槽细端的内壁（也要离塞孔位置约 3mm 处）涂上一薄层凡士林（涂多了或少了，会怎样）（图 2-21b）。涂好后再将旋塞插入槽内，插时旋塞孔应与滴定管平行（图 2-21c）。然后再向同一方向转动活塞，使凡士林均匀地分布在磨口上，直到从活塞外面观察，全部呈现透明为止（图 2-21d）。若发现仍转动不灵活，或活塞内油层出现纹路，表示涂油不够；如果有油从活塞缝隙溢

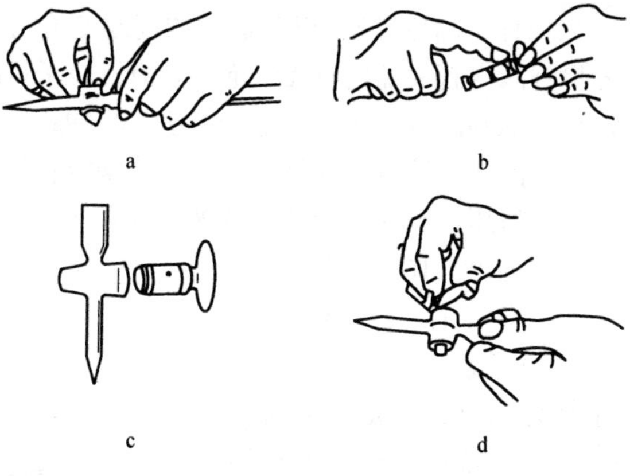

图 2-21　滴定管的使用

a—擦干旋塞和塞槽内壁；b—涂油方法；

c—安装活塞；d—转动活塞

出或挤入活塞孔，表示涂油太多。遇到这些情况，都必须重新涂油。活塞装好后套上小橡皮圈。再检查是否漏水，如不漏水，即可洗涤备用。

（2）滴定管的洗涤。滴定管在使用前先用自来水洗，然后用少量蒸馏水在管内转动淋洗 2 ~ 3 次。洗净的滴定管内壁应不挂水珠。如挂水珠，则说明有油污，需用洗涤剂或洗液洗。洗酸式滴定管时，关闭旋塞，加入洗液，两手分别拿住管上下部无刻度的地方，边转动边使管口倾斜，让洗液布满内壁，然后竖起滴定管，打开旋塞，让洗液从下端尖嘴放回原洗液瓶中。洗碱式滴定管时，先取掉下端的橡皮管和尖嘴玻璃管，接上一小段塞有玻璃棒的橡胶管，然后按洗酸式滴定管的方法洗涤。必要时，也可在滴定管内加满洗液，浸泡一段时间，这样效果会更好。洗液洗完后，用自来水冲洗直至流出的水无色且管内壁不挂水珠，然后用蒸馏水淋洗 2 ~ 3 次。

（3）润洗、装液和排气泡。在往滴定管装入滴定溶液之前，应先将试剂瓶内的滴定液摇匀，使凝结在瓶内壁的水珠混入溶液，并用该溶液润洗滴定管 2 ~ 3 次，以除去滴定管内残留的水膜，确保滴定溶液装入滴定管后浓度不发生变化。润洗时每次加入的滴定液约为 10mL，滴定液应直接由贮液试剂瓶倒入滴定管，而不得借用任何别的中转工具（如烧杯、漏斗等），以免造成浓度改变或污染。滴定液加满后，应先检查滴定管尖嘴内有无气泡。若有，应予排除，否则将影响滴定液体积的准确测量。排除气泡的方法是将酸式滴定管稍微倾斜，开启旋塞，气泡随溶液流出而被逐出。碱式滴定管的排气是将橡皮管稍向上弯曲，挤压玻璃珠，使溶液从玻璃珠和橡皮管之间的隙缝中流出，气泡即被逐出（图 2-22）。然后将多余的溶液滴出，使管内液面处在“0. 00”刻度上或略低处。

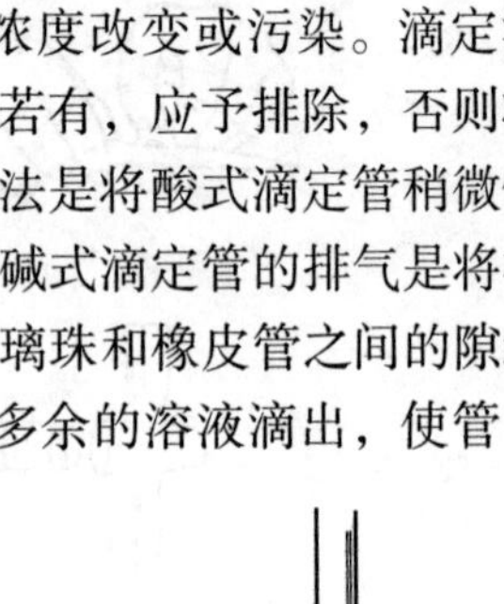

图 2-22 碱式滴定管排出气泡

（4）滴定管的读数。滴定管液面位置的读数需掌握好两点：一是读数时滴定管要保持垂直，通常可将滴定管从滴定夹上取下，用右手拇指和食指拿住管身上部无刻度的地方使其自然下垂时读数；二是读数时，眼睛的视线应与液面的凹面处于同一水平线，然后读取与弯月面相切的刻度（图 2-23a）。若滴定管的背后有一条蓝线（或带），无色溶液这时就形成了两个弯月面，并且相交于蓝线的中线上（图 2-23b），读数时即读此交点的刻度。

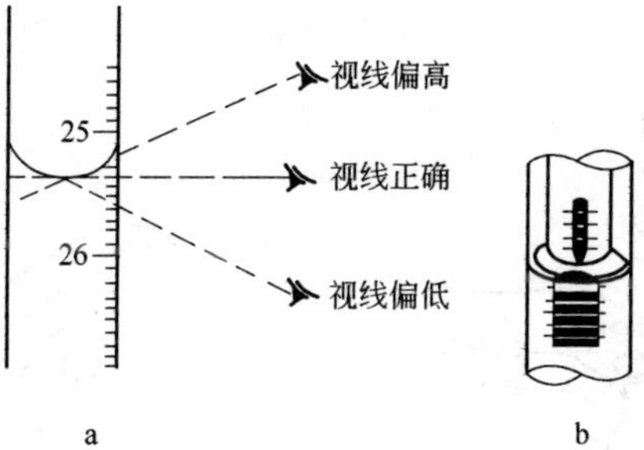

图 2-23　滴定管读数

读数时对无色或浅色溶液，应读出滴定管内液面弯月面最低处的位置；对深色溶液（如高锰酸钾溶液、碘液等），由于弯月面不清晰，可读取液面最高点的位置。读数应估计到小数点后第二位数。为了有利于读数，可使用读数衬卡，它是用贴有黑纸条或涂有黑色的长方形（约 3cm × 1.5cm）的白纸制成。读数时，手持读数衬卡放在滴定管背后，使黑色部分在弯月面下约 1mm 处，此时弯月面反射成黑色，读此黑色弯月面的最低点即可。此外还应注意：读数时要等液面稳定不再变化后再读数（装液或放液后，必须静置 30s 后再读数）；同时滴定管尖嘴处不应留有液滴，尖管内不应留有气泡。

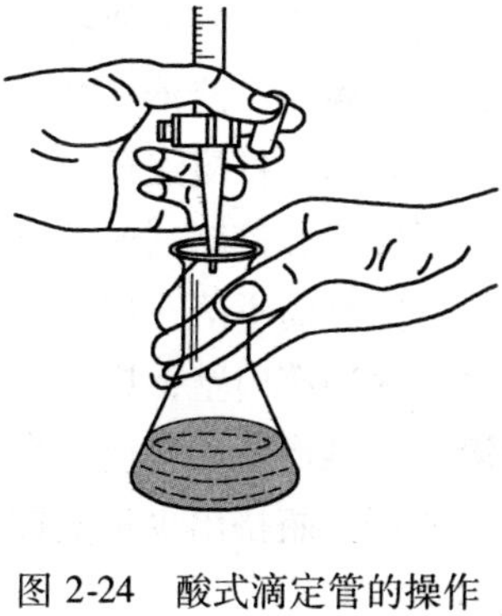

图 2-24　酸式滴定管的操作

（5）滴定操作。将滴定管垂直地固定在滴定管架上。操作酸式滴定管时，活塞柄在右方，由左手拇指、食指和中指配合动作，控制活塞转动；无名指和小指向手心弯曲，轻贴于尖嘴管，如图 2-24 所示。旋转活塞时要轻轻向手心用力，以免活塞松动而漏液。操作碱式滴定管时，用左手拇指和食指在玻璃珠的右边稍上沿处挤压橡胶管，使玻璃珠与橡胶管间形成一长缝隙，溶液即可流出，如图 2-25、图 2-26 所示。不要挤压玻璃珠下方的橡胶管，否则，气泡会进入玻璃嘴。同时不能上下移动玻璃珠的位置。

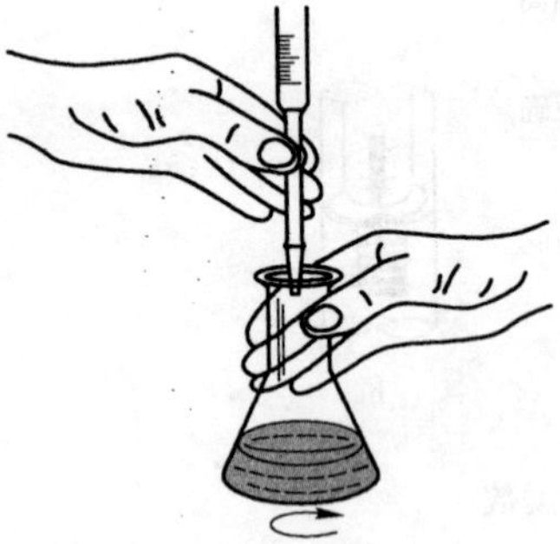

图 2-25　碱式滴定管的操作

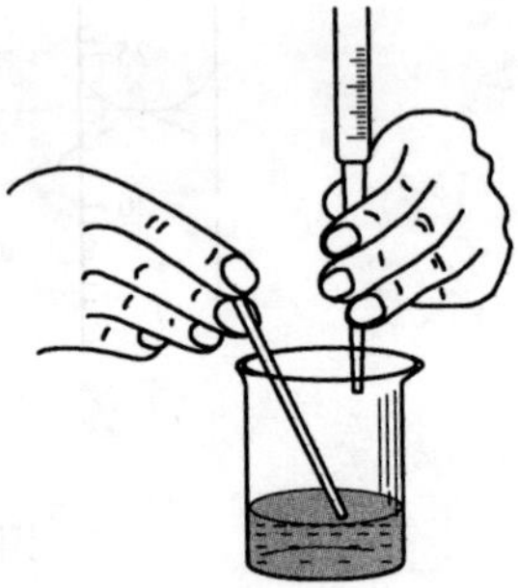

图 2-26　在烧杯中滴定

滴定操作可以在锥形瓶或烧杯中进行，但一般都在锥形瓶中进行。用右手拇指、食指和中指拿住锥形瓶颈部，瓶底约离滴定台面 2～3cm，滴定管嘴伸入瓶口内约 1cm，利用手腕的转动使锥形瓶旋转，左手按上述方法操作滴定管，使之一边滴加溶液一边转动锥形瓶。

滴定过程中，要注意观察滴落点周围溶液颜色的变化，以便控制溶液的滴定速度。一般在滴定开始时，可以采用滴速较快的连续式滴加，约 2 滴/s（溶液不能成线流下）。接近终点时，则应逐滴滴入，每滴一滴都要将溶液摇匀，并注意溶液是否有到达终点的颜色突变。最后还应能够控制到所滴下的液滴为半滴，甚至是 1/4 滴，即溶液在滴定管尖悬而不落，用锥形瓶内壁沾下悬挂的液滴，再用洗瓶挤出少量蒸馏水冲洗内壁，摇匀，如此重复，直至终点为止。由于滴定过程中溶液因锥形瓶旋转搅动会附着到锥形瓶内壁的上部，故在接近终点时，要用洗瓶挤出少量蒸馏水冲洗锥形瓶内壁，然后再继续滴定至终点。

（6）结束后滴定管的处理。滴定结束后，管内剩余滴定液应倒入废液桶或回收瓶，而不能放回原试剂瓶，然后用水洗净滴定管。如还需使用，则可用蒸馏水充满滴定管后垂直夹在滴定管夹上，下嘴口距滴定台面1~2cm，并用滴定管帽盖住管口。如滴定完后不再使用，则洗净后应在酸式滴定管旋塞与塞槽之间夹一纸片（为什么），然后保存备用。

四、试剂及取用方法

根据化学试剂中杂质含量的多少，通常把试剂分成下列五种规格：

优级纯（一级试剂，常用G.R.表示，绿色标签）；

分析纯（二级试剂，常用A.R.表示，红色标签）；

化学纯（三级试剂，常用C.P.表示，蓝色标签）；

实验或工业试剂（四级试剂，常用L.R.表示，黄色标签）；

生物试剂（常用B.R.表示，黄色或其他颜色标签）。

实验时应根据实验要求选用不同级别的试剂。一般来说，在一般无机化学实验中，化学纯试剂就能满足实验要求，但在有些实验中必须使用分析纯级的试剂。

在实验准备室中分装化学试剂时，一般把固体试剂装在广口瓶中，液体试剂或配制好的溶液则盛放在细口瓶或带有滴管的滴瓶中，见光易分解的试剂（如硝酸银等）应盛放在棕色瓶内且避光保存。每一试剂瓶上都贴有标签，上面写明试剂的名称、规格或溶液浓度及日期。

（一）试剂瓶的种类

（1）细口试剂瓶。用于保存液体试剂或溶液，通常有无色和棕色两种（图2-27）。遇光易变化的试剂（如硝酸银等）用棕色瓶。通常为玻璃制品，也有聚乙烯制品。玻璃瓶的磨口塞配套使用，注意不要混淆，聚乙烯瓶盛强碱性物质较好。

图2-27　试剂瓶

（2）广口试剂瓶。用于装少量固体试剂，有无色和棕色两种。

(3) 滴瓶。用于盛放逐滴滴加的试剂，如指示剂等，也有无色和棕色两种。

(4) 洗瓶。内盛蒸馏水，主要用于洗涤沉淀，一般为聚乙烯瓶，只要用手捏一下瓶身即可出水。

(二) 打开试剂瓶塞的方法

(1) 盐酸、硫酸、硝酸等液体试剂瓶，多用塑料塞（也有用玻璃磨口塞的)。塞子打不开时，可用热水浸过的布裹上塞子的头部，然后用力拧，一旦松动，就能拧开。

(2) 细口试剂瓶塞也常有打不开的情况，此时可在水平方向用力转动塞子或左右交替横向用力摇动塞子，若仍打不开时，可紧握瓶的上部，用木柄或木锤从侧面轻轻敲打塞子，也可在桌端轻轻叩敲，请注意绝不能手握下部或用铁锤敲打。

用上述方法还打不开塞子时，可用热水浸泡瓶的颈部（即塞子嵌进的那部分)，也可用热水浸过的布裹着，玻璃受热后膨胀，再仿照前面做法拧松塞子。

(三) 试剂的取用方法

取用试剂药品前，应先看清标签。取用时，打开瓶塞且反放在实验台上。如果瓶塞上端不是平顶而是扁平的，可用食指和中指将瓶塞夹住（或放在清洁的表面皿上)，绝不能将它横放在桌上以免沾污；不能用手接触化学试剂。本着节约又能保证实验结果的原则，根据用量取用试剂，取完后，一定要把瓶塞盖严，切忌将瓶盖张冠李戴，然后把试剂瓶放回原处，以保持实验台整齐干净。

1. 固体试剂的取用

(1) 要用干净的药勺取用试剂。药匙的两端为大小不同的两个匙，分别用于取大量固体和少量固体。应专勺专用，用过的药勺必须洗净、擦干后才能再使用，以免沾污试剂。

(2) 取出试剂后应立即盖紧瓶盖，不要盖错盖子。

(3) 要求称取一定质量的固体试剂时，一般的固体试剂可以放在干净的纸或表面皿上称量。具有腐蚀性，强氧化性或易潮解的固体试剂不能在纸上称量。不准使用滤纸来盛放称量物。必须注意不要取多。取多的药品不能倒回原瓶，可放在指定容器他人使用。

（4）往试管（特别是湿试管）中加入固体试剂时，可用药勺或将取出的药品放在对折的纸片上，伸进试管约 2/3 处（图 2-28a、b）。加入块状固体时，应将试管倾斜，使其沿管壁慢慢滑下（图 2-28c），以免碰破管底。

（5）有毒药品要在教师指导下取用。

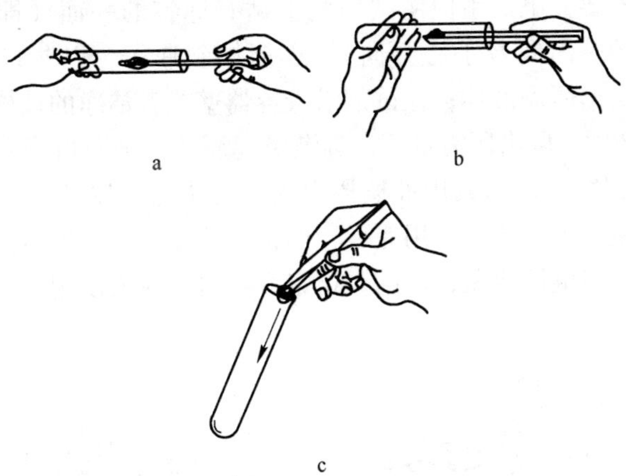

图 2-28　向试管中加入固体试剂的方法

a—药勺送入法；b—纸槽送入法；c—块状固体滑入法

2. 液体试剂的取用

（1）从滴瓶中取用少量液体试剂时，应先将滴管从滴瓶中提起，使管口离开液面。用手指紧捏滴管橡皮胶头，赶出滴管中的空气，然后把滴管伸入试剂瓶中，放松手指，吸入试剂。滴加试剂时，滴管应垂直地放在盛接容器的上方将试剂逐滴滴入，不得靠在器壁上，也不能将滴管伸入试管中，以免沾污试剂（图 2-29）。

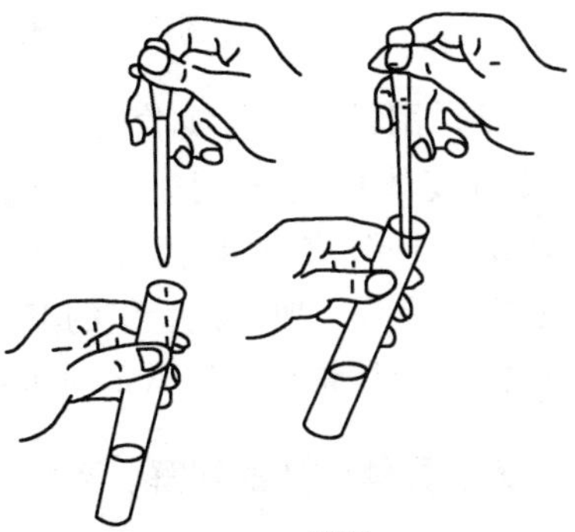

图 2-29　向试管中滴加溶液

使用滴瓶时，还应该注意不

能用其他的滴管到试剂瓶中取试剂，以免造成污染。滴管从滴瓶中取出试剂后，应保持橡皮胶头在上，不能平放或倒置，以防滴管内的试剂流入腐蚀胶头，沾污试剂。滴加完毕，应将滴管内的液体挤到试剂瓶中，让滴管内充满空气，再放回滴瓶中。

（2）从细口瓶取用液体试剂时，常用倾注法。先将瓶塞反放在桌面上，不要弄脏。手握住试剂瓶上贴有标签的一面（即试剂瓶上贴有标签的一面向着手心方向），逐渐倾斜瓶子，以瓶口靠住容器壁，缓缓倒出所需液体；让试剂沿着容器壁或者洁净的玻棒注入容器中（图 2-30）。取出所需量后，逐渐竖起瓶子，把瓶口剩余的一滴试剂“碰”到容器口内或用玻璃棒引入烧杯中去，以免遗留在瓶口的液滴沿着瓶子外壁流下。用完后，即将瓶盖盖好，不要盖错盖子。取多的试剂不能倒回原瓶，可倒入指定容器内供他人使用。

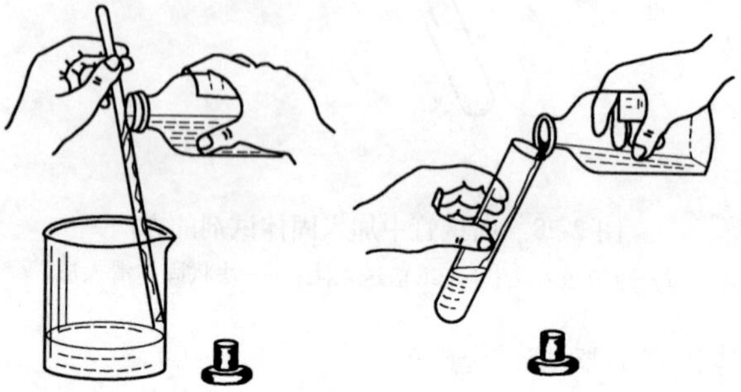

图 2-30　倾注法取用液体试剂

（3）用试管进行实验时，不需要准确取用试剂，只要学会估计所取用液体的量即可。如果用滴管取用液体，1 滴溶液大约是 0.05mL，1mL 溶液相当于 20 滴，或者是 3mL 溶液大约占试管容量的几分之几等等。加入试管里的溶液量一般不超过试管容量的 1/3。

（4）定量量取液体试剂时可用量筒或移液管。

五、固体物质的溶解、蒸发、结晶与固液分离

（一）固体的溶解

当固体物质溶解于某一溶剂时，如果固体颗粒太大，可在洁净干

燥的研钵中研细，研钵中盛放固体的量不要超过研钵容量的1/3；另外还要考虑温度对物质溶解度的影响以及根据需要选用适当、适量的溶剂。

溶解时常用不断搅动、加热等方法加速溶解过程。注意用搅拌棒搅动时，应手持搅拌棒并转动手腕使搅拌棒在液体中均匀旋转，而不能太猛烈，也不能使搅拌棒触及容器底部和容器壁，以免损坏容器；如果需要加热，应根据物质的热稳定性选用直接加热或水浴等间接加热的方法。

在试管中溶解固体时，可用振荡试管的方法加速溶解。振荡时应利用手腕部的力量甩动，而不能上下振摇或者用手指堵住管口来回振荡。

(二) 蒸发（浓缩）

在无机化学的制备实验中，当溶液较稀时，为了使所制备的化合物能从溶液中结晶析出，常借助加热的方法使水分不断蒸发、溶液不断浓缩。蒸发到一定程度时冷却，即可析出晶体，当物质的溶解度较大时，必须蒸发到溶液表面出现晶膜时再停止。当物质的溶解度较小或高温时溶解度较大而室温时溶解度较小，此时不必蒸发到溶液表面出现晶膜即可冷却。蒸发一般是在蒸发皿中进行，蒸发的面积较大，有利于快速浓缩。若无机物对热是稳定的，可以用酒精灯直接加热（首先要均匀预热），否则用水浴等间接加热。

(三) 结晶与重结晶

大多数物质的溶液蒸发到一定浓度下冷却，就会析出溶质的晶体，析出晶体颗粒的大小与结晶条件有关。如果溶液的浓度较高，溶质在水中的溶解度随温度的降低而显著减小时，冷却得越快，则析出的晶体就越细小，否则就得到较大颗粒的晶体。搅拌溶液和静置溶液，可以得到不同的效果。前者有利于细小晶体的生成，后者有利于大晶体的生成。

如果溶液易发生过饱和现象，则可以用搅拌、摩擦器壁或投入几粒小晶体（晶体）等办法，形成结晶中心，过量的溶质便会全部结晶析出。

如果第一次结晶所得物质的纯度不符合要求，则要进行重结晶。

重结晶的方法是：在加热的情况下使被纯化的物质溶于一定量的水中，形成饱和溶液，趁热过滤，除去不溶性杂质，然后将滤液冷却，被纯化物质即可结晶析出，而杂质则留在母液中，过滤后便可得到较纯净的物质。若一次重结晶达不到要求，可再次重结晶。重结晶是提纯固体物质常用的重要方法之一，它适用于溶解度随温度有显著变化的化合物，对于溶解度受温度影响很小的化合物则不适用。

（四）固液分离、沉淀的洗涤

固液分离一般有三种方法：倾析法、过滤法和离心分离法。

1. 倾析法

当沉淀的结晶颗粒较大或密度较大时，静置后容易沉降到容器的底部时，可用倾析法分离或洗涤，倾析的操作与转移溶液的操作是同时进行的（图2-31）。洗涤时可向盛有沉淀的容器内加入少量洗涤剂（常用的有蒸馏水），充分搅拌后静置、沉降，再小心地倾析出洗涤液，如此重复操作2～3次，即可洗净沉淀。

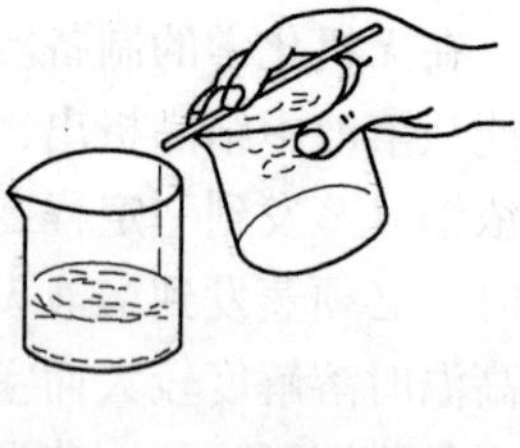

图 2-31　倾析法洗涤

2. 过滤法

过滤法是最常用的分离方法之一。当溶液和沉淀的混合物通过过滤器时，沉淀就留在滤纸上，溶液则通过过滤器而滤入接收容器中。过滤所得的溶液称为滤液。

溶液的温度、黏度、过滤时的压力和沉淀物的状态都会对过滤速度产生影响。热的溶液比冷的溶液容易过滤；溶液的黏度越大，过滤得越慢；减压过滤比常压过滤快。沉淀若呈现胶状时，必须先加热一段时间来破坏它，否则它会透过滤纸。总之，要综合考虑各种因素来选择不同方法进行过滤操作。

常用的过滤方法是常压过滤、减压过滤和热过滤三种，下面逐一进行简单的介绍。

（1）常压过滤。此方法最为简便和常用。先把滤纸折叠成四层，展开成圆锥形（图2-32a），如果漏斗的规格（图2-32b）不标准（非

60°角)，滤纸和漏斗就不密合，这时需要重新折叠滤纸，把它折成一个适当的角度，然后把三层厚的一侧紧贴漏斗的外层撕去一小角，将滤纸放入漏斗中，滤纸边缘应略低于漏斗的边缘（图 2-32c)，用食指把滤纸按在漏斗内壁上，用少量水将滤纸润湿，轻压滤纸赶去气泡。向漏斗中加水至滤纸边缘，此时漏斗颈内应全部充满水，形成水柱，由于液柱的重力可起到抽滤作用，使过滤速度大为加快。若没有形成水柱，可能是滤纸没有贴紧，或者是漏斗颈不干净，这时应重新进行处理。

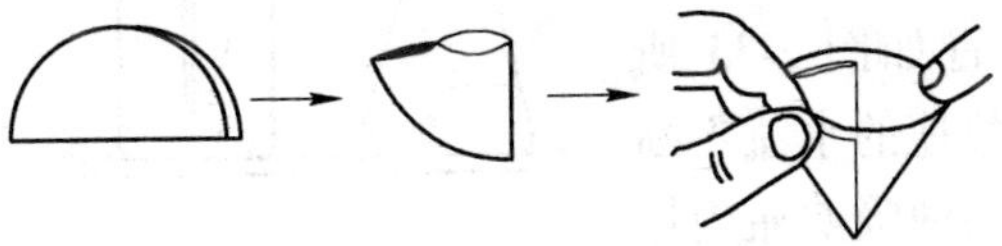
a

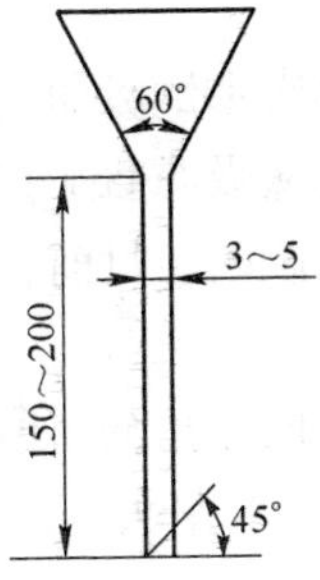

b

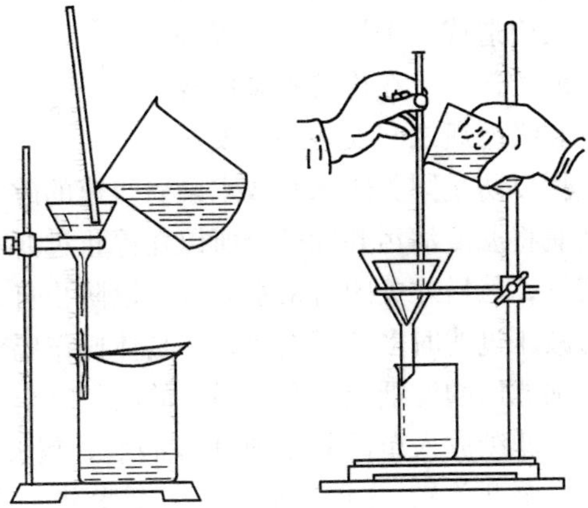
c

图 2-32　常压过滤

过滤时应注意的是：漏斗要放在漏斗架上，漏斗颈下段较长的一侧要靠在接受容器的壁上，并且要先转移溶液，后转移沉淀；在转移溶液时，应把溶液滴在三层滤纸处并使用玻璃棒引流，每次转移量不能超过滤纸高度的 2/3。

如果需要洗涤沉淀，则等溶液转移完毕后，向盛放沉淀的容器中加入少量洗涤液，充分搅拌并放置，待沉淀下沉后，把洗涤液转移至漏斗，如此重复操作两三遍，再把沉淀转移到滤纸上。洗涤时应采取少量多次的原则，才能保证高的洗涤效率。检查滤液中的杂质含量，可以判断沉淀是否已经洗净。

（2）减压过滤（简称抽滤）。减压过滤可以缩短过滤时间，并可把沉淀抽得比较干爽，但它不适用于胶状沉淀和颗粒太细的沉淀的过滤。

减压过滤装置如图 2-33 所示，利用水泵中急速的水流不断将空气带走，从而使吸滤瓶内压力减小，在布氏漏斗内的液面与吸滤瓶内造成一个压力差，提高了过滤的速度。在连接水泵的橡皮管和吸滤瓶之间安装一个安全瓶，用以防止因关闭水阀或水泵后流速的改变引起自来水倒吸而进入吸滤瓶将滤液沾污并冲稀，所以在停止过滤时，应先从吸滤瓶上拔掉橡皮管，然后才关闭自来水龙头，以防止自来水吸入瓶内。目前，在进行减压过滤时多使用真空泵，具体操作要求相似。

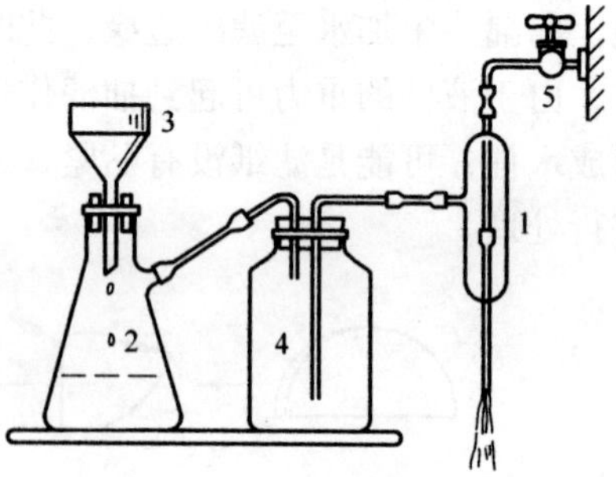

图 2-33　减压过滤装置

1—水泵；2—吸滤瓶；3—布氏漏斗；4—安全瓶；5—自来水龙头

抽滤用的滤纸应比布氏漏斗的内径略小，但又能把瓷孔全部覆盖上。将滤纸放入布氏漏斗内并湿润后，慢慢打开自来水龙头（或开启真空泵开关），先稍微抽气使滤纸紧贴漏斗底部，然后用玻璃棒往漏斗内转移溶液，注意加入的溶液不要超过漏斗容积的 2/3。开大水龙头，等溶液流完后再转移沉淀，继续减压抽滤，直至沉淀被抽干。滤毕，先拔掉橡皮管，再关水龙头（或关闭真空泵开关）。用玻璃棒轻轻掀起滤纸边，取出滤纸和沉淀，滤液则由吸滤瓶的上口倾出。

洗涤沉淀时，应关小水龙头或暂停抽滤，加入洗涤液使其与沉淀充分接触后，再开大水龙头（或开启真空泵开关）将沉淀抽干。

有些浓的强酸、强碱或者强氧化性溶液，过滤时不能使用滤纸，因为它们会与滤纸发生化学反应而破坏滤纸，此时可用尼龙布或的确良布代替滤纸进行过滤。另外，浓的强酸性溶液也可使用砂芯漏斗（也称为烧结漏斗）过滤，在化学实验中常见的砂芯漏斗以孔径大小为依据可分为 G-1、G-2、G-3、G-4 四种规格，G-1 的孔径最大，根据沉淀颗粒大小的不同来选择合适的漏斗。但砂芯漏斗不能用于强碱性溶液的过滤，因为强碱会腐蚀玻璃。

（3）热过滤。如果溶液中的溶质在温度下降时容易析出大量结晶体，而我们又不希望它在过滤过程中留在滤纸上，这时就要趁热进行过滤。过滤时可把玻璃漏斗放在铜质的热漏斗内（图 2-34），热漏斗内装有热水，以维持溶液的温度。也可以在过滤前把普通漏斗放在水浴上用蒸汽加热后再使用，此法较简单易行。另外，热过滤时选用的漏斗的颈部越短越好，以免过滤过程中溶液在漏斗颈内停留过久，因散热降温析出晶体而发生堵塞。

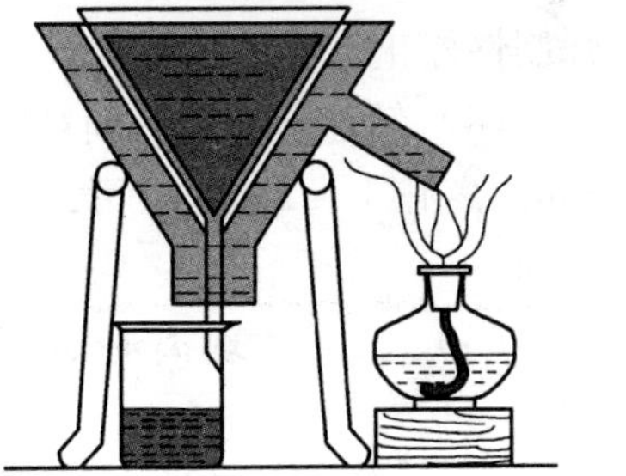

图 2-34　热过滤

3. 离心分离法

当被分离的沉淀量很少时，可以应用离心分离的方法。实验室常用的离心仪器是电动离心机（图 2-35）。将盛有沉淀和溶液的离心试管放在离心机管套中，开动离心机，沉淀受到离心力的作用迅速聚集在离心试管的底端而和溶液分开，用滴管将溶液吸出（图 2-36）。如需洗涤，可往沉淀中加入少量的洗涤剂，充分搅拌后再离心分离，重复操作 2～3 遍即可。

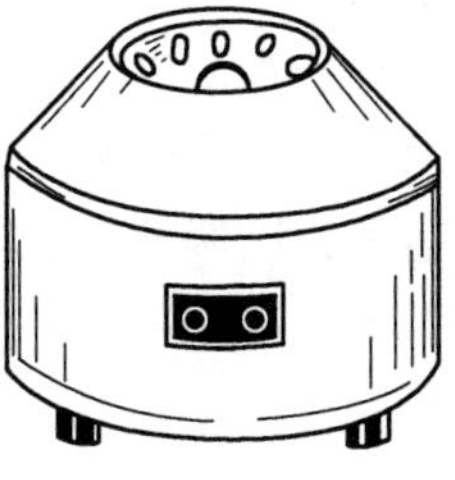

图 2-35　电动离心机

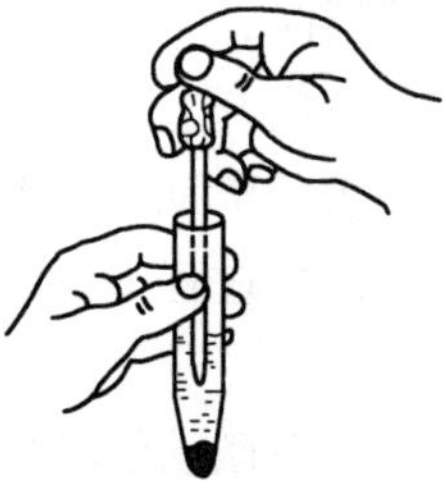

图 2-36　用滴管吸出上层清液

使用离心机时需注意以下几点：

（1）离心机管套底部预先要放少许棉花或泡沫塑料等柔软物质，以免旋转时打坏离心试管。

（2）为使离心机在旋转时保持平稳，离心试管要放在对称位置上，如果只处理一支离心试管，则在对称位置也要放一支装有等量水的离心试管。

（3）开动离心机应从慢速开始，运转平稳后再逐渐转到快速，关机时要从高速挡慢慢退回到零挡后任其自然停止转动，决不能人为强制性停止。

（4）转速和旋转时间视沉淀形状而定，一般晶形沉淀以1000r/min，离心1～2min即可，非晶形沉淀需要2000r/min，离心3～4min。

（5）如果发现离心试管破裂或者振动过于厉害则需停止使用。

（五）固体的干燥

如果分离出来的沉淀对热是稳定的，需要干燥时可把沉淀直接放在表面皿上，放在电烘箱中烘干，也可以放在蒸发皿内，用水浴或者酒精灯加热烘干。那些带结晶水、不能烘烤的晶体，可以用有机溶剂洗涤后晾干；有些易吸水潮解或需要长时间保持干燥的固体，应该放在干燥器内。

干燥器是一种具有盖子的厚质玻璃器皿，磨口上涂有一薄层凡士林，以防止水汽进入；底部装有干燥剂（常用变色硅胶、无水氯化钙等），中间放置一个带孔的圆形瓷板，用来盛放需要干燥的物品。开启干燥器时，左手按住干燥器的下部，右手按住干燥器的顶盖，然后向左前方推开盖子（图2-37）；加盖时也应该拿着盖顶，平推着盖好，小心盖子滑动而打坏。灼烧过的物品应稍冷后才能放入干燥器内，并在冷却过程中要每隔一定时间开一开盖子，以调节干燥器的内压。

干燥器在搬动的时候，应该用两手的拇指同时按住盖子，防止盖子滑落而打破（图2-38）。

图 2-37　干燥器的开启

图 2-38　干燥器的搬动

六、称量

（一）托盘天平

托盘天平是实验室粗称药品不可缺少的称量仪器。最大载荷为1000g 的托盘天平能准确至 1g（即感量 1g）；最大载荷为 500g 的托盘天平能准确至 0.5g（即感量 0.5g）；最大载荷为 200g 的托盘天平能准确至 0.2g（即感量 0.2g）；最大载荷为 100g 的托盘天平能准确至 0.1g（即感量 0.1g）。

托盘天平构造如图 2-39 所示，通常横梁架在底座上，横梁中部有指针与刻度盘相对，据指针在刻度盘上左右摆动情况，判断天平是否平衡，并给出称量量。横梁左右两边各有一秤盘，用来放置试样（左）和砝码（右）。由天平构造显而易见其工作原理是杠杆

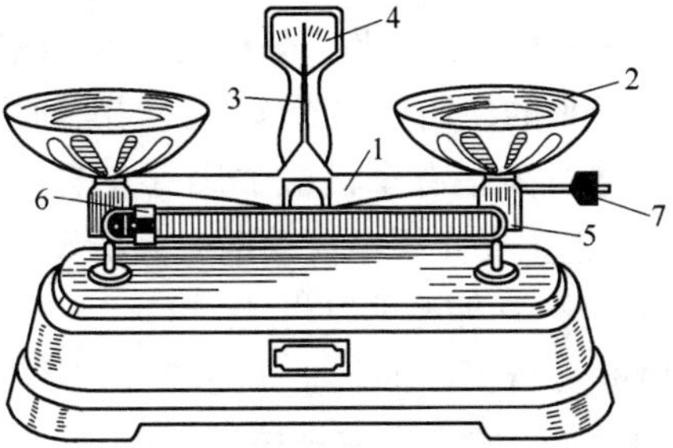

图 2-39　托盘天平

1—横梁；2—托盘；3—指针；4—刻度盘；5—游码标尺；
6—游码；7—平衡调节螺丝

原理，横梁平衡时力矩相等，若两臂长相等则砝码质量就与试样质量相等。

使用方法：

（1）调零。将游码归零，调节调零螺母，使指针在刻度盘中心线左右等距离摆动，表示天平的零点已调好，可正常使用。

（2）称量。在左盘放试样，右盘用镊子夹入砝码（由大到小），再调游码，直至指针在刻度盘中心线左右等距离摆动。砝码及游码指示数值相加则为所称试样质量。

（3）恢复原状。要求把砝码移到砝码盒中原来的位置，把游码移到零刻度，把夹取砝码的镊子放到砝码盒中。

称量时注意事项：

（1）托盘天平不能称量热的物体。

（2）称量物不能直接放在托盘上，根据具体情况决定称量物放在纸上、表面皿上或其他容器中。易吸湿或有腐蚀性的药品必须放在玻璃容器内。

（3）经常保持托盘天平的整洁，托盘上如有药品或其他污物，应立刻清除。

（4）砝码不能放在托盘及砝码盒以外的其他任何地方，称量结束应及时放回砝码盒内。

（二）电光分析天平

电光分析天平是指最大称量质量在 200g 以下、称量精度为 0.0001g 的具有较高灵敏度的天平。分析天平是精密仪器，使用时要认真、仔细，按照天平的使用规则操作，做到准确快速完成称量而又不损坏天平。电光分析天平有全机械加码（全自动）和半机械加码（半自动）两种，这里主要介绍半自动电光分析天平。

1. 双盘半自动电光分析天平的构造

双盘半自动电光分析天平的构造如图 2-40 所示，它的主要部件是由铝合金制成的横梁，梁上有三把棱形玛瑙刀，其中有一把镶在横梁中间，刀口向下，称为支点刀。在支点刀的两侧等距离处装上两把三棱形玛瑙刀，刀口向上，支承着两个秤盘，称为承重刀。支点刀放在一个玛瑙平板的刀承上，这三把刀口的棱边完全平行，并位于同一

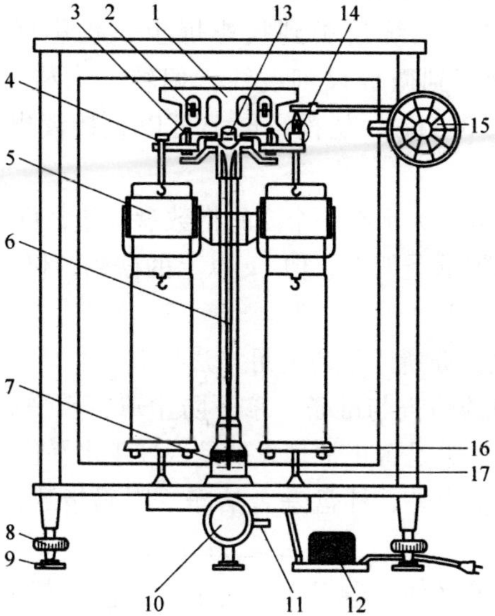

图 2-40　双盘半自动电光分析天平

1—横梁；2—平衡螺丝；3—支柱；4—吊耳；5—阻尼器；6—指针；7—投影屏；8—螺旋足；9—垫脚；10—升降旋钮；11—调屏拉杆；12—变压器；13—刀口；14—圈码；15—圈码指数盘；16—秤盘；17—盘托

水平上。

承重刀上面分别挂两个吊耳，吊耳下面各挂一个秤盘，通常在左盘放被称物，右盘放砝码。

为了便于观察天平梁的倾斜程度，在梁的正中间装有一根指针，其下端有一块透明的刻度标牌，通过光学投影装置可观察天平梁的倾斜程度。

在梁的上部两端各有一个平衡螺丝，用来调节天平的零点。

为了使天平尽快静止下来，吊耳下面分别安装了由两个内径互相套合而不相接触的铝制圆筒组成的阻尼器。外筒固定在立柱上，内筒挂在吊耳下面，利用空气的阻尼作用，使横梁较快地停止摆动而平衡。

光学投影装置固定在底板上前方。称量时，接通电源，光源产生的光经过光学系统投影到投影屏上，投影屏是一块毛玻璃片，上面可以观察到微标尺刻度线，偏转一大格相当于1mg，偏转一小格相当于0.1mg。从投影屏上可以直接读出0.1～10mg以内的质量数。

半自动电光分析天平有一个圈码指数盘旋钮，可以将10～990mg范围内的圈码加到承受架上，但1g以上的砝码，仍需用砝码盒中的砝码。

2. 半自动电光分析天平的使用方法

（1）称量前的检查与准备。拿下防尘罩，叠平后放在天平箱上方。称量前检查天平是否正常，天平是否处于水平位置，吊耳、圈码是否脱落，玻璃框内外、秤盘是否洁净，圈码指数盘是否在“000”位。

检查和调整天平的空盘零点。用平衡螺丝（粗调）和投影屏调节杠（细调）调节天平零点。

（2）称量。当要求快速称量，或怀疑被称物可能超过最大载荷时，可用托盘天平（台秤）粗称。

将待称量物置于天平左盘的中央，关上天平左门。按照“由大到小，中间截取，逐级试重”的原则在右盘加减砝码。试重时应半开天平，观察指针偏移方向或标尺投影移动方向，以判断左右两盘的轻重和所加砝码是否合适及如何调整。注意：指针总是偏向质量轻的盘，标尺投影总是向质量重的盘方向移动。先确定克以上砝码（应用镊子取放），关上天平右门。再依次调整百毫克组和十毫克组圈码，每次都从中间量（500mg 和 50mg）开始调节。确定10mg组圈码后，再完全开启天平，准备读数。

（3）读数。砝码确定后，一定要将升降旋钮开关顺时针旋转到底，使天平完全开启，待标尺停稳后即可读数。

$$\text{称量物的质量} = \text{砝码质量} + \frac{\text{圈码质量}}{1000} + \frac{\text{光标尺读数}}{1000}$$

若从屏上读取标尺负值，记录时将此读数从砝码总量中减去。

（4）复原。称量数据记录完毕，即应关闭天平，取出被称量物质，用镊子将砝码放回砝码盒内，圈码指数盘退回到“000”位，关闭两侧门，盖上防尘罩。

（5）使用天平的注意事项：

1）应从左右两门取放称量物和砝码。称量物不能超过天平负载（200g），开关天平旋钮（开启升降旋钮）、取放被称量物、开关天平侧门以及加减砝码等动作都要轻、缓，切不可用力过猛、过快，以免造成天平部件脱位或损伤玛瑙刀口。每次加减砝码、圈码或取放称量物时，一定要先关升降旋钮（关闭天平），加完后，再开启旋钮（开启天平）。

2）调节零点和读取称量读数时，要留意天平侧门是否已关好；称量读数要立即记录在实验报告本或实验记录本上。调节零点和称量读数后，应随手关好天平。加、减砝码或放、取称量物必须在天平处于关闭状态下进行（单盘天平允许在半开状态下调整砝码）。砝码未调定时不可完全开启天平。

3）对于热的或冷的称量物应置于干燥器内直至其温度同天平室温度一致后才能进行称量；有腐蚀性或吸湿性物体必须放在密闭容器中称量。

4）天平的前门仅供安装、检修和清洁时使用，通常不要打开。

5）在天平箱内放置变色硅胶作干燥剂，当变色硅胶变红后应及时更换。

6）每架天平都配有固定的砝码，必须使用指定的天平及天平所附的砝码，并且砝码只许用镊子夹取，绝不能用手拿，用完放回砝码盒内；转动圈码读数时动作要轻而缓，以免圈码脱落。如果发现天平不正常，应及时报告指导教师或实验室工作人员，不要自行处理。

7）同一化学试验中的所有称量，应自始至终使用同一架天平，使用不同天平会造成误差。

8）注意保持天平、砝码、天平台、天平室的安全、整洁和干燥。

9）天平箱内不可有任何遗落的药品，如有遗落的药品可用毛刷及时清理干净。

10）称量完毕，应检查天平梁是否托起、砝码是否已归位、指数盘是否转到“0”、电源是否切断、边门是否关好，最后罩好天平，填写天平使用记录，并请指导教师签字。

（三）电子天平

电子天平是最新一代的天平，是根据电磁力平衡原理直接称量，全量程不需砝码。放上称量物后，在几秒钟内即可达到平衡，显示读数，称量速度快，精度高。电子天平的支撑点用弹性簧片，取代机械天平的玛瑙刀口，用差动变压器取代升降枢装置，用数字显示代替指针刻度式。因而，电子天平具有使用寿命长、性能稳定、操作简便和灵敏度高的特点。此外，电子天平还具有自动校正、自动去皮、超载指示、故障报警等功能以及具有质量电信号输出功能，且可与打印机、计算机联用，进一步扩展其功能，如统计称量的最大值、最小值、平均值及标准偏差等。

电子天平种类繁多，但其使用方法大同小异。下面以外形如图2-41所示的电子天平为例，简要介绍电子天平的使用方法。

（1）水平调节。观察水平仪，如水平仪水泡偏移，需调整水平调节脚，使水泡位于水平仪中心。

（2）预热。接通电源，预热至规定时间后，开启显示器进行操作。

（3）开启显示器。轻按ON键，显示器全亮，约2s后，显示天

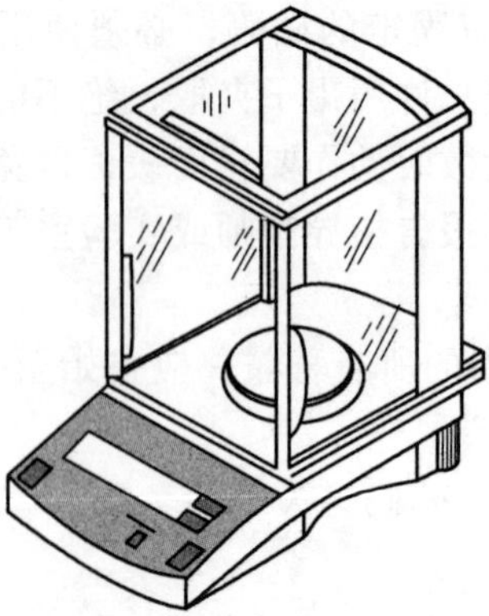

图2-41 电子天平

平的型号，然后是称量模式0.0000g。读数时应关上天平门。

(4) 天平基本模式的选定。天平通常为“通常情况”模式，并具有断电记忆功能。使用时若改为其他模式，使用后一经按OFF键，天平即恢复通常情况模式。

(5) 校准。天平安装后，第一次使用前，应对天平进行校准。因存放时间较长、位置移动、环境变化或为获得精确测量，天平在使用前一般都应进行校准操作。图2-41所示的天平采用外校准（有的电子天平具有内校准功能)，由TAR键清零及CAL键、100g校准砝码完成。

(6) 称量。按TAR键，显示为零后，置称量物于秤盘上，待数字稳定即显示器左下角的“0”标志消失后，即可读出称量物的质量值。

(7) 去皮称量。按TAR键清零，置容器于秤盘上，天平显示容器质量，再按TAR键，显示零，即去除皮重。再置称量物于容器中，或将称量物（粉末状物或液体）逐步加入容器中直至达到所需质量，待显示器左下角“0”消失，这时显示的是称量物的净质量。将秤盘上的所有物品拿开后，天平显示负值，按TAR键，天平显示0.0000g。若称量过程中秤盘上的总质量超过最大载荷，天平仅显示上部线段，此时应立即减小载荷。

(8) 实验全部结束后，关闭显示器，切断电源，若短时间内（例如2h内）还使用天平，可不必切断电源，再用时可省去预热时间。

若当天不再使用天平，应拔下电源插头。

电子天平的维护与保养：

(1) 将天平置于稳定的工作台上避免振动、气流及阳光照射。

(2) 在使用前调整水平仪气泡至中间位置。

(3) 电子天平应按说明书的要求进行预热。

(4) 称量易挥发和具有腐蚀性的物品时，要盛放在密闭的容器中，以免腐蚀和损坏电子天平。

(5) 经常对电子天平进行自校或定期外校，保证其处于最佳状态。

（6）如果电子天平出现故障应及时检修，不可带“病”工作。

（7）操作天平不可过载使用以免损坏天平。

（8）若长期不用电子天平时应暂时收藏为好。

（四）称量方法

常用的称量方法有直接称量法、固定质量称量法和递减称量法，现分别介绍如下。

1. 直接称量法

直接称量法是将称量物直接放在天平盘上直接称量物体的质量。例如，称量小烧杯的质量，容量器皿校正中称量某容量瓶的质量，重量分析实验中称量某坩埚的质量等，都使用这种称量法。

2. 固定质量称量法

固定质量称量法又称增量法，用于称量某一固定质量的试剂（如基准物质）或试样。这种称量操作的速度很慢，适于称量不易吸潮、在空气中能稳定存在的粉末状或小颗粒（最小颗粒应小于0.1mg，以便容易调节其质量）样品。

固定质量称量法如图 2-42a 所示。注意：若不慎加入试剂超过指定质量，应先关闭天平，然后用牛角匙取出多余试剂。重复上述操作，直至试剂质量符合指定要求为止。严格要求时，取出的多余试剂应弃去，不要放回原试剂瓶中。操作时不能将试剂散落于天平盘等容器以外的地方，称好的试剂必须定量地由表面皿等容器直接转入接受

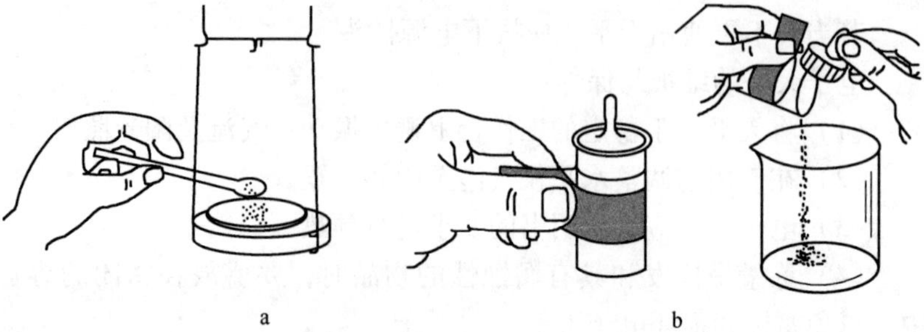

a　　　　b

图 2-42　称量方法

a—固定质量称量法；b—递减称量法

容器，此即所谓“定量转移”。

3. 递减称量法

递减称量法又称减量法，如图2-42b所示，此法用于称量一定质量范围的样品或试剂。在称量过程中样品易吸水、易氧化或易与CO_2等反应时，可选择此法。由于称取试样的质量是由两次称量之差求得，故也称差减法。

称量步骤如下：从干燥器中用纸带（或纸片）夹住称量瓶后取出称量瓶（注意：不要让手指直接触及称量瓶和瓶盖），用纸片夹住称量瓶盖柄，打开瓶盖，用牛角匙加入适量试样（一般为称一份试样量的整数倍），盖上瓶盖。称出称量瓶加试样后的准确质量。将称量瓶从天平上取出，在接收容器的上方倾斜瓶身，用称量瓶盖轻敲瓶口上部使试样慢慢落入容器中，瓶盖始终不要离开接收容器上方。当倾出的试样接近所需量（可从体积上估计或试重得知）时，一边继续用瓶盖轻敲瓶口，一边逐渐将瓶身竖直，使黏附在瓶口上的试样落回称量瓶，然后盖好瓶盖，准确称其质量。两次质量之差，即为试样的质量。按上述方法连续递减，可称量多份试样。有时一次很难得到合乎质量范围要求的试样，可重复上述称量操作1～2次。

七、基本测量仪器的使用

（一）pHS-2C型酸度计的使用

1. 概述

pHS-2C型酸度计是用玻璃电极法测量溶液的酸度（即pH值）的一种测量仪器。仪器除测量酸碱度之外也可测量电极电位。本仪器采用高性能的具有极高输入阻抗的集成运算放大器，使仪器具有稳定可靠，使用方便等特点。

pHS-2C型酸度计由电位计和E-201-C9复合电极组成。

2. 仪器工作原理

pHS-2C型酸度计是利用玻璃电极和银-氯化银电极对被测溶液中不同酸度所产生的直流电动势，输入到一台用高输入阻抗集成运算放大器组成的直流放大器中，以达到pH值指示的目的。以下分三个部分进行说明。

（1）测量原理。

水溶液酸碱度的测量一般用玻璃电极作为测量电极、甘汞电极或银-氯化银电极作为参比电极，当氢离子活度发生变化时，玻璃电极和参比电极之间的电动势也随着引起变化，电动势变化符合下列公式：

$$E = E_0 - 2.3026\frac{RT}{F}\text{pH}$$

式中，E_0为电极系统零电位；R 为气体常数，8.314J/(mol · K)；T 为绝对温度，$(273 \pm t)$K；F 为法拉第常数，96485C/mol；pH 为表示被测溶液 pH 值和电极内溶液 pH 值之差。

（2）电极系统。

E-201-C9 复合电极是由玻璃电极（测量电极）和银-氯化银电极（参比电极）组合在一起的塑壳可充式复合电极（图 2-43）。玻璃电极头部球泡是由特殊配方的玻璃薄膜制成，它仅对氢离子有敏感作用，当它浸入被测溶液内，则被测溶液中氢离子与电极球泡表面水化层进行离子交换，形成一电位，球泡内层也同时有电位存在，因此球泡内外产生一电位差，此电位差随外层氢离子浓度的变化而改变。由于电极内部溶液氢离子浓度不变，所以只要测出此电位差就可知被测溶液的 pH 值。

玻璃电极球泡内通过银-氯化银电极组成半电池，球泡外通过银-氯化银参比电极，组成另一个半电池，两个半电池组成一个完整

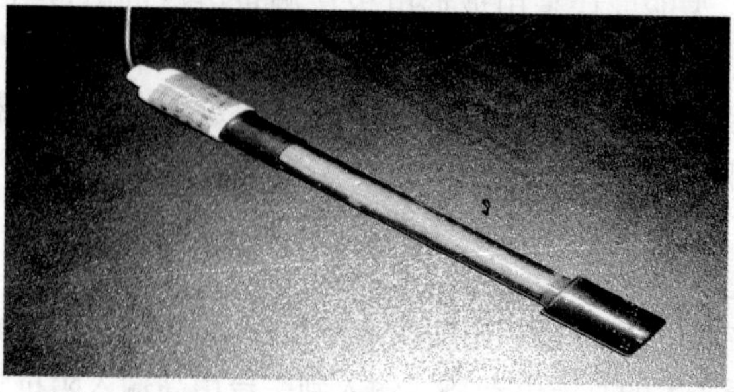

图 2-43　复合电极

的化学原电池，其电动势仅与被测溶液氢离子浓度有关。

当一对电极形成的电位差等于零时，被测溶液的 pH 值即为零电位。它与玻璃电极内溶液有关。本仪器零电位为 7，因此仅适应配用零电位 pH 值为 7 的玻璃电极。

（3）仪器。

本仪器用高输入阻抗集成运算放大器组成的同相直流放大电路，对电极系统的电势进行 pH 值转换，以达到精确测量溶液中氢离子浓度的目的。下面介绍仪器面板上各调节旋钮的作用（图 2-44）。

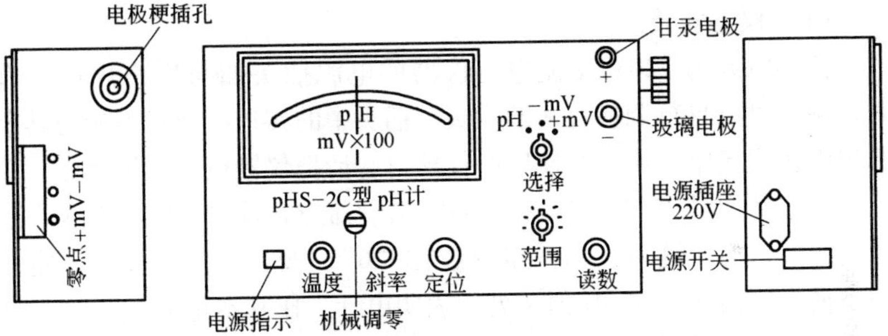

图 2-44　酸度计面板上各调节旋钮位置示意图

“温度”调节旋钮是用于补偿由于温度不同时对测量结果产生的影响。因此在进行溶液 pH 值测量及 pH 值校正时，必须将此旋钮调至该溶液温度值上。在进行电极电位 mV 值测量时，此旋钮无作用。

“斜率”调节旋钮是用于补偿电极转换系数。由于实际的电极系统并不能达到理论上转换系数（100%）。因此，设置此调节旋钮是便于使用者用二点校正法对电极系统进行 pH 值校正，使仪器能更精确测量溶液 pH 值。

由于玻璃电极（零电位 pH 值为 7）和银-氯化银电极浸入 pH 值为 7 缓冲溶液中时，其电动势并不都等于理论上的 0mV，而有一定值，其电位差我们称之为不对称电位。这个值的大小取决于玻璃电极膜材料的性质、内外参比体系、测量溶液和温度等因素。“定位”调节旋钮就是用于消除不对称电位对测量结果所产生的误差。

“斜率”、“定位”调节旋钮仅在进行 pH 值测量及校正时有作用。

“读数”按钮开关：当要读取测量值时，按下此开关。当测量结束时，再按一次此开关，使仪器指针在中间位置，且不受输入信号的影响，以免打坏表针。

“选择”开关供使用者选定仪器的测量功能。

“范围”开关供使用者选定仪器的测量范围。

3. 仪器的使用方法

（1）仪器安装。

仪器电源为 220V 交流电。仪器的电源插头如与用户规格不符时，用户可以自行调换合适的插头，插头中的接地线绝对不能与其余两根电源线接错。用户在使用此仪器时，请把仪器机箱支架撑好，使仪器与水平面呈 30°角。在未用电极测量前应把配件 Q9 短路插头插入电极插口内，这时仪器的量程放在“6”，按下读数开关调节定位钮，使指针指在中间 pH 值 7 处，表明电计工作基本正常。

（2）电极安装。

把电极杆装在机箱上，如电极杆不够长，可以把接杆旋上。将复合电极插在塑料电极夹上。把此电极夹装在电极杆上，将 Q9 短路插头拔去，复合电极插头插入电极插口内，电极在测量时，请把电极上靠近电极帽的加液口橡胶管下移使小口外露，以保持电极内 KCl 溶液的液位差。在不用时，请将橡胶管上移将加液口套住。

（3）pH 校正（二点校正方法）。

由于每支玻璃电极的零电位、转换系数与理论值有差别，而且各不相同。因此，如要进行 pH 值测量，必须要对电极进行 pH 校正，其操作过程如下：

1）开启仪器电源开关。如要精密测量 pH 值，应在打开电源开关 30min 后进行仪器的校正和测量。将仪器面板上的“选择”开关置“pH”挡，“范围”开关置“6”挡，“斜率”旋钮顺时针旋到底（100%处），“温度”旋钮置于此标准缓冲溶液的温度。

2）用蒸馏水将电极洗净以后，用滤纸吸干，将电极放入盛有pH值为7的标准缓冲溶液的烧杯内，按下“读数”开关，调节“定位”旋钮，使仪器指示值为此溶液温度下的标准pH值（仪器上的“范围”读数加上表头指示值即为pH指示值），在标定结束后，放开“读数”开关，使仪器置于准备状态。此时仪器指针在中间位置。

3）把电极从pH值为7的标准缓冲溶液中取出，用蒸馏水冲洗干净，用滤纸吸干。根据将要测pH值的样品溶液是酸性（pH<7）或碱性（pH>7）来选择pH值为4或pH值为9的标准缓冲溶液，把电极放入标准缓冲溶液中，把仪器的“范围”置“4”挡（此时pH值为4的标准缓冲溶液）或放置“8”挡（此时pH值为9的标准缓冲溶液），按下“读数”开关，调节“斜率”旋钮，使仪器指示值为该标准缓冲溶液在此溶液温度下的pH值，然后放开“读数”开关。

4）按第2）项的方法再测pH值为7的标准缓冲溶液，但注意此时应将“斜率”旋钮维持在按第3）项操作后的位置不变。如仪器的指示值与标准缓冲溶液的pH值误差符合你将要进行pH值测量时的精度要求，则可认为此时仪器已校正完毕，可以进行样品测量。

若此误差不符合你将要进行pH值测量时的精度要求，则可调节“定位”旋钮至消除此误差，然后再按第3）项顺序操作。一般经过上述过程，仪器已能进行pH值的精确测量了。

在一般情况下，两种标准缓冲溶液的温度必须相同，以获得最佳pH校正效果。

（4）样品溶液pH值测量。

1）在进行样品溶液的pH值测量时，必须先清洗电极，并用滤纸吸干。在仪器已进行pH校正以后，绝对不能再旋动“定位”、“斜率”旋钮，否则必须重新进行仪器pH校正。一般情况下，一天进行一次pH校正已能满足常规pH值测量的精度要求。

2）将仪器的“温度”旋钮旋至被测样品溶液的温度值。将电极放入被测溶液中，仪器的“范围”开关置于此样品溶液的pH值挡上，按下“读数”开关。如表针打出左面刻度线，则应减少“范围”

开关值；如表针打出右面刻度线，则应增加“范围”的开关值，直至表针在刻度上，此时表针所指示的值加上“范围”开关值，即为此样品溶液 pH 值。请注意，表面满刻度值为 2pH，最少分度值为 0. 02pH。

被测样品溶液的温度和用于仪器 pH 校正的标准缓冲溶液的温度应该相同，这样能减小由于电极而引起的测量误差，提高仪器的测量精度。

（5）电极电位测量。

1）测量电极插头芯线接“－”，参比电极连线接“＋”。复合电极插头芯线为测量电极，外层为参比电极，在仪器内参比电极接线柱已与电极插口外层相接，不必另外连线。如测量电极的极性和插座极性相同时，则仪器的“选择”置于“＋mV”挡，否则，仪器的“选择”置于“－mV”挡。

2）将电极放入被测溶液，按下“读数”开关。如仪器的“选择”置“＋mV”挡，当表针打出右面刻度时，则增加“范围”开关值，反之，则减少“范围”开关值，直至表针在表面刻度上；如仪器的“选择”置“－mV”挡，当表针打出右面刻度时，减少“范围”开关值，反之，则增加“范围”开关值，直至表针在表面刻度上。

3）将仪器的“范围”开关值加上表针指示值，其和再乘以 100，即得电极电位值，单位为 mV。电极电位值的极性：当仪器的“选择”开关置于“＋mV”挡时，测量电极的极性相同于插座极性，反之，则测量电极极性为“－”。

4. 电极使用维护及注意事项

（1）电极在测量前必须用已知 pH 值的标准缓冲溶液进行定位校准，为取得更正确的结果，已知 pH 值要可靠，而且其 pH 值越接近被测值越好。

（2）取下帽后要注意，在塑料保护栅内的敏感玻璃泡不能与硬物接触，任何破损和擦毛都会使电极失效。

（3）测量完毕，不用时应将电极保护帽套上，帽内应放少量补充液，以保持电极球泡的湿润。

(4) 复合电极的外参比补充液为3mol/L氯化钾溶液，补充液可以从上端小孔加入。

(5) 电极的引出端，必须保持清洁和干燥，绝对防止输出两端短路，否则将导致测量结果失准或失效。

(6) 电极应与输入阻抗较高的酸度计（不小于$10^{12}\Omega$）配套，能使电极保持良好的特性。

(7) 电极避免长期浸在蒸馏水中或蛋白质溶液和酸性氟化物溶液中，并防止和有机硅油脂接触。

(8) 电极经长期使用后，如发现梯度略有降低，则可把电极下端浸泡在4% HF（氢氟酸）中3～5s，用蒸馏水洗净，然后在氯化钾溶液中浸泡，使之复新。

(9) 被测溶液中如含有易污染敏感球泡或堵塞液接界的物质，而使电极钝化，其现象是敏感梯度降低，或读数不准。如此，则应根据污染物质的性质，以适当溶液清洗，使之复新。注意：选用清洗剂时，如能溶解聚碳酸树脂的清洗液，如四氯化碳，三氯乙烯，四氢呋喃等，则可能把聚碳酸树脂溶解后，涂在敏感玻璃球泡上，而使电极失效，请慎用！

(二) 分光光度计的使用

分光光度计是利用物质对单色光的选择性吸收来测定物质含量的仪器。实验室常用的分光光度计有721型、722型和7200型等，这些仪器的型号虽然不同，但工作原理是一样的。下面主要介绍722型和7200型分光光度计。

1. 基本原理

一束单色光通过有色溶液时，溶液中的有色物质吸收了一部分光，吸收程度越大，透过溶液的光越少。如果入射光的强度为I_0，透过光的强度为I_t，则I_t/I_0称为透光率，而$\lg I_0/I_t$为吸光度A。实验证明，当一束单色光通过一定浓度的有色溶液时，溶液对光的吸收程度符合朗伯-比尔定律：

$$A = \varepsilon cl$$

式中，c为溶液的浓度；l为溶液的厚度；ε为吸光系数。当入射光的波长一定时，ε即为溶液中有色物质的一个特征常数。

由朗伯-比尔定律可见，当液层的厚度一定时，吸光度只与溶液的浓度成正比，这就是分光光度法测定物质含量的理论基础。

分光光度计的光源灯发出的白光，通过棱镜分解成不同波长的单色光。单色光经过待测溶液，使透过光射在光电池或光电管上变成电讯号，在检流计或读数电表上就直接读出吸光度。

2. 使用注意事项

（1）为防止光电管疲劳，不测定时必须打开比色皿暗箱盖，使光路切断，以延长光电管使用寿命。

（2）拿比色皿时，手指只能捏住比色皿的毛玻璃面，不要碰比色皿的透光面，以免沾污。

（3）清洗比色皿时，一般先用水冲洗，再用蒸馏水洗净。若比色皿被有机物沾污，可用盐酸-乙醇混合液（1 + 2）浸泡片刻，再用水冲洗。不能用碱溶液或氧化性强的洗涤液洗，以免损坏。也不能用毛刷清洗比色皿，以免损伤它的透光面。每次做完实验应立即洗净比色皿。比色皿外壁的水用擦镜纸或细软的吸水纸吸干，以保护透光面。

（4）测量溶液吸光度时，一定要用被测溶液洗比色皿内壁数次，以免改变被测溶液的浓度，在测定一系列溶液的吸光度时，通常都是从稀到浓的顺序测定，以减小测量误差。

（5）在实际分析工作中，通常根据溶液浓度的不同，选用不同规格光径长度的比色皿，使溶液的吸光度控制在 0.2 ~ 0.7，以提高测定的准确度。

（6）比色皿透光面玻璃应无色透明，成套同一厚度比色皿的厚度应相等，使用前对比色皿厚度作检查，其方法是把同一浓度的某有色溶液装入比色皿内，在相同的条件下，测定它们的透光度是否相等。允许成套同种厚度比色皿之间透光度相差不大于 0.5%。

3. 使用方法

A 7200 型分光光度计的使用方法

（1）7200 型分光光度计外形如图 2-45 所示。

（2）基本操作：

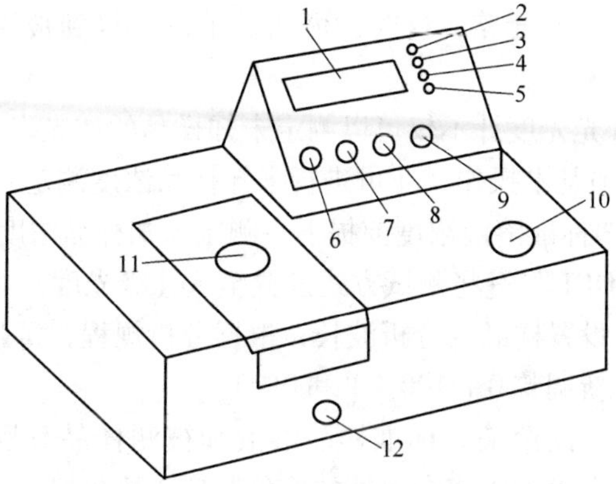

图2-45　7200型分光光度计外形

1—数字显示窗；2—透射比；3—吸光度；4—已知标准样品浓度方式；5—已知标准样品斜率方式；6—测试方式选择键；7—100%T设置键；8—0%T设置键；9—参数输出打印键；10—波长选择旋钮；11—样品室盖；12—试样架拉杆

1）连接仪器电源线，确保仪器供电电源有良好的接地性能。

2）接通电源，使仪器预热20min（不包括仪器自检时间）。

3）用“MODE”键设置测试方式：透光率（*T*），吸光度（*A*），已知标准样品浓度值方式（*c*）和已知标准样品斜率（*F*）方式。

4）用波长选择旋钮设置所需的分析波长。

5）将参比样品溶液和被测样品溶液分别倒入比色皿中，打开样品室盖，将盛有溶液的比色皿分别插入比色皿槽中，盖上样品室盖。一般情况下，参比样品放在第一个槽位中。

6）将%T校具（黑体）置入光路中，在T方式下按“%T”键，此时显示器显示“000.0”。

7）将参比样品推（拉）入光路中，按“0A/100%T”键调0A/100%T，此时显示器显示的“BLA”直至显示“100.0”%T或“0.000”A为止。

8）当仪器显示器显示出“100.0”% T 或“0.000” A 后，将被测样品推（拉）入光路，这时，可从显示器上得到被测样品的透射比或吸光度值。

7200 型分光光度计不仅可以测定未知样品的透光率（*T*）和吸光度（*A*）这两项基本操作，还可进行未知样品浓度测定。

1）在已知标准溶液浓度前提下，测定未知样品浓度：

①用“MODE”键将测试方式设置至 A（吸光度）状态。

②用波长设置样品的分析波长，根据分析规程，每当分析波长改变时，必须重新调整 0A/100% T 和 0% T。

③将参比样品溶液，标准样品溶液和被测样品分别倒入比色皿中，打开样品室盖，将盛有溶液的比色皿插入比色皿槽中，盖上样品室盖。一般情况下，参比样品放在第一个槽位中。

④将参比样品推（拉）入光路中，按“0A/100% T”键调 0A/100% T，此时显示器显示的“BLA”直至显示“0.000” A 为止；

⑤用“MODE”键将测试方式设置至 C 状态。

⑥将标准样品推（或拉）入光路中。

⑦按“INC”或“DEC”键将已知的标准样品浓度值输入仪器，当显示器显示样品浓度值时，按“ENT”键。浓度值只能输入整数值，设定范围为 0～1999。

⑧将被测样品依次推（或拉）入光路，这时，可从显示器上分别得到被测样品的浓度值。

2）在已知标准溶液浓度斜率（K 值）前提下，测定未知样品浓度：

①用“MODE”键将测试方式设置至 A（吸光度）状态。

②用波长旋钮设置样品的分析波长，根据分析规程，每当分析波长改变时，必须重新调整 0A/100% T 和 0% T。

③将参比样品溶液和被测样品分别倒入比色皿中，打开样品室盖，将盛有溶液的比色皿插入比色皿槽中，盖上样品室盖。一般情况下，参比样品放在第一个槽位中。

④将参比样品推（拉）入光路中，按“0A/100% T”键调

0A/100%T，此时显示器显示的“BLA”，直至显示“0.000”A为止。

⑤用“MODE”键将测试方式设置至F状态。

⑥按“INC”或“DEC”键输入已知的标准样品斜率值，当显示器显示标准样品斜率时，按“ENT”键。这时，测试方式指示灯自动指向“C”，斜率只能输入整数。

⑦将被测样品依次推（或拉）入光路，这时，您便可从显示器上分别得到被测样品的浓度值。

B　722型分光光度计的使用方法

（1）722型分光光度计外形如图2-46所示。

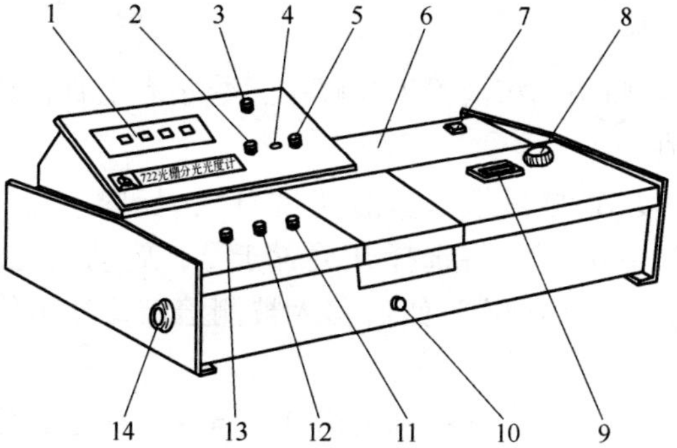

图2-46　722型分光光度计外形

1—数字显示器；2—吸光度调零旋钮；3—选择开关；4—斜率电位器；5—浓度旋钮；6—光源室；7—电源开关；8—波长旋钮；9—波长刻度窗；10—试样架拉手；11—100%T旋钮；12—0%T旋钮；13—灵敏度调节旋钮；14—干燥器

（2）使用步骤：

1）预热仪器：开启电源，指示灯亮，仪器预热20min，为了防止光电管疲劳，不要连续光照。预热仪器时和在不测定时应将比色皿暗箱盖打开，使光路切断。

2）固定灵敏度挡：根据有色溶液对光的吸收情况，在吸光度读数为0.2～0.7范围内，选择合适的灵敏度。为此，旋动灵敏度挡，使其固定于某一挡，在实验过程中不再变动。一般测量固定在“1”挡（放大倍率最小），选择开关置于“T”。

3）打开试样室（光门自动关闭），调节透光率零点旋钮，使数字显示为“0.000”（此时，比色皿暗箱盖是打开的，光路被切断，光电管不受光照）。

4）选定波长：根据实验要求，旋动仪器波长旋钮，使指针指示所需要的单色光波长。

5）将装有溶液的比色皿置于比色架中。

6）盖上样品室盖，将参比溶液比色皿置于光路中，调节透光率“100”旋钮，使数字显示 T 为 100.0。若显示不到 100.0，则可适当增加灵敏度的挡数，同时应重复步骤 3），调整仪器的“0.000”。

7）测定：将被测溶液置于光路中，数字表上直接读出被测溶液的透光率 T 值。

8）吸光度 A 的测量：参照步骤 3）、步骤 6），调整仪器的“0.000”和“100.0”，将选择开关置于 A，旋动吸光度调零旋钮，使得数字显示为“0.000”，然后移入被测溶液，显示值即为试样的吸光度 A 值；

9）浓度 c 的测量：选择开关由 A 旋至 C，将已标定浓度的溶液移入光路，调节浓度旋钮，使得数字显示为标定值，将被测溶液移入光路，即可读出相应的浓度值。

10）关机：实验完毕，切断电源，将比色皿取出洗净，并将比色皿座架及暗箱用软纸擦净。

（三）DDS-11C 型数字电导率仪的使用

1. 电导率仪的结构原理

电导率的测量原理其实就是按欧姆定律测定平行电极间溶液部分的电阻。由于电流通过电极时，会发生氧化或还原反应，因而改变电极附近溶液的组成，产生“极化”现象，从而引起电导测量的严重误差。为此，采用高频交流电测定法，可以减轻或消除上述极化现象，因为在电极表面的氧化和还原迅速交替进行，其结果可以认为没有氧化或还原发生。

电导率仪由电导电极和电子单元组成。电子单元采用适当频率的交流信号的方法，将信号放大处理后换算成电导率。仪器中还配有与其相匹配的温度测量系统，能补偿到标准温度电导率的温度补偿系统、温度系数调节系统、电导池常数调节系统以及自动换挡功能等。

2. 测量原理

引起离子在被测溶液中运动的电场是由于溶液直接接触的两个电极产生的。在电解质溶液中，带电离子在电场作用下产生移动而传递电子，因此具有导电作用，其导电能力的强弱常以电导或电阻表示。导电能力的强弱称为电导 G，单位西门子，以符号 S 表示。测量溶液电导的方法通常是用两支电极插入溶液中，以测出两支电极间的电阻 R_x 即可。根据欧姆定律，在一定温度时，二电极之间的电阻与二电极之间的距离 L(cm)成正比，与电极的横截面积 A (cm^2)成反比。即

$$R = \rho \frac{L}{A} \tag{2-1}$$

对于一个给定的电极而言，电极面积 A 与间距 L 都是固定不变的，称 L/A 为电极常数，以 Q 表示。由于电导是电阻的倒数，所以

$$G = \frac{1}{R} = \frac{1}{\rho Q} = \frac{\kappa}{Q} \tag{2-2}$$

式中，$\kappa = 1/\rho = QG = Q/R$，称为电导率，是二电极间距为1cm、横截面积为1$cm^2$时的电导。$\kappa$ 的单位为S/cm，由于S/cm的单位太大，常用mS/cm或μS/cm表示，它们之间的换算关系为 $1mS/cm = 10^3$ μS/cm。电导的测量，实际上是通过测量浸入溶液的电极极板之间的电阻来实现的。

电导率仪的工作原理如图2-47所示，由图可知：

$$V_m = \frac{VR_m}{R_m + R_x} = \frac{VR_m}{R_m + Q/\kappa} \tag{2-3}$$

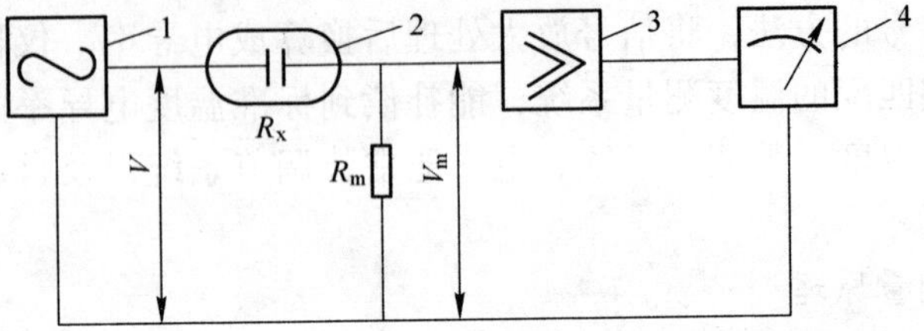

图 2-47　测量原理

1—振荡器；2—电导池；3—转换器；4—电表

式中，R_x 为液体电阻；R_m 为分压电阻。

当式（2-3）中的 V、R_m 和 Q 均为常数时，电导率 κ 的变化必定引起 V_m 作相应的变化，所以通过测量 V_m 的大小即可知道液体电导率的数值。

3. 电导率仪的外形结构和测量范围

（1）DDS-11C 型数字电导率仪的外形如图 2-48 所示。

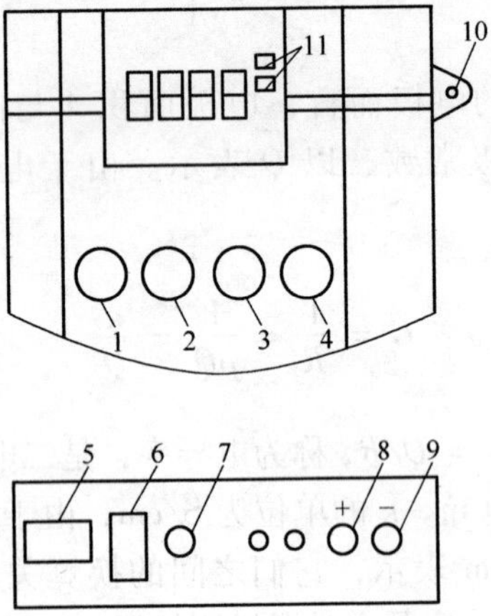

图 2-48　DDS-11C 型数字电导率仪的外形

1—温度调节旋钮；2—选择开关；3—常数旋钮；4—量程开关；

5—电源插座；6—电源开关；7—保险丝座（0.1A）；

8—0 ~ 10MV 输出；9—电导池插座；

10—电极杆孔；11—指示灯

（2）测量范围。

DDS-11C 型数字电导率仪的测量范围是(0.001～2)×10^5 μS/cm（即 1000MΩ～5Ω），共分为六个量程挡。不同的量程范围要配用不同的电极，见表2-3。

表 2-3　测量范围与配套电极

量程挡	测量范围	分辨率	测量频率	配套电极
2μS/cm	0.001～2μS/cm （1000MΩ～500kΩ）	0.001μS/cm	低周	DJS-1C 型光亮电极
20μS/cm	0.01～20μS/cm （100MΩ～50kΩ）	0.01μS/cm	低周	DJS-1C 型光亮电极
200μS/cm	0.1～200μS/cm （10MΩ～5kΩ）	0.1μS/cm	高周	DJS-1C 型铂黑电极
2mS/cm	0.001～2mS/cm （1MΩ～500Ω）	1.0μS/cm	高周	DJS-1C 型铂黑电极
20mS/cm	0.01～20mS/cm （100kΩ～50Ω）	0.01mS/cm	高周	DJS-1C 型铂黑电极
200mS/cm	0.1～200mS/cm （10kΩ～5Ω）	0.1mS/cm	高周	DJS-1C 型铂黑电极

4. 使用方法

（1）接通电源线，打开电源开关，并预热 10min。

（2）用温度计测出被测液的温度后，将“温度”钮置于被测液的实际温度相应位置上。当“温度”钮置于 298K 位置时，则无补偿作用。

（3）将电极浸入被测溶液，电极插头插入电极插座。

（4）“校正-测量”开关扳向“校正”位，调节“常数”钮使显示数（小数点位置不论）与使用的电极的常数标称值一致。

例如：电极常数为0.85，调“常数”钮显示850；常数为1.1，则调“常数”钮显示1100（不必管小数点位置）。

另外，若使用常数为10的电极时，若其常数为9.6，此时调“常数”钮显示960；若常数为10.7，则调“常数”钮显示1070。

(5) 将“校正-测量”开关置于“测量”位，将“量程”开关扳在合适的量程挡，待显示稳定后，仪器显示数值即为溶液在实际温度时的电导率。

如果显示屏首位为1，后三位数字熄灭，表明被测值超出量程范围，可换高一挡量程来测量。如读数很小，为提高测量精度，可换低一挡的量程挡。

(6) 对高电导率测量可使用DJS-10电极，此时量程扩大10倍，即20mS/cm挡可测至200mS/cm。2mS/cm挡可测至20mS/cm，但测量结果必须乘以10。

实验仪器若用DJS-1C光亮电极，使用它与仪器配套就能较好地测量高纯水电导率，但若要得到更高的测量精度，也可选购常数为0.01/cm钛合金电极来测量，此时，将“常数”钮调在显示1000位置，被测值=指示数×倍率×0.01。

(7) 高纯水测量要点：

1) 先用纯水清洗电极。

2) 应在流动状态下测量，确保封闭状态。为此，用管道将电导池直接与纯水设备连接，防止空气中CO_2等气体溶入水中而使电导率迅速增大。

3) 流速不宜太高，以防止产生湍流。测量中可逐步增加流速，使指示值不随流速增大而增大。

4) 避免将电导池装在循环不良的死角。

5) 可采用如图2-49所示的测量槽，将电极装入槽中，槽上方接出水管，下方接进水管（聚乙烯管），管中应无气泡。也可将电极装在不锈钢三通中（G3/4″管），先将电极套入密封橡皮圈，装入三通管后用螺帽固紧，如图2-50所示。

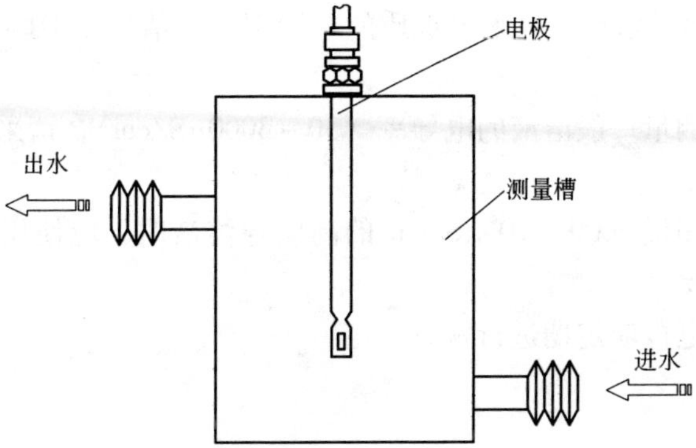

图 2-49　测量槽示意图

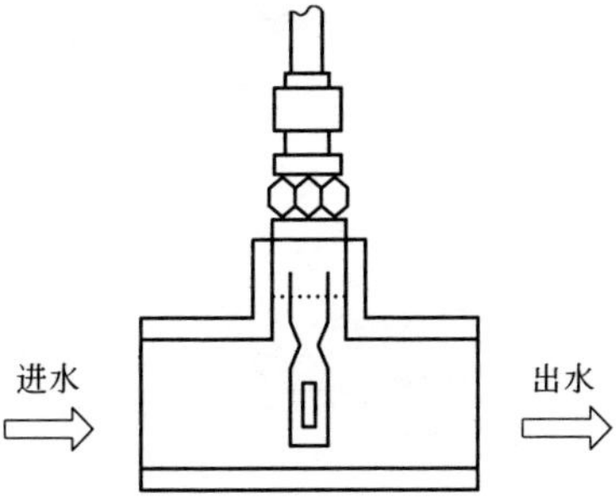

图 2-50　三通测量池

（8）由于仪器设置的温度系数为 2%/℃，与此系数不符的溶液使用温度补偿器将会产生较大的补偿差，此时可把温度钮旋至 25℃，所得读数为被测溶液在测量时温度的电导率（无补偿）。

5. 注意事项

（1）防止湿气、腐蚀性气体进入机内。电极插座应保持干燥。电极的引线也不能受潮，否则将测不准。

（2）电极使用完毕后应清洗干净，然后用净布擦干放好。

（3）盛放待测溶液的容器必须清洁，无其他离子沾污。

（4）高纯水被盛入容器后，应迅速测量，否则空气中的 CO_2 溶于水中变成 CO_3^{2-} 离子，使电导率很快增加。

（5）低电导测量（电导率小于 100μS/cm），例如测量纯水、锅炉水、去离子水、矿泉水等水质的电导率时，请选用 DJS-1C 光亮电极。

（6）测量一般溶液的电导率（30 ~ 3000μS/cm），请采用 DJS-1C 铂黑电极。

（7）测量 3000 ~ 10^4 μS/cm 的高电导溶液时，应使用常数为 10 的铂黑电极。

（8）电极应定期进行常数标定。

第二部分　实　　验

第 3 章　化学原理实验

实验 1　化学反应热效应的测定

一、实验目的

（1）了解反应热效应的测定原理和方法。

（2）学习天平、容量瓶、移液管的正确操作方法。

（3）掌握利用外推法校正温度改变值的作图方法。

二、实验原理

化学反应中常伴随有能量的变化。化学反应通常是在恒压条件下进行的，反应的热效应一般指的是恒压热效应 Q_p。化学热力学中反应的摩尔焓变 $\Delta_r H_m$数值上等于恒压热效应 Q_p。

本实验测定锌粉和硫酸铜溶液反应的热效应，其反应式为：

$$Zn + CuSO_4 \longrightarrow ZnSO_4 + Cu$$

$$\Delta_r H_m^{\ominus} = -218.8 kJ/mol$$

该反应是一个放热反应。为了使反应完全，使用过量的锌粉。

反应热效应测定原理是：设法使反应在绝热条件下，于量热计中发生反应，即反应系统不与量热计外的环境发生热交换，这样，量热计及其盛装物质的温度就会改变。从反应系统前后的温度变化及有关物质的热容，就可计算出该反应系统放出的热量。

由于量热计并非绝热体系，在实验期间不可避免地产生体系与环境的热交换，为了得到更准确的 ΔT，一般采用作图外推法，适当消除这一误差。

若不考虑量热计吸收的热量，则反应放出的热量等于系统中溶液吸收的热量：

$$\Delta_r H_m = -\frac{Q_p}{n} = -\Delta T c V \rho \frac{1}{n} \quad (3\text{-}1)$$

式中，ΔT 为溶液的温升，K；c 为溶液的比热容 kJ/(kg · K)；V 为 $CuSO_4$ 溶液的体积，L；ρ 为溶液的密度，kg/L；n 为 V 升的溶液中 $CuSO_4$ 的物质的量，mol。

若考虑量热计的热容，则反应放出的热量等于系统中溶液吸收的热量与量热计吸收的热量之和：

$$\Delta_r H_m = -\frac{Q_p}{n} = -\Delta T(cV\rho + C_b)\frac{1}{n} \quad (3\text{-}2)$$

式中，C_b 为量热计的热容，kJ/K。量热计热容 C_b 可根据能量守恒原理，热水放出的热量等于冷水吸收的热量与量热计吸收的热量之和计算。

三、仪器、药品和材料

仪器：量热计（100mL），容量瓶（250mL），移液管，烧杯，分析天平，托盘天平，秒表。

固体药品：$CuSO_4 \cdot 5H_2O$（A. R.），锌粉（A. R.）。

四、实验内容

（一）量热计热容 C_b 的测定

（1）用量筒量取 50mL 自来水加入量热计中，慢慢搅拌数分钟后，每隔 30s 读取一次温度，直至量热计（包括保温杯、胶塞、温度计、搅拌棒）中水的温度稳定。

（2）用量筒量取 50mL 热水（水温应比量热计中水温高 10 ~ 15K 左右），将玻璃温度计插入水中，每隔 30s 读取一次温度读数，连续测定 3min 后（不能停秒表），将量筒中的热水迅速全部倒入量热计中，立即塞上塞子并不断搅拌，读取混合后水的温度（每 30s 读数一次），连续测定 8 ~ 9min。

（3）实验结束，倒掉量热计中的水，并擦干内壁备用。

（二）0.2mol/L $CuSO_4$ 溶液的配制

在分析天平上准确称取欲配制 250mL 溶液所需的 $CuSO_4 \cdot 5H_2O$

晶体，用250mL容量瓶配制成溶液。

（三）锌和硫酸铜反应热效应的测定

（1）用移液管准确移取100mL所配制的$CuSO_4$溶液于量热计中，盖紧胶塞，并插入温度计和搅棒（图3-1）。

（2）不断搅动溶液，每隔30s记录一次温度。2min后，迅速添加用托盘天平已称好的3g锌粉，并不断搅动溶液，继续每隔30s记录一次温度。当温度升到最高点后，再连续测定2min。

五、数据记录和处理

（1）列表记录时间-温度数据。

（2）按图3-2所示，作温度-时间图，利用外推法求ΔT。

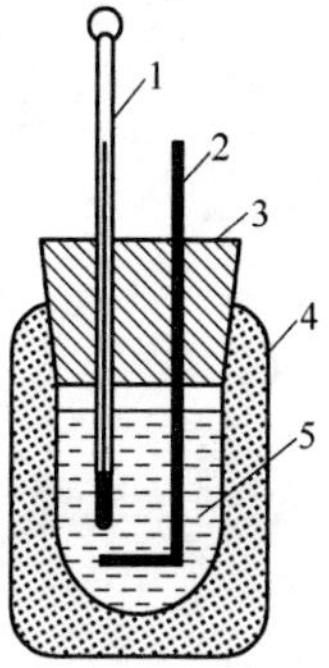

图3-1　保温杯式量热计装置
1—温度计；2—搅拌棒；3—胶塞；
4—保温杯；5—$CuSO_4$溶液

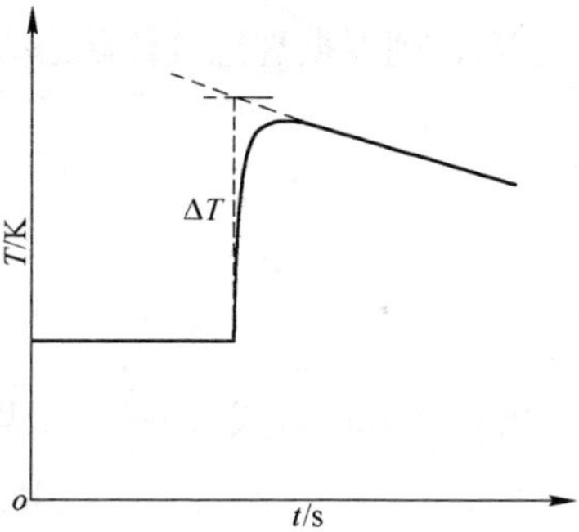

图3-2　温度（T）-时间（t）关系

（3）计算量热计热容C_b和反应热$\Delta_r H_m$。已知溶液的比热容为4.18kJ/(kg·K)；溶液的密度约为1kg/L。

六、思考题

（1）本实验所用锌粉为何只需用托盘天平称取，而对$CuSO_4$溶液的浓度则要求比较准确？

（2）为什么不取反应物混合后溶液的最高温度与刚混合时的温度之差，作为实验中测定的ΔT数值，而要采用作图外推的方法求得？作图与外推中有哪些注意事项？

（3）若称量或移液操作不准确，对热效应测定有何影响？

实验 2 气体密度法测定二氧化碳的相对分子质量

一、实验目的

（1）学习气体相对密度法测定气体相对分子质量的原理和方法。

（2）练习气体发生器的使用及气体的收集、洗涤、干燥。

二、实验原理

根据阿伏加德罗定律，在相同温度和相同压力下，相同体积的任意两种气体具有相同数目的分子。因此，对于同温同压同体积下的两种气体 A、B，若它们的质量分别为 m_A、m_B，相对分子质量分别为 M_A、M_B，则根据理想气体状态方程有：

$$pV = \frac{m_A}{M_A}RT \tag{3-3}$$

$$pV = \frac{m_B}{M_B}RT \tag{3-4}$$

由式（3-3）、式（3-4）整理得：

$$\frac{M_A}{M_B} = \frac{m_A}{m_B} \tag{3-5}$$

由式（3-5）可见，A、B 两气体的相对分子质量之比 $\frac{M_A}{M_B}$ 等于其质量之比 $\frac{m_A}{m_B}$。若在同温同压同体积条件下，测出两种气体的质量，且已知其中一种气体的相对分子质量，即可求得另一种气体的相对分子质量。

实验在同温同压下，分别测定同体积的 CO_2 和空气（已知相对分子质量为 29.0）的质量 m_{CO_2} 和 $m_{空气}$，即可由下式求出 M_{CO_2}：

$$M_{CO_2} = \frac{m_{CO_2}}{m_{空气}} \times 29.0$$

其中，m_{CO_2} 可由两次衡量求得：

第一次称量充满空气的容器质量：

$$m_1 = 容器质量 + m_{空气} \tag{3-6}$$

第二次称量充满 CO_2 的容器质量：

$$m_2 = 容器质量 + m_{CO_2} \tag{3-7}$$

由式(3-7) - 式(3-6)得：

$$m_{CO_2} = (m_2 - m_1) + m_{空气} \tag{3-8}$$

式中，$m_{空气}$可由实验时测定的大气压 p(kPa)和温度 T(K)及气体体积 V(L)，利用气体状态方程式求算：$m_{空气} = \dfrac{29.0pV}{RT}$。

气体体积 V 可通过称量同温同压下充满水容器的质量：

$$m_3 = 容器质量 + m_{水} \tag{3-9}$$

式(3-9) - 式(3-6)得：

$$m_3 - m_1 = m_{水} - m_{空气} \approx m_{水}$$

故 $$V = \frac{m_{水}}{d_{水}} \quad (式中\ d_{水} = 1.00\mathrm{g/cm^3})$$

三、仪器、药品和材料

仪器：（启普）气体发生器，洗气瓶，干燥管，胶塞，托盘天平，分析天平，磨口锥形瓶。

液体药品：大理石，HCl（6mol/L），$CuSO_4$（1mol/L），$NaHCO_3$（1mol/L），硫酸（浓）。

材料：玻璃管，橡皮管，玻璃棉。

四、实验内容

（1）取一洁净而干燥的磨口锥形瓶，并用分析天平称量其（空气 + 瓶 + 瓶塞）质量。

（2）CO_2的制备、净化、干燥与称量。采用图 3-3a ~ f 中任一装置作为 CO_2 发生器，以大理石与 6mol/L HCl 反应，制取气体 CO_2。将所得 CO_2 气体依次通入图 3-4 中的 1mol/L $CuSO_4$、1mol/L $NaHCO_3$、浓硫酸，以分别除去硫化氢、酸雾、水汽等杂质气体，保

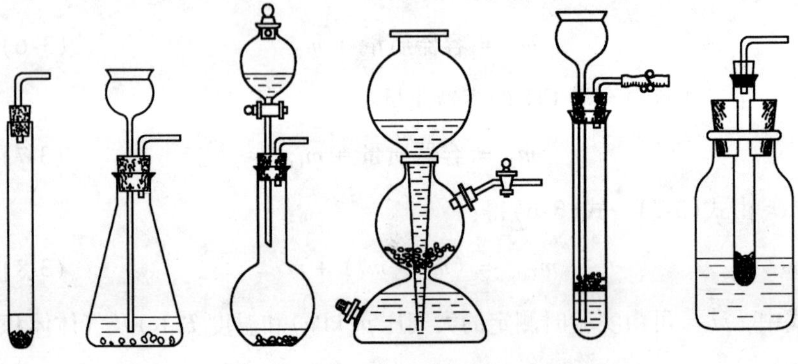

图 3-3　CO_2气体发生器

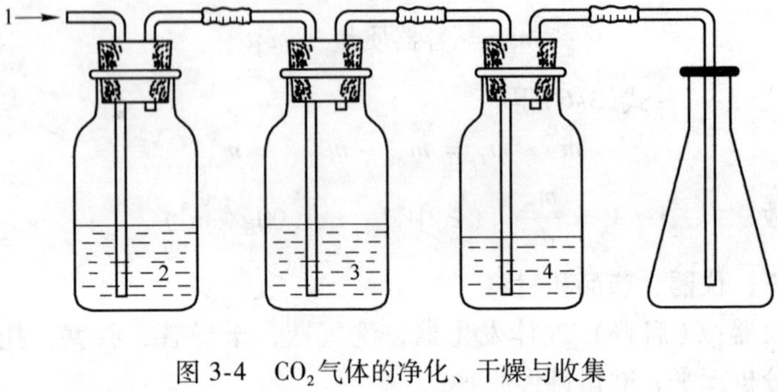

图 3-4　CO_2气体的净化、干燥与收集

1—新制 CO_2气体；2—1mol/L $CuSO_4$；3—1mol/L $NaHCO_3$；4—浓硫酸

证 CO_2的纯净与干燥。最后将 CO_2 导入已称量、洁净干燥的锥形瓶中，约 5min 后，取出导气管，用塞子塞住瓶口在分析天平上称量（CO_2 + 瓶 + 瓶塞）的总质量。重复通气体和称量的操作，直到前后两次称量的质量相符为止（两次质量可相差 ±1 ~ ±2mg）。

最后在瓶内装满水、塞好塞子，在托盘天平上称量（水 + 瓶 + 瓶塞）的质量。

五、数据记录和结果处理

室温 T __________ K；气压 p __________ Pa。

（空气 + 瓶 + 瓶塞）质量 m_1__________ g；

第一次（CO_2 + 瓶 + 瓶塞）质量__________ g；

第二次（CO_2 + 瓶 + 瓶塞）质量__________ g；

（CO_2 + 瓶 + 瓶塞）质量 m_2__________ g；

（水 + 瓶 + 瓶塞）质量 m_3__________ g；

瓶的容积 $V = \frac{m_3 - m_1}{1.00}$ = __________ cm^3；

瓶内空气的质量 $m_{空气}$__________ g；

瓶和塞子的质量 $m_{瓶和塞} = (m_1 - m_{空气})$ = __________ g；

CO_2质量 $m_{CO_2} = (m_2 - m_{瓶和塞})$ = __________ g；

CO_2的相对分子质量 M_{CO_2} = __________；

测量误差____________________________。

六、思考题

（1）从气体发生器生成的 CO_2 中可能存在的杂质气体有哪些，如何将其除去？

（2）如何证实收集 CO_2的锥形瓶已充满 CO_2，如果 CO_2未收集满就称量，对测定结果有何影响？

（3）为什么装满 CO_2的锥形瓶和塞子的质量要用分析天平称量，而装满水的锥形瓶和塞子的质量可以用托盘天平称量？

（4）为什么计算锥形瓶的容积时，不考虑瓶内空气的质量，而计算 CO_2质量时却要考虑瓶内空气的质量？

实验 3　凝固点降低法测定萘的相对分子质量

一、实验目的

（1）学习用凝固点降低法测定相对分子质量的原理和方法。

（2）掌握溶液凝固点的测定技术。

（3）加深对稀溶液依数性的认识。

二、实验原理

根据稀溶液的依数性，难挥发的非电解质稀溶液的凝固点低于纯溶剂的凝固点，其凝固点降低值与溶液的质量摩尔浓度成正比，即：

$$\Delta T_f = T_f^* - T_f = K_f b \qquad (3\text{-}10)$$

式中，ΔT_f为凝固点降低值，K；T_f^*为纯溶剂的凝固点，K；T_f为溶液的凝固点，K；K_f为摩尔凝固点降低常数；b 为溶液的质量摩尔浓度，mol/kg。

若将 m_B(g)溶质溶于 m_A(g)溶剂中，则此溶液的质量摩尔浓度 b 为：

$$b = \frac{1}{m_A}\frac{m_B}{M_B} \times 1000 \tag{3-11}$$

式中，M_B为溶质的相对分子质量。

将式（3-11）代入式（3-10）可得：

$$\Delta T_f = K_f \frac{1}{m_A}\frac{m_B}{M_B} \times 1000$$

$$M_B = K_f \frac{m_B}{m_A}\frac{1}{\Delta T_f} \times 1000 \tag{3-12}$$

由式（3-12）可以看出，将一定量的溶质溶于一定量的溶剂中，只要测得溶液的凝固点降低值，即可求出溶质的相对分子质量。

溶剂的凝固点是指在一定的外压下，其液相与固相共存时的平衡温度。当溶剂（或溶液）逐步冷却时，溶剂（或溶液）温度随时间的变化而下降。若实验测得一系列温度随时间的变化值，以温度对时间作图，可得一冷却曲线，如图 3-5所示。

对于溶剂而言，在凝固之前，温度随时间的变化是均匀下降的。当溶剂冷却至凝固点以下时，固相仍不析出，即产生过冷现象（图 3-5中曲线的凹下部分）。当固相析出后，温度迅速回升至稳定的平衡温度，温度不再下降，此平衡温度即为溶剂的凝固点 T_f^*。如图 3-5 中曲线 a 所示。

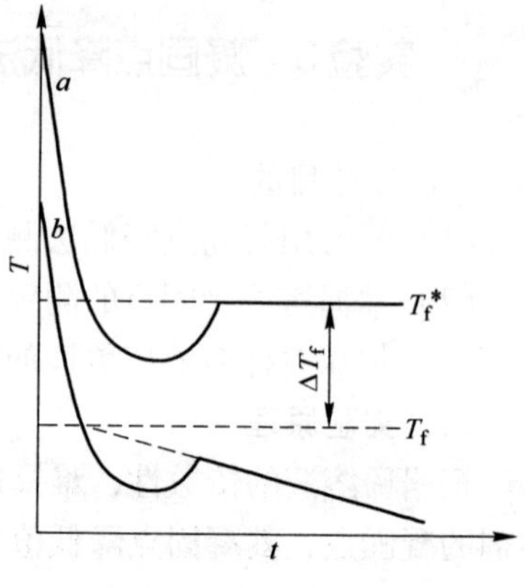

图 3-5 冷却曲线

溶液的冷却曲线与纯溶剂有所不同。当有溶剂的固相析出时，剩余溶液的浓度逐渐增大，平衡温度亦随之继续下降，如图 3-5 中曲线 b 所示。如果过冷程度不大，可以将温度回升后的最高值近似作为溶液的凝固点。但由于过冷程度较大，打破过冷状态后回升的温度往往低于凝固点。为校正这一偏差，可将回升后又降低的曲线延长（如图 3-5 曲线 b 中虚线部分），其延长线与溶液温度下降曲线的交点所对应的温度作为溶液的凝固点 T_f。

因此，由图可求出凝固点降低值 ΔT_f，进而求得该稀溶液溶质的相对分子质量。

三、仪器、药品和材料

仪器：浴槽（500mL，可采用 500mL 烧杯），温度计（263 ~ 323K），试管，玻璃搅拌器，移液管（25mL），秒表，分析天平。

液体药品：环己烷（A. R.）。

固体药品：萘（A. R.）。

材料：冰。

四、实验内容

（一）溶剂凝固点的测定

（1）实验装置如图 3-6 所示。将碎冰块加入浴槽中，再加入适量的自来水。

（2）用移液管吸取 25mL 环己烷加入干燥洁净的试管中，安装好温度计和搅拌棒。

（3）将试管插入冰水浴槽中，同时开始记录时间和对应温度，并不断均匀地搅拌，每隔 30s 记录一次温度变化。当温度降至接近环己烷凝固点（278.5K）时，暂时停止搅拌，待过冷到凝固点以下约 0.5K 左右再继续搅拌，直至温度回升到最高点稳定时为止。

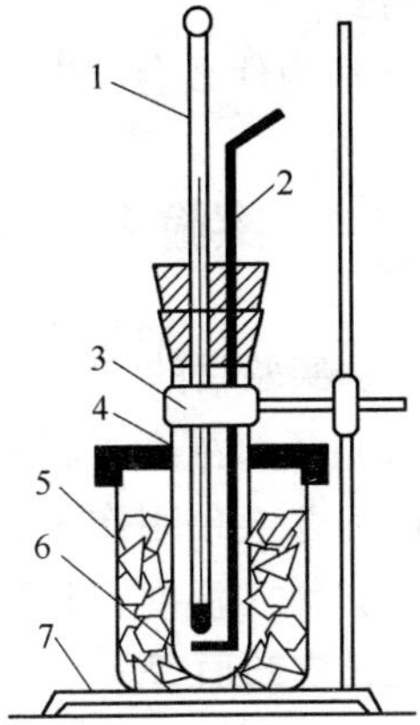

图 3-6　凝固点测定实验装置

1—温度计；2—搅拌棒；3—铁夹；4—大试管；5—浴槽；6—冰块；7—铁架台

（4）取出试管，用手温将环己烷融

化，留待下一步操作使用。

（二）溶液凝固点的测定

（1）在分析天平上称取1～1.5g萘（精确至0.001g），倒入装有环己烷的试管中，并使之充分溶解。

（2）按照溶剂凝固点的测定方法测定萘-环己烷溶液的凝固点。与其不同的是，当温度由过冷回升至最高点后，并不像纯溶剂那样保持恒定，而是缓慢下降。此后再记录5～8次温度变化为止。

五、数据记录和处理

（1）列表记录溶剂和溶液的时间-温度数据。

（2）以温度T(K)对时间t(s)作冷却曲线图，由图求出溶剂和溶液的凝固点，再算出ΔT_f。

（3）已知环己烷的$K_f=20.2$，根据式（3-12）求出萘的相对分子质量。

六、思考题

（1）为什么溶剂和溶液的冷却曲线有所不同？

（2）应用凝固点降低法测定相对分子质量在选择溶剂时应考虑哪些问题？

（3）为什么会产生过冷现象？

实验4 化学反应速率与活化能的测定

一、实验目的

（1）了解浓度、温度及催化剂对反应速率的影响。

（2）学会使用作图法测定反应活化能。

（3）练习温度、时间和体积的测量及恒温等操作。

二、实验原理

在水溶液中过二硫酸铵和碘化钾发生如下反应：

$$(NH_4)_2S_2O_8 + 3KI \xlongequal{\quad} (NH_4)_2SO_4 + K_2SO_4 + KI_3$$

离子方程式为

$$S_2O_8^{2-} + 3I^- \xlongequal{\quad} 2SO_4^{2-} + I_3^- \qquad (3\text{-}13)$$

其反应的速率方程可表示为：

$$v = k[c(S_2O_8^{2-})]^m[c(I^-)]^n$$

式中，v 为在此条件下反应的瞬时速率；k 为反应速率常数；m 与 n 之和为反应级数。

实验能测定的速率是在一段时间间隔（Δt）内反应的平均速率 $\bar{v}$。如果在 Δt 时间内 $S_2O_8^{2-}$ 浓度的改变为 $\Delta c(S_2O_8^{2-})$，则平均速率 $\bar{v} = \dfrac{-\Delta c(S_2O_8^{2-})}{\Delta t}$。

由于实验在 Δt 时间内反应物浓度的变化很小，作为近似处理，可用平均速率代替瞬时速率。即

$$v = k[c(S_2O_8^{2-})]^m[c(I^-)]^n = \frac{-\Delta c(S_2O_8^{2-})}{\Delta t}$$

为了能够测出反应在 Δt 时间内 $S_2O_8^{2-}$ 浓度的改变值，需要在混合$(NH_4)_2S_2O_8$ 和 KI 溶液的同时，加入一定体积已知浓度的 $Na_2S_2O_3$ 溶液和淀粉溶液，这样在反应（3-13）进行的同时还进行下面的反应：

$$2S_2O_3^{2-} + I_3^- \longrightarrow S_4O_6^{2-} + 3I^- \qquad (3\text{-}14)$$

这个反应进行得非常快，几乎瞬间完成，而反应（3-13）比反应(3-14)慢得多。因此，由反应（3-13）生成的 I_3^- 立即与 $S_2O_3^{2-}$ 反应，生成无色的 $S_4O_6^{2-}$ 和 I^-。所以在反应的开始阶段看不到碘与淀粉反应而显示的特有蓝色。但是当 $Na_2S_2O_3$ 一耗尽，反应（3-13）继续生成的 I_3^- 就与淀粉反应而呈现出特有的蓝色。

由于从反应开始到蓝色出现标志着 $S_2O_3^{2-}$ 全部耗尽，所以从反应开始到出现蓝色这段时间 Δt 里，$S_2O_3^{2-}$ 浓度的改变 $\Delta c(S_2O_3^{2-})$实际上就是 $Na_2S_2O_3$ 的起始浓度。

再从反应（3-13）和反应（3-14）可以看出，$S_2O_8^{2-}$ 减少的量为 $S_2O_3^{2-}$ 减少量的一半，所以 $S_2O_8^{2-}$ 在 Δt 时间内减少的量可以从下式

求得：

$$\Delta c(S_2O_8^{2-}) = \frac{\Delta c(S_2O_3^{2-})}{2}$$

在实验中，每份混合液中 $Na_2S_2O_3$ 的起始浓度都相同。从反应开始到溶液出现蓝色时 $S_2O_3^{2-}$ 全部耗尽，故从 $Na_2S_2O_3$ 的起始浓度可求出 $\Delta c(S_2O_3^{2-})$，进而可计算 $\Delta c(S_2O_8^{2-})$ 和反应的平均速率。

三、仪器、药品和材料

仪器：烧杯，大试管，量筒，秒表，温度计。

液体药品：$(NH_4)_2S_2O_8$（0.2mol/L），KI（0.2mol/L），$Na_2S_2O_3$（0.01mol/L），KNO_3（0.2mol/L），$(NH_4)_2SO_4$（0.2mol/L），$Cu(NO_3)_2$（0.02mol/L），淀粉溶液（0.4%）。

材料：冰。

四、实验内容

（一）浓度对化学反应速率的影响

在室温条件下进行表3-1中编号Ⅰ的实验。用量筒分别量取20.0mL KI（0.2mol/L）溶液、8.0mL $Na_2S_2O_3$（0.01mol/L）溶液和2.0mL淀粉溶液（0.4%），全部加入烧杯中，混合均匀。然后用另一量筒取20.0mL $(NH_4)_2S_2O_8$（0.2mol/L）溶液，迅速倒入上述混合液中，同时启动秒表，并不断搅动，仔细观察。当溶液刚出现蓝色时，立即按停秒表，记录反应时间和室温。

用同样方法按照表3-1的用量进行编号Ⅱ、Ⅲ、Ⅳ、Ⅴ的实验。

表3-1 浓度对反应速率的影响（室温） （K）

实验编号		Ⅰ	Ⅱ	Ⅲ	Ⅳ	Ⅴ
试剂用量/mL	0.2mol/L KI	20.0	20.0	20.0	10.0	5.0
	0.01mol/L $Na_2S_2O_3$	8.0	8.0	8.0	8.0	8.0
	0.4%淀粉溶液	2.0	2.0	2.0	2.0	2.0
	0.2mol/L KNO_3	0	0	0	10.0	15.0
	0.2mol/L $(NH_4)_2SO_4$	0	10.0	15.0	0	0
	0.2mol/L $(NH_4)_2S_2O_8$	20.0	10.0	5.0	20.0	20.0

续表 3-1

实验编号		Ⅰ	Ⅱ	Ⅲ	Ⅳ	Ⅴ
混合液中反应物的起始浓度/mol·L^{-1}	KI					
	$Na_2S_2O_3$					
	$(NH_4)_2S_2O_8$					
反应时间 Δt/s						
$S_2O_8^{2-}$ 浓度的变化 $\Delta c(S_2O_8^{2-})$/mol·L^{-1}						
反应速率 v/mol·(L·s)$^{-1}$						

（二）温度对化学反应速率的影响

按表 3-1 实验Ⅳ中的药品用量，将装有碘化钾、硫代硫酸钠、硝酸钾和淀粉混合溶液的烧杯和装有过二硫酸铵溶液的小烧杯，放入冰水浴中冷却，待温度冷却到低于室温 10K 时，将过二硫酸铵溶液迅速加到碘化钾等混合溶液中，同时计时并不断搅动，当溶液刚出现蓝色时，记录反应时间。此实验编号记为Ⅵ。

同样方法在热水浴中进行高于室温 10K 的实验。此实验编号记为Ⅶ。

将此两次实验数据Ⅵ、Ⅶ和实验Ⅳ的数据记入表 3-2 中进行比较。

表 3-2　温度对化学反应速率的影响

实验编号	Ⅵ	Ⅳ	Ⅶ
反应温度 T/K			
反应时间 Δt/s			
反应速率 v/mol·(L·s)$^{-1}$			

（三）催化剂对化学反应速率的影响

按表 3-1 实验Ⅳ的用量，把碘化钾、硫代硫酸钠、硝酸钾和淀粉溶液加到 150mL 烧杯中，再加入 2 滴 $Cu(NO_3)_2$（0.02mol/L）溶液，搅匀，然后迅速加入过二硫酸铵溶液，搅动，计时。将此实验的反应速率与表 3-1 中实验Ⅳ的反应速率定性地进行比较可得到什么结论。

(四) 数据处理

(1) 反应级数和反应速率常数的计算。将反应速率表示式 $v = k[c(S_2O_8^{2-})]^m[c(I^-)]^n$ 两边取对数得：

$$\lg v = m\lg c(S_2O_8^{2-}) + n\lg c(I^-) + \lg k$$

当 $c(I^-)$ 不变时（即实验Ⅰ、Ⅱ、Ⅲ），以 $\lg v$ 对 $\lg c(S_2O_8^{2-})$ 作图，可得一直线，斜率即为 m。同理，当 $c(S_2O_8^{2-})$ 不变时（即实验Ⅰ、Ⅳ、Ⅴ），以 $\lg v$ 对 $\lg c(I^-)$ 作图，可求得 n，此反应的级数则为 $m+n$。

将求得的 m 和 n 代入 $v=k[c(S_2O_8^{2-})]^m[c(I^-)]^n$，即可得反应速率常数 k，将数据填入表3-3。

表 3-3 实验数据记录

实验编号	Ⅰ	Ⅱ	Ⅲ	Ⅳ	Ⅴ
$\lg v$					
$\lg c(S_2O_8^{2-})$					
$\lg c(I^-)$					
m					
n					
反应速率常数 k					

(2) 反应活化能的计算。根据阿累尼乌斯公式，反应速率常数 k 与反应温度 T 之间有以下关系：

$$\lg k = A - \frac{E_a}{2.30RT}$$

式中，E_a 为反应的活化能；R 为摩尔气体常数；T 为热力学温度；A 为常数项。测出不同温度时的 k 值，以 $\lg k$ 对 $\frac{1}{T}$ 作图，可得一直线，由直线斜率（$-\frac{E_a}{2.30R}$）可求得反应的活化能 E_a，将数据填入表3-4。

表 3-4　实验数据记录

实验编号	Ⅵ	Ⅳ	Ⅶ
反应速率常数 k			
$\lg k$			
$\frac{1}{T}/K^{-1}$			
反应的活化能 $E_a/kJ \cdot mol^{-1}$			

（五）附注

（1）本实验对试剂有一定的要求。碘化钾溶液应为无色透明溶液，不宜使用有碘析出的浅黄色溶液。过二硫酸铵溶液要新配制的，因为时间长了过二硫酸铵易分解。如所配制过二硫酸铵溶液的 pH 值小于 3，说明该试剂已有分解，不适合本实验使用。所用试剂中如混有少量 Cu^{2+}、Fe^{3+} 等杂质，对反应会有催化作用，必要时需滴入几滴 EDTA（0.10mol/L）溶液。

（2）在做温度对化学反应速率影响的实验时，可将温度条件改为室温、高于室温 10K、高于室温 20K 三种情况进行。

五、思考题

（1）在向 KI、淀粉和 $Na_2S_2O_3$ 混合溶液中加入 $(NH_4)_2S_2O_8$ 时，为什么必须越快越好？

（2）化学反应的反应级数是怎样确定的，用本实验的结果加以说明。

（3）用 Arrhenius 公式计算反应的活化能，并与作图法得到的值进行比较。

（4）在加入 $(NH_4)_2S_2O_8$ 时，先计时后搅拌或者先搅拌后计时，对实验结果各有何影响？

实验 5　化学平衡常数的测定

一、实验目的

（1）了解比色法测定平衡常数的方法。

(2) 学习分光光度计的使用方法。

二、实验原理

当一束波长一定的单色光通过有色溶液时，有一部分光被吸收。根据朗伯-比尔定律有：

$$\lg \frac{I_0}{I} = kcL \tag{3-15}$$

式中，I_0为入射光的强度；I 为通过溶液后光的强度；c 为溶液的浓度；L 为溶液的厚度；k 为吸光系数，为一常数。令 $A = \lg \frac{I_0}{I}$，则

$$A = kcL \tag{3-16}$$

式中，A 为吸光度，又称为光密度或消光度。

如果 L 一定，对于同一物质不同浓度的两种溶液则有：

$$\frac{A_1}{A_2} = \frac{c_1}{c_2} \quad 或 \quad c_2 = \frac{A_2}{A_1} \cdot c_1 \tag{3-17}$$

从式 (3-17) 可以看出，若已知标准溶液的浓度为 c_1，测得其吸光度为 A_1，未知溶液的吸光度为 A_2，则可求出 c_2。

实验通过光电比色法测定下列反应的平衡常数：

$$Fe^{3+} + HSCN \rightleftharpoons FeSCN^{2+} + H^+$$

$$K_c = \frac{c(FeSCN^{2+})c(H^+)}{c(Fe^{3+})c(HSCN)} \tag{3-18}$$

式中，$c(FeSCN^{2+})$、$c(H^+)$、$c(Fe^{3+})$、$c(HSCN)$ 分别为反应达到平衡时 $FeSCN^{2+}$、H^+、Fe^{3+}、HSCN 的浓度。由于反应中 Fe^{3+}、HSCN 和 H^+都是无色的，只有 $FeSCN^{2+}$ 是深红色的，所以平衡时溶液中 $FeSCN^{2+}$的浓度可以用已知浓度的 $FeSCN^{2+}$标准溶液通过比色测得，然后根据化学方程式和 Fe^{3+}、HSCN、H^+ 的初始浓度 $c_0(Fe^{3+})$、$c_0(HSCN)$、$c_0(H^+)$，求出平衡时各物质的浓度 $c(FeSCN^{2+})$、$c(H^+)$、$c(Fe^{3+})$、$c(HSCN)$，即可根据式 (3-18) 算出化学平衡常数 K_c。

本实验中，已知浓度的 $FeSCN^{2+}$标准溶液可以根据下面的假设配制：当 $c_0(Fe^{3+}) \gg c_0(HSCN)$ 时，反应中 HSCN 可以假设全部转化为

$FeSCN^{2+}$，其标准浓度就是所用的 HSCN 初始浓度 c_0(HSCN)，实验中作为标准溶液的初始浓度为：

$$c_0(Fe^{3+}) = 0.1mol/L \quad c_0(HSCN) = 0.0002mol/L$$

由于反应物的 Fe^{3+} 水解会产生一系列有色离子，例如棕色的 $FeOH^{2+}$ 离子，因此溶液必须保持较大的 H^+ 浓度，同时还可以使 HSCN 保持未解离状态。本实验中的溶液用 HNO_3 保持 $c(H^+) = 0.5mol/L$。

三、仪器、药品和材料

仪器：7200 型分光光度计，吸量管（10mL）4 支，干燥洁净小烧杯（50mL）5 只，烧杯（500mL）1 个。

液体药品：Fe^{3+}（0.002mol/L、0.2mol/L）[用 $Fe(NO_3)_3 \cdot 9H_2O$ 溶于1mol/L HNO_3 中配制成，HNO_3 浓度必须标定]，KSCN（0.002mol/L）。

四、实验内容

（一）$c(FeSCN^{2+})$ 标准溶液的配制

在 1 号干燥洁净的烧杯中移入 10.00mL Fe^{3+}(0.2mol/L) 溶液，2.00mL KSCN（0.002mol/L）溶液和 8.00mL H_2O，充分混合，得 $c(FeSCN^{2+})_{标准} = 0.0002mol/L$。

（二）待测溶液的配制

按照表 3-5 配制待测溶液。

表 3-5　待测溶液的配制

烧杯编号	0.002mol/L Fe^{3+}/mL	0.002mol/L KSCN/mL	H_2O/mL
2	5.00	5.00	0
3	5.00	4.00	1.00
4	5.00	3.00	2.00
5	5.00	2.00	3.00

（三）吸光度测定

用 447nm 的波长，在 7200 型分光光度计上进行光电比色，测定 1～5 号溶液的吸光度。

（四）数据记录和处理

将溶液的吸光度、初始浓度和计算得到的各物质的平衡浓度、K_c 值记录在表 3-6 中。

表 3-6　各物质的平衡浓度和 K_c 值

编号	吸光度 A	初始浓度/mol · L^{-1}		平衡浓度/mol · L^{-1}				K_c	平均 K_c
		$c_0(Fe^{3+})$	$c_0(HSCN)$	$c(H^+)$	$c(FeSCN^{2+})$	$c(Fe^{3+})$	$c(HSCN)$		
1									
2									
3									
4									
5									

（五）计算方法

（1）求各平衡浓度：

$$c(H^+) = \frac{1}{2}c_0(HNO_3)$$

$$c(FeSCN^{2+}) = \frac{A_2}{A_1}c(FeSCN^{2+})_{标准}$$

$$c(Fe^{3+}) = c_0(Fe^{3+}) - c(FeSCN^{2+})$$

$$c(HSCN) = c_0(HSCN) - c(FeSCN^{2+})$$

（2）计算 K_c 值。将上面求得的平衡浓度代入式（3-18）可求出 K_c 值。

（六）附注

上面计算所得的 K_c 只是近似值。在精确计算时，平衡的 $c(HSCN)$ 应考虑 HSCN 的解离部分。所以：

$$c_0(HSCN) = c(HSCN) + c(FeSCN^{2+}) + c(SCN^-)$$

由于：

$$HSCN = H^+ + SCN^-$$

$$K^{\ominus}_{HSCN} = \frac{c(H^+) \cdot c(SCN^-)}{c(HSCN)}$$

故：
$$c(SCN^-) = K^{\ominus}_{HSCN}\frac{c(HSCN)}{c(H^+)}$$

因此：
$$c_0(HSCN) = c(HSCN) + c(FeSCN^{2+}) + K^{\ominus}_{HSCN}\frac{c(HSCN)}{c(H^+)}$$
$$c(HSCN) + K^{\ominus}_{HSCN}\frac{c(HSCN)}{c(H^+)} = c_0(HSCN) - c(FeSCN^{2+})$$
$$c(HSCN)\left(1 + \frac{K^{\ominus}_{HSCN}}{c(H^+)}\right) = c_0(HSCN) - c(FeSCN^{2+})$$
$$c(HSCN) = [c_0(HSCN) - c(FeSCN^{2+})]\Big/\left(1 + \frac{K^{\ominus}_{HSCN}}{c(H^+)}\right)$$

式中，$K^{\ominus}_{HSCN} = 0.141(298K)$。

五、思考题

（1）平衡时 $c(FeSCN^{2+})$、$c(Fe^{3+})$、$c(HSCN)$ 是如何求得的？

（2）配制 Fe^{3+} 溶液时，为什么要维持很大的 H^+ 浓度？

（3）使用7200型分光光度计，应该注意哪些步骤？

（4）混合 10mL 的 0.001mol/L $Fe(NO_3)_3$ 溶液与 10mL 的 0.001mol/L HSCN 溶液，而且溶液中 H^+ 浓度保持 0.5mol/L，若测得平衡浓度 $c(FeSCN^{2+})$ 为 3.2×10^{-4}mol/L，则溶液平衡浓度 $c(Fe^{3+})$、$c(HSCN)$ 和 K_c 各为多少？

实验6　醋酸解离常数的测定

一、实验目的

（1）学习测定醋酸解离常数的原理与方法，加深对解离常数的理解。

（2）学习吸量管、容量瓶的使用方法，并练习配制溶液。

（3）学习酸度计的使用方法。

二、方法1　弱酸溶液 pH 法

（一）实验原理

醋酸（CH_3COOH）简写成 HAc，在水溶液中存在如下解离平衡：

$$HAc \rightleftharpoons H^+ + Ac^-$$

$$\alpha = \frac{c(H^+)}{c_0(HAc)} \times 100\%$$

$$K_a^\ominus = \frac{c(H^+) \cdot c(Ac^-)}{c(HAc)} = \frac{c_0\alpha^2}{1-\alpha}$$

式中，$K_a^\ominus$为醋酸的解离常数；α为醋酸的解离度；$c(H^+)$、$c(Ac^-)$、$c(HAc)$分别为HAc达到解离平衡时H^+、Ac^-、HAc的浓度；c_0为HAc解离前的浓度。

当$\alpha < 5\%$时，$K_a^\ominus = c_0\alpha^2$

在一定温度下，用pH计测定一系列已知浓度的醋酸溶液的pH值，根据$pH = -\lg c(H^+)$换算出$c(H^+)$，求出解离度α，可求得一系列对应的$K_a^\ominus$值，取其平均值即为该温度下醋酸的解离常数。

（二）仪器、药品和材料

仪器：pHS-2C酸度计，烧杯（100mL）4个，吸量管（10mL）1支，容量瓶（50mL）4个。

液体药品：HAc标准溶液（0.1mol/L，由实验室提供）。

材料：碎滤纸。

（三）实验内容

（1）不同浓度醋酸溶液的配制。用吸量管分别吸取20.00mL、15.00mL、10.00mL、5.00mL已知准确浓度的HAc溶液，把它们分别加入4个洁净并编号的50mL容量瓶中，再用蒸馏水稀释至刻度，摇匀，并计算出这4个容量瓶中HAc的准确浓度。

（2）测定醋酸溶液的pH值，并计算其解离度和解离常数。把以上四种不同浓度的HAc溶液分别加入4个洁净干燥的50mL烧杯中，按由稀到浓的顺序用酸度计分别测定pH值，并计算其解离度和解离常数。

将实验数据与结果记录于表3-7中。

表3-7　实验数据与结果

编号	标准HAc溶液体积V_1/mL	H_2O的体积/mL	所得HAc浓度/mol·L^{-1}	pH值	$c(H^+)$/mol·L^{-1}	α	$K_a^\ominus$值	平均$K_a^\ominus$值
1	20.00	30.00						
2	15.00	35.00						
3	10.00	40.00						
4	5.00	45.00						

三、方法2　缓冲溶液pH法

（一）实验原理

醋酸（简写成HAc）与醋酸钠（简写成NaAc）组成的缓冲溶液，其pH值可用下式计算

$$pH = pK_a^\ominus(HAc) + \lg\frac{c(Ac^-)}{c(HAc)}$$

当$c(Ac^-) = c(HAc)$时，$pK_a^\ominus = pH$。用酸度计测定该溶液的pH值，即为醋酸的$pK_a^\ominus$值，进一步换算得出$K_a^\ominus$。

（二）仪器、药品和材料

仪器：pHS-2C酸度计，烧杯（100mL）4个，吸量管（10mL）1支，容量瓶（50mL）4个。

药品：HAc标准溶液（0.1mol/L，由实验室提供），NaOH溶液（0.1mol/L），酚酞溶液（1%）。

材料：碎滤纸。

（三）实验内容

（1）不同浓度醋酸溶液的配制。用吸量管分别吸取20.00mL、15.00mL、10.00mL、5.00mL已知准确浓度的HAc溶液，把它们分别加入4个洁净并编号的50mL容量瓶中，用蒸馏水稀释至刻度，摇匀，并计算出这4个容量瓶中HAc的准确浓度。

（2）配制等浓度的HAc和NaAc缓冲溶液：

1）用吸量管分别移取1、2、3、4号容量瓶中HAc溶液各

10.00mL，把它们分别加入4个干燥洁净并编号的100mL的烧杯中，各加入1~2滴酚酞溶液，分别用滴管滴入NaOH（0.1mol/L）溶液至酚酞变浅粉红色（半分钟不褪色）时，再分别移取1、2、3、4号HAc溶液10.00mL加入上述4个烧杯中，摇匀，即得4个等浓度的HAc和NaAc缓冲溶液。

2）用酸度计分别测定1、2、3、4号烧杯中HAc-NaAc缓冲溶液的pH值，并计算其解离度和解离常数。

将实验数据和结果记录于表3-8。

表3-8　实验数据和结果

缓冲溶液编号	pH值	$K_a^\ominus$值	平均$K_a^\ominus$值
1			
2			
3			
4			

四、附注

根据具体的实验条件任意选择一种方法测定HAc的解离常数$K_a^\ominus$。若有可能，完成全部实验内容并将各种测定值和文献值做比较。

五、思考题

（1）所用的烧杯、吸量管、容量瓶各用什么润洗，为什么？

（2）利用缓冲溶液法测定醋酸解离度和解离常数时，为什么溶液的pH值和醋酸的p$K_a^\ominus$相等？

实验7　解离平衡

一、实验目的

（1）加深理解同离子效应、盐类的水解作用及影响盐类水解的主要因素。

（2）学习缓冲溶液的配制方法，并试验其缓冲作用。

（3）掌握酸碱指示剂及 pH 试纸的使用方法。

（4）熟练使用酸度计。

二、实验原理

弱酸弱碱等弱电解质在溶液中存在解离平衡，化学平衡移动规律同样适合这种平衡体系。在弱电解质的溶液中加入含有相同离子的强电解质时，会引起平衡移动而使弱电解质的解离程度减小，这就是同离子效应。

盐类的水解是酸碱中和反应的逆反应，是组成盐的离子与水中的 H^+ 或 OH^- 结合生成弱酸或弱碱的过程。水解后溶液的酸碱性决定于盐的类型。

有些盐水解后能改变溶液的 pH 值，有些盐水解后既能改变溶液的 pH 值又能产生沉淀或气体。例如，$BiCl_3$ 水解能产生难溶的 BiOCl 白色沉淀，同时增强溶液的酸性。其水解反应的离子方程式为：

$$Bi^{3+} + Cl^- + H_2O \xlongequal{\quad} BiOCl(s) + 2H^+$$

一种水解呈酸性的盐和另外一种水解呈碱性的盐相混合，将加剧两种盐的水解。例如，将 $Al_2(SO_4)_3$ 溶液与 $NaHCO_3$ 溶液混合，$Cr_2(SO_4)_3$ 溶液与 Na_2CO_3 溶液混合，或 NH_4Cl 溶液与 Na_2CO_3 溶液混合，都会发生这种现象。反应的离子方程式分别为：

$$Al^{3+} + 3HCO_3^- \xlongequal{\quad} Al(OH)_3(s) + 3CO_2(g)$$

$$Cr^{3+} + 3CO_3^{2-} + 3H_2O \xlongequal{\quad} Cr(OH)_3(s) + 3HCO_3^-$$

$$NH_4^+ + CO_3^{2-} + H_2O \xlongequal{\quad} NH_3 \cdot H_2O + HCO_3^-$$

缓冲溶液一般由弱酸及其共轭碱组成。它们在稀释时，或在其中加入少量的强酸、强碱时，平衡的移动使其 pH 值改变很小。缓冲溶液的缓冲能力与缓冲溶液的总浓度及其配比有关。例如，用等浓度的 $NH_3 \cdot H_2O$ 与铵盐溶液（或 HAc 与醋酸盐）可以配制 pH 值在 9.26（或 4.74）附近的缓冲溶液。当加入少量酸或少量碱时，溶液的 pH 值不会有显著变化。

三、仪器、药品和材料

仪器：pHS-2C 酸度计，烧杯（50mL）5 个，量筒（25mL）6

个，点滴板。

液体药品：HCl（0.1mol/L、1mol/L、2mol/L），HAc（0.1mol/L），NaOH（0.1mol/L），$NH_3 \cdot H_2O$（0.1mol/L、1mol/L），NaCl（0.1mol/L），NaAc（0.1mol/L、1mol/L），Na_2CO_3（0.1mol/L、1mol/L），$NaHCO_3$（0.5mol/L），NH_4Cl（0.1mol/L、1mol/L），$BiCl_3$（0.1mol/L），$Al_2(SO_4)_3$（0.1mol/L），$Fe(NO_3)_3$（0.1mol/L），$FeCl_3$（0.1mol/L），酚酞（1%），甲基橙（0.1%）。

固体药品：NH_4Ac。

材料：石蕊试纸，pH 试纸。

四、实验内容

（一）同离子效应

（1）在试管中加入 0.5mL $NH_3 \cdot H_2O$（0.1mol/L）溶液和 1 滴酚酞溶液，摇匀，溶液显什么颜色？再加入少量的 NH_4Ac(s)，振荡使其溶解，溶液的颜色有何变化？为什么？

（2）在试管中加入 0.5mL HAc（0.1mol/L）溶液和 1 滴甲基橙溶液，摇匀，溶液显什么颜色？再加入少量 NH_4Ac(s)，振荡使其溶解，溶液的颜色有何变化？为什么？

（二）盐类的水解

（1）用 pH 试纸分别检验 NaAc（0.1mol/L）溶液，NH_4Cl（0.1mol/L）溶液，NaCl（0.1mol/L）溶液及蒸馏水的 pH 值。所得结果与计算值比较，解释 pH 值各不相同的原因。

（2）在试管中加入 2mL NaAc（1mol/L）溶液和 1 滴酚酞溶液，摇匀，溶液显什么颜色？再将溶液加热至沸，溶液的颜色有何变化？试解释观察到的现象。

（3）在 2 支试管中，都加入 2mL 蒸馏水和 3 滴 $Fe(NO_3)_3$（0.1mol/L）溶液，摇匀，将其中 1 支试管用小火加热，观察两试管溶液的颜色有何不同？说明理由。

（4）在试管中加入 3 滴 $BiCl_3$（0.1mol/L）溶液，加入数滴水，有什么现象出现，再加入数滴 HCl（2mol/L）溶液，有何变化？试解释观察到的现象。

（5）在试管中加入 0.5mL $Al_2(SO_4)_3$（0.1mol/L）溶液，再加入

0.5mL $NaHCO_3$(0.5mol/L)溶液，有什么现象出现？用什么方法证明产物是$Al(OH)_3$而不是$Al(HCO_3)_3$？写出反应的离子方程式。

（6）在试管中加入0.5mL $FeCl_3$(0.1mol/L)溶液，再加入0.5mL Na_2CO_3(0.1mol/L)溶液，观察有什么现象？写出反应的离子方程式。

（7）在试管中加入0.5mL NH_4Cl(1mol/L)溶液，再加入0.5mL Na_2CO_3(1mol/L)溶液，并立即用润湿的红色石蕊试纸在试管口检验是否有氨气生成。写出反应的离子方程式。

（三）缓冲溶液

（1）缓冲溶液的配制及其pH值的测定。按表3-9配制4种缓冲溶液，并用酸度计分别测定其pH值，记录测定结果，并与计算值进行比较（表3-9）。

表3-9　测定结果与计算值

编号	配制溶液（用量筒各取25.0mL）	pH测定值	pH计算值
1	$NH_3 \cdot H_2O$(1mol/L) + NH_4Cl(0.1mol/L)		
2	HAc(0.1mol/L) + NaAc(1mol/L)		
3	HAc(1mol/L) + NaAc(0.1mol/L)		
4	HAc(0.1mol/L) + NaAc(0.1mol/L)		

（2）试验缓冲溶液的缓冲作用。将表3-9中配制的第4号缓冲溶液分成两份，第一份加入0.5mL(约10滴)HCl(0.1mol/L)溶液，摇匀，用酸度计测定其pH值，第二份加入0.5mL(约10滴)NaOH(0.1mol/L)溶液，摇匀，用酸度计测定其pH值。记录测定结果，并与计算值进行比较（表3-10）。

表3-10　测定结果与计算值

编号	第4号缓冲溶液体积/mL	加入溶液	pH测定值	pH计算值
1	25.0	0.5mL HCl(0.1mol/L)		
2	25.0	0.5mL NaOH(0.1mol/L)		

五、思考题

(1) 实验室中配制 $BiCl_3$溶液时，能否将 $BiCl_3$固体直接溶于蒸馏水中，应当如何配制？

(2) 使用 pH 试纸测溶液的 pH 值时,怎样才是正确的操作方法？

(3) 总结使用 pHS-2C 型酸度计测定溶液 pH 值的操作要点。

实验 8　沉淀溶解平衡

一、实验目的

(1) 加深理解沉淀－溶解反应平衡，掌握溶度积的概念，学会溶度积规则的运用。

(2) 了解影响沉淀溶解平衡的因素。

(3) 学习离心机的使用和离心分离操作。

二、实验原理

在一定温度下，任何难溶电解质在溶液中达到沉淀溶解平衡时，饱和溶液中各离子浓度的幂乘积是一个常数，称为溶度积常数，用符号 $K_{sp}^{\ominus}$表示。设某反应为：

$$A_mB_n(s) \rightleftharpoons mA^{n+}(aq) + nB^{m-}(aq)$$

则

$$K_{sp}^{\ominus}(A_mB_n) = [c(A^{n+})/c^{\ominus}]^m[c(B^{m-})/c^{\ominus}]^n$$

简化为

$$K_{sp}^{\ominus}(A_mB_n) = [c(A^{n+})]^m[c(B^{m-})]^n$$

将难溶电解质的离子积 Q 与 $K_{sp}^{\ominus}$进行比较，可以得出：

$Q > K_{sp}^{\ominus}$　沉淀生成

$Q = K_{sp}^{\ominus}$　处于沉淀溶解平衡

$Q < K_{sp}^{\ominus}$　沉淀溶解

在某一溶液中有多种离子,加入一种和这些离子反应都能生成沉淀的试剂,使溶液中的离子按先后顺序沉淀的过程称为分步沉淀。例如,在 S^{2-} 和 CrO_4^{2-} 的混合溶液中逐滴加入含 Pb^{2+} 的溶液或者在含有 Ag^+ 和 Pb^{2+} 的混合溶液中逐滴加入含 CrO_4^{2-} 的溶液,都会产生分步沉淀的现象。

在某一沉淀溶解平衡体系中,若加入某种试剂使原沉淀转变为另一种沉淀的过程称为沉淀的转化。例如,在 $Pb(NO_3)_2$溶液中加入 Na_2SO_4

溶液，有白色沉淀的生成。再加入 K_2CrO_4 溶液，沉淀转化为黄色。

沉淀反应常被用于分离溶液中各种离子。例如，为了分离溶液中 Ag^+、Ba^{2+}、Mg^{2+} 等混合离子，可先加盐酸使 Ag^+ 生成 AgCl 沉淀从溶液中分离出来，再在清液中加入稀硫酸，使 Ba^{2+} 生成 $BaSO_4$ 沉淀从溶液中分离出来，Mg^{2+} 则留在溶液中。这样就达到三种离子分离的目的，分离过程示意图如下：

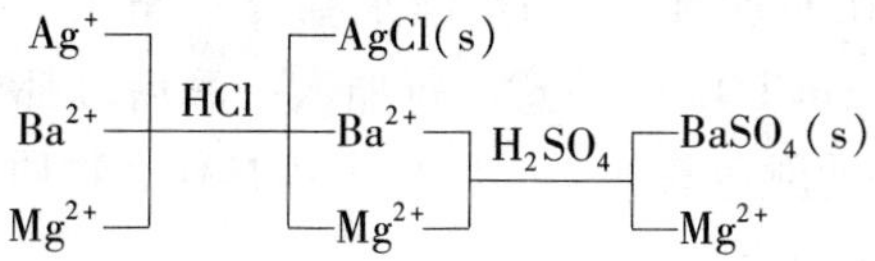

三、仪器、药品和材料

仪器：离心机，普通试管，离心试管。

液体药品：HCl(2mol/L)，NaOH(2mol/L)，$NH_3 \cdot H_2O$(6mol/L、2mol/L)，Na_2CO_3(饱和)，Na_2S(0.1mol/L)，KI(0.02mol/L)，K_2CrO_4(0.1mol/L)，$MgCl_2$(0.1mol/L)，$Al(NO_3)_3$(0.1mol/L)，$Pb(NO_3)_2$(0.1mol/L)，Na_2SO_4(0.1mol/L)，$Fe(NO_3)_3$(0.1mol/L)，$AgNO_3$(0.1mol/L)，NaCl(0.1mol/L)，NH_4Cl(1.0mol/L)。

四、实验内容

(一) 沉淀的生成

(1) 在试管中加入 2 滴 $Pb(NO_3)_2$(0.1mol/L)溶液和 2 滴 KI(0.02mol/L)溶液，振荡，观察有无沉淀生成？再加入 5mL 水，振荡，沉淀是否溶解？解释现象。

(2) 在试管中加入 2 滴 Na_2S(0.1mol/L)溶液和 2 滴 $Pb(NO_3)_2$(0.1mol/L)溶液，观察沉淀的颜色。

(3) 在试管中加入 2 滴 K_2CrO_4(0.1mol/L)溶液和 2 滴 $Pb(NO_3)_2$(0.1mol/L)溶液，观察沉淀的颜色。

(4) 在试管中加入 2 滴 K_2CrO_4 溶液(0.1mol/L)和 2 滴 $AgNO_3$ 溶液(0.1mol/L)，观察沉淀的颜色。

(5) 在试管中加入 2 滴 NaCl 溶液（0.1mol/L）和 2 滴 Ag NO_3 溶液（0.1mol/L），观察沉淀的颜色。

(二) 分步沉淀

(1) 在试管中加入1滴Na_2S溶液 (0.1mol/L) 和2滴K_2CrO_4溶液 (0.1mol/L), 用蒸馏水稀释至5mL, 摇匀, 首先加入2滴$Pb(NO_3)_2$溶液(0.1mol/L), 用离心机离心分离, 观察沉入试管底部的沉淀颜色; 取出清液, 然后再向清液中继续滴加$Pb(NO_3)_2$溶液, 观察此时生成沉淀的颜色。指出两种沉淀各是什么物质。

(2) 在试管中加入2滴$AgNO_3$溶液 (0.1mol/L) 和2滴$Pb(NO_3)_2$溶液(0.1mol/L), 用蒸馏水稀释至5mL, 摇匀, 逐滴加入K_2CrO_4溶液 (0.1mol/L)。注意, 每加入一滴后, 都要充分振荡, 观察先后生成沉淀的颜色有何不同? 指出各是什么物质并解释现象。

(三) 沉淀的转化

在一支试管中加入2滴$Pb(NO_3)_2$溶液 (0.1mol/L) 和2滴Na_2SO_4溶液 (0.1mol/L), 观察沉淀的生成和颜色。然后再加入2滴K_2CrO_4溶液 (0.1mol/L), 观察沉淀颜色的变化。

(四) 沉淀的溶解

(1) 在2支试管中分别加入0.5mL $MgCl_2$(0.1mol/L)和数滴$NH_3 \cdot H_2O$溶液 (2mol/L), 直至沉淀生成, 首先在1支含有沉淀的试管中加入几滴HCl溶液 (2mol/L), 观察沉淀是否溶解; 然后在另一支有沉淀的试管中加入数滴NH_4Cl溶液 (1mol/L), 观察沉淀是否溶解。分步解释实验现象。

(2) 在一离心试管中加入5滴$AgNO_3$(0.1mol/L)溶液, 逐滴加入NaCl(0.1mol/L)溶液, 观察沉淀的生成。将其离心分离后, 在沉淀上滴加$NH_3 \cdot H_2O$(6mol/L), 观察现象并加以解释。

(五) 沉淀法分离混合离子

在离心管中加入$AgNO_3$溶液 (0.1mol/L), $Fe(NO_3)_3$溶液 (0.1mol/L) 和$Al(NO_3)_3$溶液 (0.1mol/L) 各3滴。向该混合溶液中加入几滴HCl溶液 (2mol/L), 有什么沉淀析出? 离心分离后, 在上层清液中再加入几滴HCl溶液 (2mol/L), 若无沉淀析出, 表示能形成难溶氯化物的离子已经沉淀完全。离心分离, 将清液转移到另一个试管中。在清液中加入过量 (约1mL) 的NaOH(2mol/L)溶液, 待沉淀析出后, 离心分离, 往清液中再加入一滴NaOH溶液, 若无沉淀生成, 表示能形成难溶氢氧化物的离子已经沉淀完全。将清液转移到另一试管中。此时3种离子（Ag^{+}、Fe^{3+}、Al^{3+}）已经分开。写出分离过程示意图。

五、思考题

（1）根据溶度积规则计算：

1）2滴$Pb(Ac)_2$溶液（0.01mol/L）和2滴KI溶液（0.02mol/L）混合，能否生成沉淀？

2）2滴$Pb(Ac)_2$溶液（0.01mol/L）用水稀释到5mL后，再加入2滴KI溶液（0.02mol/L），能否生成沉淀？

3）将2滴$AgNO_3$溶液（0.01mol/L）和2滴$Pb(NO_3)_2$溶液（0.01mol/L）混合并稀释到5mL后，再逐滴加入K_2CrO_4溶液（0.1mol/L）时，哪种沉淀先生成，为什么？

（2）哪些方法可使沉淀溶解？

实验9　分光光度法测定碘酸铜溶度积常数

一、实验目的

（1）了解用分光光度法测定碘酸铜溶度积的原理和方法。

（2）掌握分光光度计的使用。

（3）掌握吸量管、容量瓶的使用。

二、实验原理

碘酸铜是难溶强电解质，在其饱和水溶液中，存在着下列平衡：

$$Cu(IO_3)_2(s) \rightleftharpoons Cu^{2+}(aq) + 2IO_3^-(aq)$$

在一定温度下，平衡溶液中Cu^{2+}与IO_3^-浓度平方的乘积是一个常数：

$$K_{sp}^{\ominus} = [c(Cu^{2+})][c(IO_3^-)]^2 \tag{3-19}$$

$K_{sp}^{\ominus}$称为溶度积常数，它和其他平衡常数一样，随温度的不同而改变。因此，如果能测得在一定温度下碘酸铜饱和溶液中的$c(Cu^{2+})$和$c(IO_3^-)$，就可以求算出该温度下的$K_{sp}^{\ominus}$。

本实验是由硫酸铜和碘酸钾作用制备碘酸铜饱和溶液，然后利用饱和溶液中的Cu^{2+}与过量$NH_3 \cdot H_2O$作用生成深蓝色的配离子$[Cu(NH_3)_4]^{2+}$，这种配离子对波长600nm的光具有强吸收，而且在一定浓度下，它对光的吸收程度（用吸光度 A 表示）与溶液浓度成正比。因此，由分光光度计测得碘酸铜饱和溶液中 Cu^{2+} 与 $NH_3 \cdot H_2O$ 作用生成的 $[Cu(NH_3)_4]^{2+}$ 溶液的吸光度，利用工作曲线就能确定饱和溶液中的 $c(Cu^{2+})$。

利用平衡时 $c(Cu^{2+})$ 与 $c(IO_3^-)$ 的关系，求出 $c(IO_3^-)$，即可求得碘酸铜的溶度积常数 $K_{sp}^{\ominus}$。

三、仪器、药品和材料

仪器：吸量管（20mL、2mL），容量瓶（50mL），托盘天平，温度计（273~373K），7200 型分光光度计。

液体药品：$CuSO_4$(0.1mol/L)，$NH_3 \cdot H_2O$(50%)。

固体药品：KIO_3，$CuSO_4 \cdot 5H_2O$。

材料：定量滤纸。

四、实验内容

（一）$Cu(IO_3)_2$ 固体的制备

用 2.0g $CuSO_4 \cdot 5H_2O$ 和 3.0g KIO_3 与适量水反应制得 $Cu(IO_3)_2$ 沉淀，过滤后用蒸馏水洗涤沉淀至无 SO_4^{2-} 为止（如何检验）。

（二）$Cu(IO_3)_2$ 饱和溶液的制备

将上述制得的 $Cu(IO_3)_2$ 固体配制成 80mL 饱和溶液。用干的双层滤纸将饱和溶液过滤，滤液收集于一个干燥的烧杯中。

（三）工作曲线的绘制

分别吸取 0.40mL、0.80mL、1.20mL、1.60mL 和 2.00mL $CuSO_4$(0.1mol/L)溶液于 5 个 50mL 容量瓶中，各加入 $NH_3 \cdot H_2O$(50%) 4mL，摇匀，用蒸馏水稀释至刻度，再摇匀。

以蒸馏水作参比液，选择入射光波长为 600nm，用分光光度计分别测定各溶液的吸光度，数据记入表 3-11。

表 3-11 工作曲线数据

编 号	1	2	3	4	5
V_{CuSO_4}/mL	0.40	0.80	1.20	1.60	2.00
相应的 $c(Cu^{2+})$/mol·L^{-1}					
吸光度 A					

以吸光度 A 为纵坐标，相应 $c(Cu^{2+})$ 为横坐标，绘制工作曲线。

（四）$Cu(IO_3)_2$ 饱和溶液中 $c(Cu^{2+})$ 的测定

吸取20.00mL过滤后的 $Cu(IO_3)_2$ 饱和溶液于50mL容量瓶中，加入 $NH_3 \cdot H_2O$(50%)4mL，摇匀，用水稀释至刻度，再摇匀。按上述同样条件测定溶液的吸光度。

根据 $Cu(IO_3)_2$ 饱和溶液吸光度，通过工作曲线求出饱和溶液中的 $c(Cu^{2+})$，计算 $K_{sp}^{\ominus}$。

五、思考题

（1）怎样制备 $Cu(IO_3)_2$ 饱和溶液，如果 $Cu(IO_3)_2$ 溶液未达饱和，对测定结果有何影响？

（2）假如在过滤 $Cu(IO_3)_2$ 饱和溶液时有 $Cu(IO_3)_2$ 固体穿透滤纸，将对实验结果产生什么影响？

（3）分光光度法测定 $c(Cu^{2+})$ 是以生成深蓝色的 $[Cu(NH_3)_4]^{2+}$ 为基础的，在整个实验中，如果所用 $NH_3 \cdot H_2O$ 浓度不同，对测定是否有影响？

实验10　氧化还原反应

一、实验目的

（1）了解电极电势与氧化还原反应的关系。

（2）理解氧化态或还原态物质浓度的变化、介质的酸碱性对电极电势和氧化还原反应的影响。

二、实验原理

根据氧化剂和还原剂所对应电对电极电势的相对大小，来判断氧化还原反应进行的方向、次序和程度。氧化剂所对应电对电极电势（$\varphi_{氧化剂}$）与还原剂所对应电对电极电势（$\varphi_{还原剂}$）之差为 $\Delta\varphi$：

当 $\Delta\varphi > 0$ 时，反应能自发进行；

当 $\Delta\varphi = 0$ 时，反应处于平衡状态；

当 $\Delta\varphi < 0$ 时，反应不能自发进行。

如果在某一水溶液体系中同时存在多种氧化剂（或还原剂），都能与所加入的还原剂（或氧化剂）发生氧化还原反应，氧化还原反应则首先发生在电极电势差值最大的两个电对所对应的氧化剂和还原剂之间。

当氧化剂和还原剂所对应电对的标准电极电势相差较大时，通常直接用它们的标准电极电势 $\varphi^{\ominus}$ 判断反应的方向。若两者的标准电极电势相差不大时，则应考虑浓度对电极电势的影响。对有 H^+ 或 OH^- 参加电极反应的电对，还必须考虑 pH 对电极电势和氧化还原反应的影响。

三、仪器、药品和材料

仪器：离心机，离心试管（10mL），普通试管，烧杯（100mL）。

液体药品：KI(0.1mol/L)，$FeCl_3$(0.1mol/L)，KBr(0.1mol/L)，Na_2SO_3(0.1mol/L)，H_2SO_4(3mol/L)，HAc(6mol/L)，NaOH(6mol/L)，$KMnO_4$(0.01mol/L)，KIO_3(0.1mol/L)，$Fe_2(SO_4)_3$(0.1mol/L)，$FeSO_4$(0.1mol/L)，H_2O_2(3%)，$Pb(NO_3)_2$(0.1mol/L、0.5mol/L)，$CuSO_4$(0.5mol/L、0.2mol/L)，$ZnSO_4$(0.5mol/L)，Na_2S(0.1mol/L)，$SnCl_2$(0.1mol/L)，KSCN(0.1mol/L)，$MnSO_4$(0.2mol/L)，$H_2C_2O_4$(1mol/L)，HCl(浓、1mol/L)，H_2SO_4(1mol/L)，$Na_2S_2O_3$(0.1mol/L、0.5mol/L)，氯水，溴水，碘水，CCl_4。

固体药品：MnO_2。

材料：淀粉 KI 试纸。

四、实验内容

（一）氧化还原反应和电极电势的关系

（1）在试管中加入 0.5mL KI(0.1mol/L)溶液和 2～3 滴 $FeCl_3$(0.1mol/L)溶液，观察现象，再加入 0.5mL CCl_4，充分振荡后，观察 CCl_4 层颜色有无变化。写出离子反应方程式。

（2）用 KBr(0.1mol/L)代替 KI(0.1mol/L)溶液进行同样的实验。

根据(1)、(2)的实验结果，定性地比较 Br_2/Br^-、I_2/I^-、Fe^{3+}/Fe^{2+} 三个电对电极电势相对大小，指出哪个电对的氧化态物质是最强的氧化剂，哪个电对的还原态物质是最强的还原剂。

（3）在两支试管中分别加入碘水和溴水各 0.5mL，再加入 $FeSO_4$(0.1mol/L)少许及 0.5mL CCl_4，摇匀后观察实验现象。写出有关的离子反应方程式。

(4) 在试管中加入4滴 $FeCl_3$(0.1mol/L)溶液和2滴 $KMnO_4$(0.01mol/L)溶液，摇匀后往试管中逐滴加入 $SnCl_2$(0.1mol/L)溶液，并不断搅拌。待 $KMnO_4$ 溶液褪色后，加入1滴KSCN(0.1mol/L)溶液，观察现象，并继续滴加 $SnCl_2$(0.1mol/L)溶液，观察溶液颜色的变化。解释实验现象，并写出离子反应方程式。

根据实验结果，说明电极电势与氧化还原反应方向和次序的关系。

(二) 浓度、酸度对氧化还原反应的影响

(1) 取3支试管，分别加入0.5mL Na_2SO_3(0.1mol/L)溶液，向第一支试管中加入0.5mL H_2SO_4(3mol/L)，向第二支试管中加入0.5mL蒸馏水，向第三支试管中加入0.5mL NaOH(6mol/L)溶液，混合均匀后，再各滴入2滴 $KMnO_4$(0.01mol/L)溶液，摇匀，观察颜色的变化有何不同，写出反应式。

(2) 在2支试管中各加入0.5mL KBr(0.1mol/L)溶液，在一支试管中加入0.5mL H_2SO_4(3mol/L)，第二支试管中加入0.5mL HAc(6mol/L)，然后各滴入2滴 $KMnO_4$(0.01mol/L)溶液，观察并比较紫色褪去的快慢，写出反应式，并加以解释。

(3) 用 MnO_2 固体、HCl（浓）、HCl（1mol/L）、淀粉KI试纸设计一组实验，证明浓度、酸度对氧化还原反应的影响。

(三) 氧化剂、还原剂的相对性

(1) H_2O_2 的氧化性。在离心试管中加入0.5mL $Pb(NO_3)_2$(0.1mol/L)溶液，滴加1~2滴 Na_2S(0.1mol/L)溶液，观察PbS沉淀的颜色。离心分离，弃去清液，用水洗涤沉淀1~2次，在沉淀中加入3% H_2O_2，并不断搅拌观察沉淀颜色的变化。写出离子方程式。

(2) H_2O_2 的还原性。取0.5mL $KMnO_4$(0.01mol/L)溶液于一试管中，滴加2滴 H_2SO_4(3mol/L)后，再逐滴加入3% H_2O_2，观察其颜色变化，写出离子方程式。

(四) 催化剂对氧化还原反应的影响

在2支试管中分别加入0.5mL $H_2C_2O_4$(1mol/L)溶液和数滴 H_2SO_4(3mol/L)，并在其中一支试管中滴加2滴 $MnSO_4$(0.2mol/L)溶

液，然后向两支试管中分别加入2滴 $KMnO_4$(0.01mol/L)溶液，混匀溶液，观察2支试管中红色褪去的快慢情况。必要时，可用小火加热，进行比较。

五、选做实验

（一）沉淀的生成对氧化还原反应的影响

向1mL $CuSO_4$(0.2mol/L)溶液中加入0.5mL KI(0.1mol/L)溶液，再逐滴加入 $Na_2S_2O_3$(0.5mol/L)溶液，以除去反应中生成的碘，离心分离后，观察沉淀颜色。解释现象。

（二）配合物的生成对氧化还原反应的影响

向0.5mL $FeCl_3$(0.1mol/L)溶液中逐滴加入饱和 NH_4F 溶液至溶液恰变为无色，再滴入0.5mL KI(0.1mol/L)溶液及5滴 CCl_4，充分振荡后，静置片刻，观察 CCl_4 层颜色。与实验内容（一）中（1）的结果进行比较，并加以解释。

六、思考题

（1）为什么 H_2O_2 既具有氧化性，又具有还原性，试从电极电势予以说明。

（2）从实验结果讨论氧化还原反应和哪些因素有关。

（3）介质对 $KMnO_4$ 的氧化性有何影响，用本实验事实及电极电势予以说明。

实验11　原电池电动势和电极电势的测定

一、实验目的

（1）掌握原电池的组成及电动势的测定原理和方法。

（2）了解氧化态或还原态浓度变化、形成配合物、生成沉淀对电极电势的影响。

（3）了解原电池的应用。

二、实验原理

使化学能转变为电能的装置称为原电池。若化学能以热力学可逆方式转变为电能，则系统吉布斯自由能的降低等于系统所做的最大电功，此时两电极之间的电势差可达到最大值，称为该原电池的电动

势。例如铜锌原电池：$(-)\mathrm{Zn}|\mathrm{ZnSO_4}(c_1)\ \vdots\vdots\ \mathrm{CuSO_4}(c_2)|\mathrm{Cu}(+)$

电池反应为：$\mathrm{Zn(s)+Cu^{2+}(aq)}$ ══ $\mathrm{Cu(s)+Zn^{2+}(aq)}$

在 $ZnSO_4$ 与 $CuSO_4$ 溶液间插入盐桥，使液体接界电势降低到 1 ~ 2mV，同时当电池放电的电流十分微小时，则上述原电池可近似地看作可逆电池。

电池的电动势（E）与浓度（c）的关系式：

$$E = E^{\ominus} - \frac{RT}{2F}\ln\frac{c(\mathrm{Zn}^{2+})\cdot c(\mathrm{Cu})}{c(\mathrm{Zn})\cdot c(\mathrm{Cu}^{2+})}$$

因为 $c(\mathrm{Zn}) = c(\mathrm{Cu}) = 1$，则：

$$E = E^{\ominus} - \frac{RT}{2F}\ln\frac{c(\mathrm{Zn}^{2+})}{c(\mathrm{Cu}^{2+})}$$

式中，$E^{\ominus}$为电池反应的标准电动势；R 为摩尔气体常数；T 为热力学温度；F 为法拉第常数。

电池电动势还可以用正极的电极电势（$\varphi_{(+)}$）与负极的电极电势 $\varphi_{(-)}$之差表示，即：

$$E = \varphi_{(+)} - \varphi_{(-)} \quad 或 \quad E^{\ominus} = \varphi^{\ominus}_{(+)} - \varphi^{\ominus}_{(-)}$$

对于铜锌原电池而言：

$$\varphi_{(+)} = \varphi^{\ominus}(\mathrm{Cu^{2+}/Cu}) - \frac{RT}{2F}\ln\frac{c(\mathrm{Cu})}{c(\mathrm{Cu}^{2+})} = \varphi^{\ominus}(\mathrm{Cu^{2+}/Cu}) - \frac{RT}{2F}\ln\frac{1}{c(\mathrm{Cu}^{2+})}$$

$$\varphi_{(-)} = \varphi^{\ominus}(\mathrm{Zn^{2+}/Zn}) - \frac{RT}{2F}\ln\frac{c(\mathrm{Zn})}{c(\mathrm{Zn}^{2+})} = \varphi^{\ominus}(\mathrm{Zn^{2+}/Zn}) - \frac{RT}{2F}\ln\frac{1}{c(\mathrm{Zn}^{2+})}$$

式中，$\varphi^{\ominus}(\mathrm{Zn^{2+}/Zn})$ 和 $\varphi^{\ominus}(\mathrm{Cu^{2+}/Cu})$ 分别为锌电极和铜电极的标准电极电势。电极电势的绝对值至今无法由实验测得。当选标准氢电极为标准电极时，规定任意温度下标准氢电极的标准电势为0，其他电极的电势均是相对于标准氢电极所得的数值。常用参比电极来代替标准氢电极。

可见，$c(\mathrm{Cu}^{2+})$ 或 $c(\mathrm{Zn}^{2+})$ 的改变会改变 $\varphi(\mathrm{Cu^{2+}/Cu})$ 或 $\varphi(\mathrm{Zn^{2+}/Zn})$ 的数值，特别是沉淀剂、配合剂的存在能够大大减小溶液中某一离子浓度，因而有时可以起到改变反应方向的作用。

原电池可提供电能，因而可作为电解池的电源。在电解池电极上引起的化学变化称为电解。电解时电极电势的高低、离子浓度的大小、电极材料等因素都可以影响两电极上的电解产物。如电解Na_2SO_4溶液时，以铜作电极，当两极间的电解电压为1.1V时，其电极反应为：

阴极： $2H_2O + O_2 + 4e^- = 4OH^-$

阳极： $Cu - 2e^- = Cu^{2+}$

但同样的Na_2SO_4溶液，若以石墨作电极，电解电压在1.1V时可发生下列反应：

阴极： $2H_2O + 2e^- = H_2 + 2OH^-$

阳极： $2H_2O - 4e^- = O_2 + 4H^+$

三、仪器、药品和材料

仪器：50mL烧杯，U形管，导线，伏特计（或酸度计）。

液体药品：$NH_3 \cdot H_2O$(浓)，$ZnSO_4$(0.01mol/L、0.1mol/L、1mol/L)，Na_2S(1mol/L)，$CuSO_4$（0.01mol/L），$CuSO_4$（0.1mol/L、1mol/L），Na_2SO_4(1mol/L)，KCl（饱和），酚酞（1%）。

固体药品：铜片，锌片，琼脂。

材料：回形针，导线，砂纸，滤纸。

四、实验内容

（一）原电池的组成与电动势的测定

用细砂纸除去Zn、Cu金属片表面的氧化层及其他物质，洗净、擦干。往一只小烧杯中加入约30mL $ZnSO_4$(1mol/L)溶液，在其中插入锌片；往另一只小烧杯中加入约30mL $CuSO_4$溶液，在其中插入铜片。用导线将锌片和铜片分别与伏特计（或酸度计）的负极和正极相接，再用盐桥将两只烧杯相连，组成一个原电池（图3-7）。测出该原电池（-）$Zn|ZnSO_4(1.0mol/L) \| CuSO_4(1.0mol/L)|Cu$(+)的电动势。

（二）配合物的形成对电极电势的影响

（1）将约8mL浓氨水溶液加到$CuSO_4(1.0mol/L)|Cu$半电池的$CuSO_4$溶液中，开始时生成$Cu(OH)_2$沉淀，边搅拌边继续加浓氨水至沉淀完全溶解后与半电池$ZnSO_4(1.0mol/L)|Zn$组成原电池，测定（-）$Zn|ZnSO_4(1.0mol/L) \| Cu(NH_3)_4SO_4(1.0mol/L)|Cu$(+)的

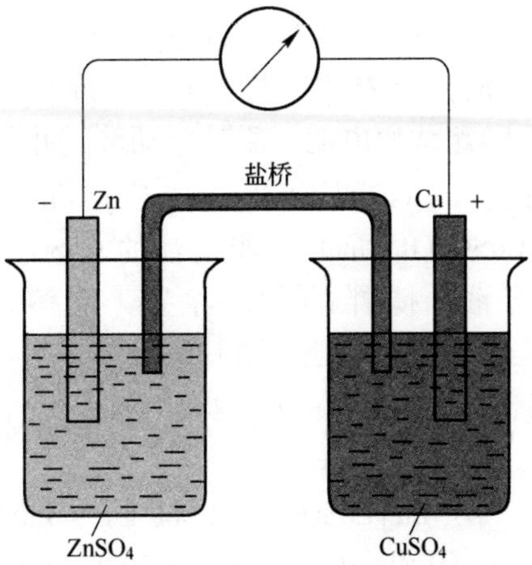

图 3-7　Cu-Zn 原电池

电动势，讨论形成配合物对 $\varphi(Cu^{2+}/Cu)$ 有何影响。

（2）用（1）同样方法测定（－）$Zn|Zn(NH_3)_4SO_4(1mol/L) \parallel CuSO_4(1mol/L)|Cu(+)$ 的电动势，讨论形成配合物对 $\varphi(Zn^{2+}/Zn)$ 有何影响。

（3）用（1）同样方法测定（－）$Zn|Zn(NH_3)_4SO_4(1mol/L) \parallel Cu(NH_3)_4SO_4(1mol/L)|Cu(+)$ 的电动势，讨论形成配合物对电池电动势有何影响。

（三）浓度对电极电势的影响

（1）测出原电池（－）$Zn|ZnSO_4(0.1mol/L) \parallel Cu(NH_3)_4SO_4(1mol/L)|Cu(+)$ 的电动势，并与实验内容（二）中（1）的电动势值比较，试说明 $c(Zn^{2+})$ 降低对 $\varphi(Zn^{2+}/Zn)$ 的影响。

（2）测出原电池（－）$Zn|ZnSO_4(1mol/L) \parallel Cu(NH_3)_4SO_4(0.1mol/L)|Cu(+)$ 的电动势，并与实验内容（二）中（1）的电动势值比较，试说明 $c(Cu^{2+})$ 降低对 $\varphi(Cu^{2+}/Cu)$ 的影响。

（3）方法同上，测出下列浓差电池的电动势：

1）$(-)Zn|ZnSO_4(0.01mol/L) \parallel ZnSO_4(0.1mol/L)|Zn(+)$

2）$(-)Cu|CuSO_4(0.01mol/L) \parallel CuSO_4(0.1mol/L)|Cu(+)$

（四）形成沉淀对电极电势的影响

（1）在 Zn | $ZnSO_4$(0.1mol/L)半电池的 $ZnSO_4$ 溶液中加入 5mL Na_2S(1mol/L)溶液，搅拌均匀，静置，待溶液澄清后与 Zn | $ZnSO_4$(0.01mol/L)组成原电池，测其电动势，并与实验内容（三）（3）中 1）结果比较。试说明沉淀的生成对 $\varphi(Zn^{2+}/Zn)$ 的影响。

（2）在 Cu | $CuSO_4$(0.1mol/L)半电池的 $CuSO_4$ 溶液中加入 5mL Na_2S(1mol/L)溶液，搅拌均匀，静置，待溶液澄清后与 Cu | $CuSO_4$(0.01mol/L)组成原电池，测其电动势，并与实验内容（三）（3）中 2）比较。试说明沉淀的生成对 $\varphi(Cu^{2+}/Cu)$ 的影响。

（五）原电池的应用

在浓差电池（-）Zn | $ZnSO_4$(0.01mol/L) ┆┆ $ZnSO_4$(0.1mol/L) | Zn(+)或(-)Cu | $CuSO_4$(0.01mol/L) ┆┆ $CuSO_4$(0.1mol/L) | Cu(+)的两极各连一个回形针，然后在表面皿上放一小块滤纸，滴加 Na_2SO_4(1mol/L)溶液，使滤纸完全湿润，再加入酚酞 2 滴，将两极的回形针压在纸上，使其相距约 1mm，稍等片刻，观察所压处，哪一端出现红色，试解释之。

（六）附注

盐桥的制法：称取 1g 琼脂，放在 100mL KCl 饱和溶液中浸泡一会儿，在不断搅拌下，加热煮成糊状，趁热倒入 U 形玻璃管中（管内不能留有气泡，否则会增加电阻），冷却即成。

五、思考题

（1）什么是浓差电池，写出实验内容（三）（3）中的 1）、2）两电池反应式，并计算其电池电动势。

（2）利用浓差电池作电源电解 Na_2SO_4 水溶液实质是什么物质被电解，使酚酞出现红色的一极是什么极，为什么？

（3）电解 Na_2SO_4 溶液能得到金属钠吗，为什么？

实验 12　银氨配离子配位数和稳定常数的测定

一、实验目的

（1）学习应用配位平衡和沉淀平衡等知识测定银氨配离子

$[Ag(NH_3)_n]^+$的配位数 n 的方法。

（2）学习测定银氨配离子的稳定常数的方法。

（3）掌握移液管、滴定管的使用。

二、实验原理

在$AgNO_3$溶液中加入过量氨水，即生成稳定的$[Ag(NH_3)_n]^+$。再往溶液中加入 KBr 溶液，直到刚刚出现 AgBr 沉淀（浑浊）为止，这时混合液中同时存在着以下的配位平衡和沉淀平衡：

$$Ag^+ + nNH_3 \rightleftharpoons [Ag(NH_3)_n]^+ \tag{3-20}$$

$$K_f^{\ominus} = \frac{c(Ag(NH_3)_n^+)}{c(Ag^+)[c(NH_3)]^n}$$

$$Ag^+ + Br^- \rightleftharpoons AgBr(s) \tag{3-21}$$

式（3-20）减式（3-21）得：

$$AgBr + nNH_3 \rightleftharpoons [Ag(NH_3)_n]^+ + Br^- \tag{3-22}$$

其平衡常数表达式为：

$$K = K_f^{\ominus} \cdot K_{sp}^{\ominus} = \frac{c(Ag(NH_3)_n^+)c(Br^-)}{[c(NH_3)]^n}$$

式中，$K_f^{\ominus}$为$[Ag(NH_3)_n]^+$的稳定常数，$K_{sp}^{\ominus}$为 AgBr 的溶度积常数。

$$c(Br^-) = \frac{K[c(NH_3)]^n}{c(Ag(NH_3)_n^+)} \tag{3-23}$$

式（3-23）中，$c(Br^-)$、$c(NH_3)$、$c(Ag(NH_3)_n^+)$ 都是相应物质平衡时的浓度，它们可以近似地按以下方法计算：

设每份混合溶液最初取用的$AgNO_3$溶液的体积为 V_{Ag^+}（各份相同），浓度分别为 $c_0(Ag^+)$。每份中所加入的过量氨水和 KBr 溶液的体积分别为 V_{NH_3} 和 V_{Br^-}，浓度分别为 $c_0(NH_3)$。和 $c_0(Br^-)$，混合液总体积为 $V_总$，则混合后并达到平衡时有：

$$c(Br^-) = c_0(Br^-) \times \frac{V_{Br^-}}{V_总} \tag{3-24}$$

$$c(Ag(NH_3)_n^+) = c_0(Ag^+) \times \frac{V_{Ag^+}}{V_总} \tag{3-25}$$

$$c(NH_3) = c_0(NH_3) \times \frac{V_{NH_3}}{V_{总}} \tag{3-26}$$

将式（3-24）、式（3-25）和式（3-26）代入式（3-23）并整理得：

$$V_{Br^-} = V_{NH_3}^n \cdot K \cdot \left[\frac{c_0(NH_3)}{V_{总}}\right]^n \Big/ \left[\frac{c_0(Br^-)}{V_{总}} \cdot \frac{c_0(Ag^+) \cdot V_{Ag^+}}{V_{总}}\right] \tag{3-27}$$

由于式（3-27）等号右边除了 $V_{NH_3}^n$ 外，其他各量在实验过程中均保持不变，令

$$K' = K \cdot \left[\frac{c_0(NH_3)}{V_{总}}\right]^n \Big/ \left[\frac{c_0(Br^-)}{V_{总}} \cdot \frac{c_0(Ag^+) \cdot V_{Ag^+}}{V_{总}}\right] \tag{3-28}$$

故式（3-27）可写为：

$$V_{Br^-} = V_{NH_3}^n \times K' \tag{3-29}$$

将式（3-29）两边取对数，得直线方程：

$$\lg V_{Br^-} = n\lg V_{NH_3} + \lg K' \tag{3-30}$$

以 $\lg V_{Br^-}$ 为纵坐标，$\lg V_{NH_3}$ 为横坐标作图，所得直线的斜率即为 $[Ag(NH_3)_n]^+$ 的配位数 n，根据直线在 y 轴上的截距 $\lg K'$ 可求出 K'，再由式（3-28）求出 K，即可求出稳定常数 $K_f^{\ominus}$。

三、仪器、药品和材料

仪器：移液管（10mL），酸式滴定管（25mL），锥形瓶（250mL）。

液体药品：$AgNO_3$（0.01mol/L），氨水（2mol/L），KBr（0.01mol/L）。

材料：直角坐标纸。

四、实验内容

（1）用移液管准确移取 4.00mL $AgNO_3$(0.01mol/L)、8.00mL 氨水(2mol/L)和 8.00mL 蒸馏水到洗净干燥的 250mL 锥形瓶中，混合均匀。在不断振荡下，从酸式滴定管中逐滴加入 KBr(0.01mol/L)溶液，直到刚产生的 AgBr 浑浊不再消失为止。记下所用的 KBr 溶液的体积 V_{Br^-}，并计算出溶液总体积 $V_{总}$，填入表 3-12 中。

（2）用同样方法按照下表中的用量进行另外5次实验。为了使每次溶液的总体积相同，在5次实验中，当接近终点时，还要补加适量的蒸馏水，使溶液的总体积与第一次实验的相同。

五、数据记录与处理

按表3-12记录实验数据并将数据进行处理。

表3-12　实验数据记录和处理

实验编号	V_{Ag^+}/mL	V_{NH_3}/mL	V_{Br^-}/mL	V_{H_2O}/mL	$V_{总}$/mL	$\lg V_{NH_3}$	$\lg V_{Br^-}$
1	4.00	8.00		8.00			
2	4.00	7.00		9.00			
3	4.00	6.00		10.00			
4	4.00	5.00		11.00			
5	4.00	4.00		12.00			
6	4.00	3.00		13.00			

（1）以$\lg V_{Br^-}$为纵坐标，$\lg V_{NH_3}$为横坐标，根据直线的斜率，求出$[Ag(NH_3)_n]^+$配离子的配位数n。

（2）根据直线的截距及相关数据，求出$K_f^\ominus$值。

六、思考题

（1）在计算平衡浓度$c(Br^-)$、$c(NH_3)$和$c(Ag(NH_3)_n^+)$时，为什么可以忽略以下情况：

1）生成AgBr沉淀时消耗掉的Br^-和Ag^+；

2）配离子$[Ag(NH_3)_n]^+$离解出的Ag^+；

3）生成配离子$[Ag(NH_3)_n]^+$时消耗掉的NH_3。

（2）实验中为什么使用干燥的锥形瓶，滴定过程中可否用蒸馏水洗锥形瓶内壁？

（3）滴定时以AgBr沉淀不再消失为滴定终点，在具体操作时应如何避免KBr过量？

实验13　配合物形成时性质的改变

一、实验目的

（1）了解配合物形成时几种性质的改变。

（2）学习利用配合物的形成和性质改变分离和鉴定溶液中可能存在的几种金属离子的方法。

二、实验原理

配合物形成时常伴有颜色、溶解性、酸碱性以及氧化还原性等的改变。例如：

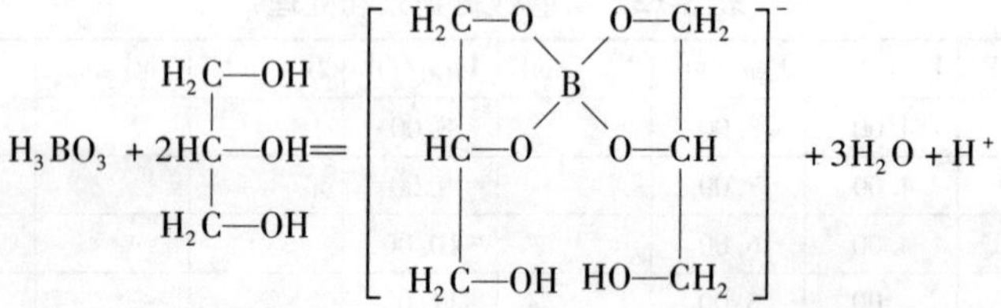

$$2HgCl_2 + SnCl_2 \longrightarrow Hg_2Cl_2(s) + SnCl_4$$

$$Hg_2Cl_2 + SnCl_2 + 2Cl^- \longrightarrow 2Hg(s) + [SnCl_6]^{2-}$$

三、仪器、药品和材料

仪器：离心机，离心试管，普通试管。

液体药品：HCl(2mol/L、6mol/L、浓)，HNO_3(2mol/L、浓)，硼酸(0.1mol/L)，NaOH(2mol/L)，$NH_3 \cdot H_2O$(2mol/L、6mol/L)，$FeSO_4$(0.1mol/L)，$CuSO_4$(0.1mol/L)，$Na_2S_2O_3$(0.1mol/L)，NaCl(0.1mol/L)，$CaCl_2$(0.1mol/L)，$AgNO_3$(0.1mol/L)，$Fe(NO_3)_3$(0.1mol/L)，$FeCl_3$(0.1mol/L)，KI(0.1mol/L、2mol/L)，$HgCl_2$(0.1mol/L)，$Hg(NO_3)_2$(0.1mol/L)，$SnCl_2$(0.1mol/L)，KSCN(0.1mol/L)，NaF(0.1mol/L)，NaCN(0.1mol/L)，Na_2S(0.1mol/L)，$NiSO_4$(0.1mol/L)，KBr(0.1mol/L)，EDTA(0.1mol/L)，甘油（或甘露醇），丁二酮肟。

固体药品：硫脲，Cu 片。

材料：pH 试纸。

四、实验内容

（一）配合物形成时颜色的改变

（1）在试管中加入 5 滴 $FeCl_3$(0.1mol/L)溶液，再加入几滴 KSCN(0.1mol/L)溶液，观察溶液颜色的变化，再加入几滴 NaF(0.1mol/L)溶液，振荡试管，有何变化？解释现象并写出反应的化学方程式。

（2）在试管中加入几滴 $CuSO_4$（0.1mol/L）溶液，逐滴加入 $NH_3 \cdot H_2O$(2mol/L)，直至生成的沉淀溶解，观察溶液颜色有何变化？写出反应的化学方程式。

（3）在几滴 $NiSO_4$(0.1mol/L)溶液中加入几滴 $NH_3 \cdot H_2O$(6mol/L)，观察溶液颜色。然后加入几滴丁二酮肟，观察生成物的颜色和状态。

（二）形成配合物时难溶物溶解度的改变

（1）在离心管中加入 0.5mL $AgNO_3$(0.1mol/L)溶液和 0.5mL NaCl(0.1mol/L)溶液，充分搅拌后离心分离，弃去清液，并用少量蒸馏水把沉淀洗涤两次，弃去洗涤液，然后加入 $NH_3 \cdot H_2O$(6mol/L)到沉淀刚好溶解为止。

（2）往以上溶液中加入 1 滴 NaCl(0.1mol/L)溶液，是否有 AgCl 沉淀生成？再加入 1 滴 KBr(0.1mol/L)溶液，有无 AgBr 沉淀生成？沉淀是什么颜色？继续加入 KBr 溶液到不再产生 AgBr 沉淀为止。离心分离，弃去清液，并用少量蒸馏水把沉淀洗涤两次，弃去洗涤液，然后加入 $Na_2S_2O_3$(0.1mol/L)溶液至沉淀刚好溶解为止。

（3）往以上清液中加入 1 滴 KBr（0.1mol/L）溶液，是否有 AgBr沉淀产生？再加 1 滴 KI(0.1mol/L)溶液，有无 AgI 沉淀生成？沉淀是什么颜色？继续加入 KI 溶液至不再产生 AgI 沉淀为止。离心分离，弃去清液，并用少量蒸馏水把沉淀洗涤两次，弃去洗涤液，然后加入过量 KI(0.1mol/L)溶液至沉淀刚好溶解为止。

由以上实验，讨论沉淀溶解平衡与配位平衡的相互影响。并比较 AgCl、AgBr、AgI 的 $K_{sp}^{\ominus}$ 大小和 $[Ag(NH_3)_2]^+$、$[Ag(S_2O_3)_2]^{3-}$、$[AgI_2]^-$ 的 $K_f^{\ominus}$ 大小，写出有关的离子反应方程式。

（三）形成配合物时酸性的改变

（1）取一条完整的 pH 试纸，在它的一端滴上半滴甘油（或甘露醇），记下被甘油湿润处的 pH 值。待甘油不再扩散时，在距离甘油扩散边沿 0.5 ~ 1.0cm 的干试纸处，滴上半滴硼酸（0.1mol/L）溶液，记下硼酸溶液的 pH 值，待硼酸溶液扩散到甘油区形成重叠时，记下重叠处的 pH 值，说明 pH 值变化的原因并写出反应的化学方程式。

（2）用 $CaCl_2$(0.1mol/L)溶液和 EDTA(0.1mol/L)溶液分别代替甘油和硼酸，重复实验内容（三）中（1），说明 pH 值变化的原因并写出化学方程式。

（四）形成配合物时，形成物氧化还原性的改变

（1）在 $HgCl_2$(0.1mol/L)溶液中，滴加 2 滴 $SnCl_2$(0.1mol/L)溶液，有何现象？再多加几滴 $SnCl_2$溶液，稍等一会儿，又有何现象？写出反应的化学方程式。

（2）在 $HgCl_2$(0.1mol/L)溶液中，逐滴加入 KI(2mol/L)溶液，直至生成的沉淀又溶解，再过量加几滴，然后滴加 $SnCl_2$溶液，和实验内容（四）中（1）比较，有何不同？

（3）在试管中放入一小块 Cu 片，加入 HCl(6mol/L)溶液，加热，有无反应？

（4）在上述试管的溶液中加入一小勺硫脲，注意观察 Cu 片表面气泡的生成。

比较实验内容(四)中(3)和实验内容(四)中(4)有何不同。

五、思考题

（1）配位反应常用来分离和鉴定某些离子，试设计一个实验方案，分离和鉴定溶液中的 Cl^-、Br^-、I^-。

（2）为什么 $SnCl_2$可以还原 $HgCl_2$而不能还原 $[HgI_4]^{2-}$？请根据电极电势的变化作出解释。

实验 14　分光光度法测定 $Ti(H_2O)_6^{3+}$、$Cr(H_2O)_6^{3+}$ 和$(Cr\text{-}EDTA)^-$的分裂能 Δ(10Dq)

一、实验目的

（1）学习分光光度法测定配合物的分裂能 Δ(10Dq)的原理和方法。

（2）进一步熟练掌握分光光度计的使用方法及吸收曲线的绘制。

二、实验原理

过渡金属离子的 d 轨道在晶体场的影响下会发生能级分裂。金属

离子的d轨道没有被电子充满时，处于低能量d轨道上的电子吸收了一定波长的可见光后，就跃迁到高能量的d轨道，这种d-d跃迁的能量差可以通过实验测定。

对于八面体的$Ti(H_2O)_6^{3+}$离子在八面体场的影响下，Ti^{3+}离子的5个简并的d轨道分裂为二重简并的e_g轨道和三重简并的t_{2g}轨道，如图3-8所示。

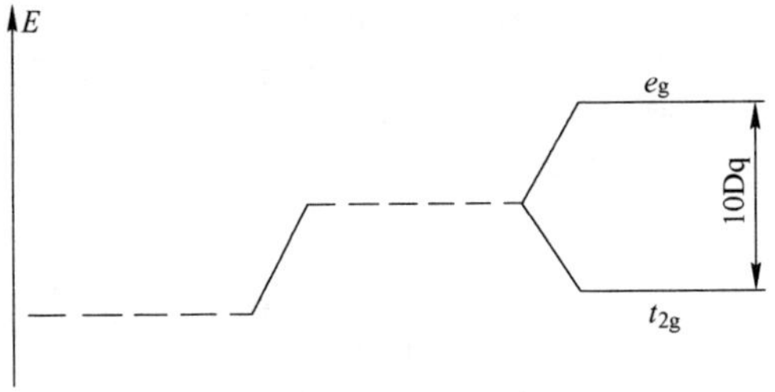

图3-8　Ti^{3+}的d轨道能级分裂

e_g轨道和t_{2g}轨道的能量差等于分裂能Δ(10Dq)。

根据

$$E_{光} = E_{e_g} - E_{t_{2g}} = \Delta \tag{3-31}$$

$$E_{光} = h\nu = \frac{hc}{\lambda} \tag{3-32}$$

式中，$E_{光}$为可见光光能，cm^{-1}；h为普朗克常数，其值为6.626×10^{-34} J·s；ν为频率，s^{-1}；c为光速，其为2.9979×10^{10} cm/s；λ为波长，nm。

因为h和c都是常数，当1mol电子跃迁时，则$hc = 1$

所以
$$\Delta = \frac{1}{\lambda} \times 10^7 (cm^{-1}) \tag{3-33}$$

式（3-33）中的λ是$Ti(H_2O)_6^{3+}$离子吸收峰对应的波长，单位为nm。

对于八面体的$Cr(H_2O)_6^{3+}$和$(Cr\text{-}EDTA)^-$配离子，中心离子Cr^{3+}的d轨道上有3个d电子，除了受八面体场的影响之外，还因电子间的相互作用使d轨道产生如图3-9的能级分裂，所以这些配离子吸收了可见光的能量后，就有3个相应的电子跃迁吸收峰，其中电子从$^4A_{2g}$跃迁到$^4T_{2g}$所需的能量等于Δ(10Dq)。

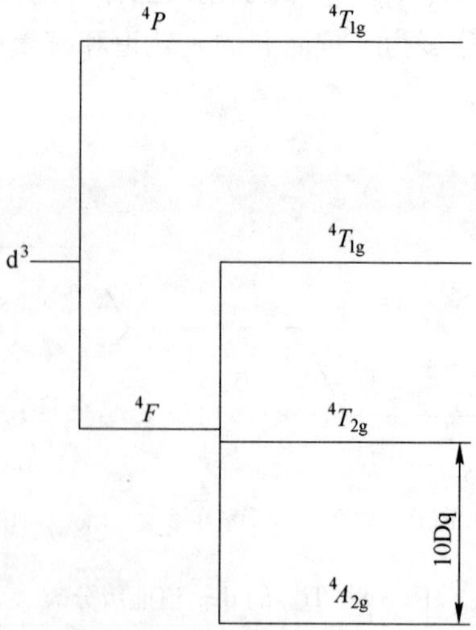

图3-9 Cr^{3+}的d轨道能级分裂

实验只要测定上述各种配离子在可见光区的相应吸收光度A，作A-λ吸收曲线，则可用曲线中能量最低的吸收峰所对应的波长来计算Δ值。

三、实验用品

仪器：7200型分光光度计，小烧杯，托盘天平。

液体药品：$TiCl_3$(1mol/L)。

固体药品：$CrCl_3\cdot 6H_2O$(A. R)，EDYA二钠盐（A. R）。

四、实验内容

（一）测量溶液的配制

（1）$Cr(H_2O)_6^{3+}$溶液的配制：称取0.3g $CrCl_3\cdot 6H_2O$溶于50mL蒸馏水中。

（2）$(Cr\text{-}EDTA)^-$溶液的配制：称取0.5g EDTA二钠盐，用50mL蒸馏水加热溶解后，加入约0.05g的$CrCl_3\cdot 6H_2O$，稍加热得

紫色的（Cr-EDTA）$^-$溶液。

（3）$Ti(H_2O)_6^{3+}$ 溶液的配制：量取 5mL $TiCl_3$（1mol/L）的水溶液，用蒸馏水稀释至 50mL。

（二）吸光度的测量

在可见光分光光度计的波长范围内，每间隔 10nm 波长分别测定上述溶液的吸光度（在吸收峰最大值附近，波长间隔可适当减少）。

五、数据记录与处理

（1）以表格形式记录实验有关数据。

（2）由实验测得的波长 λ 和相应的吸光度 A 绘制 $Ti(H_2O)_6^{3+}$、$Cr(H_2O)_6^{3+}$ 和（Cr-EDTA）$^-$的吸收曲线，分别计算出这些配离子的 $\Delta(10Dq)$ 值。

六、思考题

（1）配合物的分裂能 $\Delta(10Dq)$ 受哪些因素影响?

（2）本实验测定吸收曲线时，溶液浓度的高低对测定 $\Delta(10Dq)$ 值是否有影响?

（3）为何用吸收曲线中能量最低的吸收峰所对应的波长来计算 $\Delta(10Dq)$ 值?

第4章 元素化学实验

实验1 s区元素实验

一、实验目的

（1）了解s区元素单质及化合物的主要性质。

（2）学习用焰色反应检验元素的技术。

（3）学习s区元素离子的定性鉴定方法。

二、实验原理

（一）s区元素单质化学性质

s区元素金属化学性质活泼，能直接或间接的与电负性较高的非金属元素反应。

（1）s区金属易与H_2直接化合成MH、MH_2型化合物。

（2）s区金属与O_2反应形成正常氧化物、过氧化物、超氧化物。

s区单质在空气中燃烧，形成不同类型的氧化物，归纳如下：

正常氧化物	Li_2O	BeO	MgO	CaO	SrO
过氧化物	Na_2O_2	BaO_2			
超氧化物	KO_2	RbO_2	CsO_2		

其他碱金属氧化物需要用间接方法制备。例如：

$$Na_2O_2 + 2Na \xlongequal{} 2Na_2O$$

$$2KNO_3 + 10K \xlongequal{} 6K_2O + N_2$$

（3）除Be、Mg外，s区元素易与H_2O反应，生成相应的碱和氢气。

$$2M + 2H_2O \xlongequal{} 2M^{I}OH + H_2(g)$$

$$M + 2H_2O \xlongequal{} 2M^{II}(OH)_2 + H_2(g)$$

钠、钾与水反应很激烈，锂的标准电极电势比铯还小，但它与水反应时还不如钠激烈，一方面因为锂的升华焓很大，不易熔化，因而反应速率很小；另一方面，反应生成的氢氧化锂的溶解度较小，覆盖在金属表面上，也降低了反应速率。同周期的碱土金属与水反应不如碱金属剧烈。

（4）s区金属与硫、氮、卤素等非金属作用形成相应的化合物。

（二）氧化物和过氧化物

（1）除BeO几乎不与水反应外，碱金属、碱土金属氧化物均能与水化合成相应的碱。Li_2O、MgO与水反应缓慢。

（2）过氧化物与水或稀酸在室温下反应生成过氧化氢。例如：

$$Na_2O_2 + 2H_2O = 2NaOH + H_2O_2$$

$$Na_2O_2 + H_2SO_4(稀) = Na_2SO_4 + H_2O_2$$

过氧化物和二氧化碳反应放出氧气。例如：

$$2Na_2O_2 + CO_2 = 2Na_2CO_3 + O_2$$

因此，Na_2O_2可用作高空飞行和水下作业时的供氧剂和二氧化碳吸收剂。Na_2O_2是一种强氧化剂，工业上用作漂白剂。Na_2O_2遇到棉花、木炭、铝粉等还原性物质时，就会发生爆炸，使用Na_2O_2时应注意安全。

（3）超氧化物与水反应立即产生氧气和过氧化氢：

$$2KO_2 + 2H_2O = 2KOH + H_2O_2 + O_2$$

超氧化物与二氧化碳作用放出氧气：

$$4KO_2 + 2CO_2 \longrightarrow 2K_2CO_3 + 3O_2$$

因此，KO_2也可用作供氧剂。与过氧化物一样，超氧化物也是强氧化剂。

（三）氢氧化物

碱金属的氢氧化物可溶于水，它们的溶解度从Li到Cs依次递增，碱土金属的氢氧化物溶解度较低，其变化趋势从Be到Ba，也依次递增，其中$Be(OH)_2$和$Mg(OH)_2$为难溶氢氧化物。这两族的氢氧化物除$Be(OH)_2$显两性，其余属中强碱或强碱。

（四）碱金属盐类溶解性

碱金属的绝大部分盐类易溶于水，少数碱金属的盐难溶于水，如

LiF、Li_2CO_3、Li_3PO_4等。

醋酸铀酰锌与钠盐作用，生成淡黄色晶状沉淀 $NaAc \cdot Zn(Ac)_2 \cdot 3UO_2(Ac)_2 \cdot 9H_2O$，这一反应可以用来鉴定 Na^+。

$$Zn(Ac)_2 \cdot 3UO_2(Ac)_2 + Na^+ + 9H_2O + HAc = NaAc \cdot Zn(Ac)_2 \cdot 3UO_2(Ac)_2 \cdot 9H_2O(s) + H^+$$

六羟基锑（V）酸钾溶液与钠盐作用，生成白色六羟基锑（V）酸钠沉淀，这一反应也可以用来鉴定 Na^+。

$$K[Sb(OH)_6] + Na^+ = Na[Sb(OH)_6](s) + K^+$$

六硝基合钴酸钠 $Na_3[Co(NO_2)_6]$与钾盐生成黄色 $K_2Na[Co(NO_2)_6]$ 沉淀，利用这一反应可以用来鉴定 K^+。

$$Na_3[Co(NO_2)_6]_2 + 2K^+ = K_2Na[Co(NO_2)_6] + 2Na^+$$

（五）碱土金属盐类溶解性

碱土金属盐类的溶解度较碱金属盐类低，有不少是难溶的。例如，钙、锶、钡的硫酸盐和铬酸盐是难溶的，其溶解度按 Ca—Sr—Ba 的顺序减小。碱土金属的碳酸盐、磷酸盐和草酸盐也都是难溶的，钙中以 CaC_2O_4 溶解度最小。利用这些盐类溶解度性质可以进行沉淀分离和离子检出。

（六）焰色反应

碱金属和碱土金属中的钙、锶、钡及其挥发性化合物在无色的火焰中灼烧时，其火焰都具有特征颜色，称为焰色反应。可以用焰色反应鉴定这些离子。

原因：原子或离子受热时，电子容易被激发，当电子从较高能级跃迁到较低能级时，相应的能量以光的形式释放出来，产生线状光谱。火焰的颜色往往相应于强度较大的谱线区域。不同元素的原子因电子层结构不同而产生不同颜色的火焰。

元素	Li	Na	K	Rb	Cs	Ca	Sr	Ba
颜色	深红	黄	紫	红紫	蓝	橙红	深红	绿
波长/nm	670.8	589.2	766.5	780.0	455.5	714.9	687.8	553.5

三、仪器、药品和材料

仪器：烧杯，试管，小刀，镊子，坩埚钳，研钵，玻璃片，酒精灯，点滴板，玻璃棒，洗瓶，离心试管。

液体药品：$MgCl_2$(0.1mol/L)，$CaCl_2$(0.1mol/L)，$SrCl_2$(0.1mol/L)，$BaCl_2$(0.1mol/L)，NaOH(2mol/L)，$NH_3 \cdot H_2O$(1mol/L、2mol/L)，HCl(2mol/L)，LiCl(0.5mol/L)，NaF(0.5mol/L)，Na_2CO_3(0.5mol/L)，NaCl(1mol/L)，HAc(6mol/L)，K_2CO_3(0.5mol/L)，$(NH_4)_2CO_3$(1mol/L)，Na_2SO_4(1mol/L)，K_2CrO_4(0.5mol/L)，饱和 NH_4Cl，NH_4Ac(3mol/L)，Na_2HPO_4(0.5mol/L)，$(NH_4)_2C_2O_4$(饱和)，醋酸铀酰锌试剂，钴亚硝酸钠 $Na_3[Co(NO_2)_6]$。

固体药品：金属钠，钾，钙，镁条，镍铬丝（或铂丝）。

材料：砂纸。

四、实验内容

（一）金属在空气中的燃烧

（1）钠与氧反应。用镊子从煤油中夹取黄豆大小金属钠，用滤纸吸干其表面的煤油，切去表面的氧化膜，立即置于坩埚内加热。当钠刚开始燃烧时，停止加热。观察反应情况和产物的颜色、状态。保留产物，立即做实验内容（三）中（1）。

（2）金属镁的燃烧。取一小段镁条，用砂纸擦去表面的氧化膜，点燃，观察燃烧的情况和产物的颜色及状态。

（二）金属与水的作用

（1）金属钠、钾与水的作用。分别取绿豆大小的一块金属钠、钾，用滤纸吸干表面的煤油，各放入一盛有水的小烧杯中，为了安全，立即用玻璃片盖在烧杯上，观察反应情况，检验反应后水溶液的酸碱性，比较两实验的异同。

（2）镁与水的作用。取一小段镁条，用砂纸擦去表面氧化膜，放入试管中加入少量水，观察现象。加热，有何变化？检验反应后溶液的酸碱性。

（三）氧化物和氢氧化物

（1）将实验内容（一）中（1）的产物转入一干燥小试管中加入少量水。检验是否有氧气放出和水溶液的酸碱性。

（2）碱土金属氢氧化物溶解度：

1）在 3 支试管中分别滴加 10 滴 $MgCl_2$（0.1mol/L），$CaCl_2$（0.1mol/L），$BaCl_2$（0.1mol/L），再分别滴加等体积的 NaOH（2mol/L）溶液，放置，观察形成沉淀的情况。

2）用 $NH_3 \cdot H_2O$（2mol/L）代替 NaOH（2mol/L）重复上述实验。

由实验结果总结碱土金属氢氧化物溶解度变化情况。

（3）氢氧化镁的性质。在 3 支试管中分别滴入 10 滴 $MgCl_2$（0.1mol/L），再加入 10 滴 $NH_3 \cdot H_2O$（2mol/L），再分别滴加 HCl（2mol/L），NaOH（2mol/L）及饱和 NH_4Cl 溶液，观察现象。

（四）锂、钠、钾的微溶盐

（1）微溶性锂盐的生成。在两支试管中各加入 0.5mL LiCl（1mol/L）溶液，然后分别加入 0.5mL NaF（1mol/L）溶液和 0.5mL Na_2CO_3（1mol/L）溶液，观察产物的颜色、状态。

（2）微溶性钠盐的生成（Na^+ 离子的鉴定反应）。在 1mL NaCl（1mol/L）溶液中加入 1 滴 HAc（6mol/L）和 1 滴醋酸铀酰锌试剂，乙醇 6 滴，搅拌，生成柠檬黄色沉淀，示有 Na^+。

在试管中加入 1mL NaCl（1mol/L）溶液与 1mL 饱和六羟基锑（Ⅴ）酸钾 $K[Sb(OH)_6]$ 溶液混合，静置，若无晶体析出，可用玻璃棒摩擦试管内壁，观察产物的颜色、状态。

（3）微溶性钾盐的生成（K^+ 离子的鉴定反应）。加几滴钾盐溶液于试管中，然后再加几滴六硝基合钴酸钠试剂，观察现象。黄色 $K_2Na[Co(NO_2)_6]$ 沉淀的出现，表示 K^+ 离子存在。

（五）碱土金属的难溶盐

（1）硫酸盐。在 3 支试管中分别加入 0.5mL $MgCl_2$（0.1mol/L），$CaCl_2$（0.1mol/L），$BaCl_2$（0.1mol/L）溶液，再各加入 0.5mL Na_2SO_4（0.1mol/L）溶液，观察产物的颜色、状态。分别试验沉淀与浓 HNO_3 的作用。

由实验结果比较 $MgSO_4$、$CaSO_4$、$BaSO_4$ 溶解度的大小。

（2）碳酸盐。在 3 支试管中分别加入 0.5mL $MgCl_2$（0.1mol/L）、$CaCl_2$（0.1mol/L）、$BaCl_2$（0.1mol/L）溶液，然后各加入 0.5mL

Na_2CO_3(0.1mol/L)溶液，观察产物的颜色、状态。再分别滴加 HAc 溶液，观察沉淀溶解情况。

再用2～3滴饱和NH_4Cl溶液和2～3滴$NH_3 \cdot H_2O$与$(NH_4)_2CO_3$的混合溶液[含 1mL $NH_3 \cdot H_2O$(1mol/L)和 1mL $(NH_4)_2CO_3$(1mol/L)]代替上面实验中的Na_2CO_3溶液，按上法进行实验，观察现象。比较两实验结果有何不同。

(3) 铬酸盐。在3支试管中分别加入0.5mL $CaCl_2$(0.1mol/L)，$SrCl_2$(0.1mol/L)，$BaCl_2$(0.1mol/L)溶液，然后，各加入0.5mL K_2CrO_4(0.5mol/L)溶液，观察现象。再分别滴加HAc(6mol/L)，观察沉淀溶解情况。用HCl(6mol/L)代替HAc重复上述实验。比较$CaCrO_4$、$SrCrO_4$、$BaCrO_4$溶解度的大小。

(4) 草酸盐。在3支试管中分别加入2滴$MgCl_2$(0.1mol/L)，$CaCl_2$(0.1mol/L)，$BaCl_2$(0.1mol/L)溶液，然后各加入1滴饱和$(NH_4)_2C_2O_4$溶液，观察现象。再分别滴加HAc(6mol/L)，观察沉淀溶解情况。用HCl(6mol/L)溶液代替HAc重复上述实验。比较MgC_2O_4、CaC_2O_4、BaC_2O_4溶解度的大小。

(5) 磷酸铵镁的生成。在1支试管中加入0.5mL $MgCl_2$(0.1mol/L)溶液，几滴HCl(6mol/L)溶液和0.5mL Na_2HPO_4(0.5mol/L)溶液，再滴加几滴$NH_3 \cdot H_2O$(2mol/L)，观察产物的颜色、状态。

在试管中加入2滴Mg^{2+}试液，再加入2滴NaOH (2mol/L) 溶液和1滴镁试剂溶液，沉淀呈天蓝色，示有Mg^{2+}存在。

(六) 焰色反应

首先清洗铂丝或镍铬丝。取一根嵌有镍铬丝的玻璃棒，将镍铬丝顶端弯成小圆圈，将镍铬丝蘸以HCl(6mol/L)溶液，取出后放在酒精灯的氧化焰中灼烧，反复操作，直至灼烧时火焰几乎无色。说明镍铬丝已清洗干净。

用洁净的镍铬丝分别蘸取1mol/L LiCl、KCl、NaCl、$CaCl_2$、$SrCl_2$、$BaCl_2$溶液，放在酒精灯氧化焰中灼烧，观察火焰颜色。在观察钾盐的火焰时，为了防止钠焰掩盖，可透过蓝色钴玻璃片观察。

(七) 水溶液中K^+、Na^+、Mg^{2+}、Ca^{2+}、Ba^{2+}离子的分离鉴定

取K^+、Na^+、Mg^{2+}、Ca^{2+}、Ba^{2+}试液各4滴于离心试管中混匀，

按以下步骤进行实验：

（1）在混合溶液中加4滴NH_4Cl溶液，再加入$NH_3 \cdot H_2O$(2mol/L)至溶液呈碱性（再多加1滴），加热（约343K），在搅拌条件下滴加$(NH_4)_2CO_3$(1mol/L)溶液至沉淀完全（如何检查），放置2min；离心分离，移清液于另一离心试管中。

（2）用蒸馏水洗涤沉淀一次，弃去洗涤液，用HAc(6mol/L)并加热搅拌促使沉淀溶解，加入2滴NH_4Ac(3mol/L)溶液，再逐滴加入K_2CrO_4(0.5mol/L)溶液，产生黄色沉淀，示有Ba^{2+}。沉淀完全后，加热2min，离心分离，清液用作Ca^{2+}的鉴定。

（3）取步骤（2）的清液鉴定Ca^{2+}。

（4）取步骤（1）的清液鉴定Na^+。

（5）取步骤（1）的清液鉴定K^+。

（6）取步骤（1）的清液鉴定Mg^{2+}。

分析简表如下：

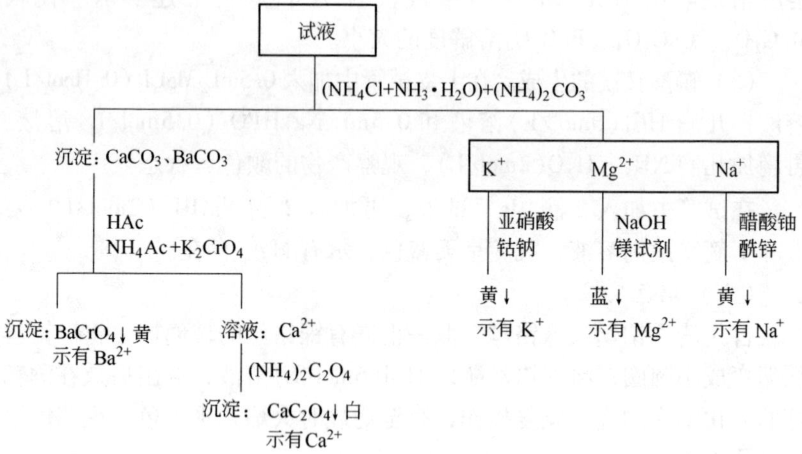

五、思考题

（1）如何利用化学方法证明钠在空气中燃烧的产物为过氧化钠？

（2）为什么氯化镁溶液中加入氨水时能生成氢氧化镁沉淀和氯化铵，而氢氧化镁沉淀又能溶于饱和氯化铵溶液，两者是否矛盾，试通过化学平衡移动的原理说明。

（3）试设计一个分离 K^+、Mg^{2+}、Ba^{2+} 离子的实验方案。

（4）现有3瓶无标签的LiCl、NaCl、KCl，试至少用两种方法识别之。

（5）列出碱金属、碱土金属的氢氧化物和各种难溶盐递变规律。

实验2　硼、碳、硅

一、实验目的

（1）掌握硼酸和硼砂的主要性质。

（2）练习硼砂珠实验的操作。

（3）了解碳酸盐和硅酸盐的性质。

二、实验原理

（一）硼

硼酸微溶于冷水，但在热水中溶解度较大。H_3BO_3 是一元弱酸，H_3BO_3 与水的反应如下：

$$H_3BO_3 + H_2O \rightleftharpoons B(OH)_4^- + H^+ \quad K_a^\ominus = 5.8\times10^{-10}$$

硼酸和甘油由于形成配合物和 H^+ 而使溶液酸性增强。反应式为：

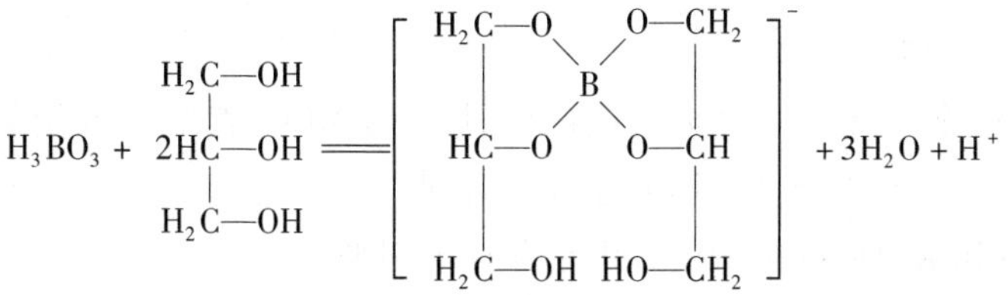

硼酸和单元醇反应则生成硼酸酯，反应式为：

$$H_3BO_3 + 3HOR = B(OR)_3 + 3H_2O$$

硼酸酯可挥发并且易燃，燃烧时火焰呈绿色。利用这一特性可以鉴定有无硼的化合物存在。

熔融的硼砂可以溶解许多金属氧化物，形成偏硼酸的复盐。不同金属的偏硼酸复盐显示各自不同的特征颜色。例如：

$$Na_2B_4O_7 + CoO = Co(BO_2)_2 \cdot 2NaBO_2\text{（蓝色）}$$

$$Na_2B_4O_7 + NiO = Ni(BO_2)_2 \cdot 2NaBO_2\text{（棕色）}$$

利用硼砂的这一类反应，可以鉴定某些金属离子，这在分析化学上称为硼砂珠试验。

几种金属的硼砂珠颜色见表4-1。

表4-1 几种金属的硼砂珠颜色

元素		常用化合物	氧化焰		还原焰	
名称	符号		热时	冷时	热时	冷时
铬	Cr	$CrCl_3$	黄色	黄绿色	绿色	绿色
钼	Mo	MoO_3	淡黄色	无色~白色	褐色	褐色
锰	Mn	$MnCl_2$	紫色	紫红色	无色~灰色	无色~灰色
铁	Fe	$FeCl_2$，$FeSO_4$	黄色~淡褐色	黄色~褐色	绿色	淡绿色
钴	Co	$CoCl_2$	青色	青色	青色	青色
镍	Ni	$NiCl_2$，$NiSO_4$	紫色	黄褐色	无色~灰色	无色~灰色
铜	Cu	$CuSO_4$	绿色	青绿色~淡绿色	灰色~绿色	红色

（二）碳

除碱金属外，一般金属的碳酸盐（用 MCO_3 表示）的溶解度较小，而相应的酸式盐则较易溶解于水。在一些难溶碳酸盐（如 $CaCO_3$）和水组成的系统中，由于存在下列平衡

$$MCO_3(s) + CO_2(g) + H_2O(l) = 2HCO_3^-(aq) + M^{2+}(aq)$$

通入 CO_2 气体，可使其变为酸式盐而溶解。

碳酸盐的热稳定性较差，碳酸氢盐受热分解为相应的碳酸盐、水和二氧化碳。反应式为：

$$2M^{I}HCO_3 \xrightarrow[\triangle]{} M_2^{I}CO_3 + CO_2(g) + H_2O$$

大多数碳酸盐在加热时分解为金属氧化物和二氧化碳。反应式为：

$$M^{II}CO_3 \xrightarrow[\triangle]{} M^{II}O + CO_2$$

（三）硅

硅酸是一种多元弱酸。它可由盐酸或碳酸等与 Na_2SiO_3 溶液作用而制得，其组成随形成条件而变，可用通式 $m SiO_2 \cdot nH_2O$ 表示之，如偏硅酸 H_2SiO_3（$m=1$，$n=1$）和正硅酸 H_4SiO_4（$m=1$，$n=2$）等。

硅酸能形成胶体溶液（常称为溶胶），放置后，能形成软而透明且具有弹性的硅酸凝胶。

除碱金属外，一般金属的离子与硅酸钠溶液作用，均能生成难溶于水并具有特征颜色的硅酸盐。

三、仪器、药品和材料

仪器：烧杯，试管，酒精灯，蒸发皿，点滴板，玻璃棒，洗瓶，带胶塞导管。

液体药品：H_2SO_4(6mol/L,浓)，HCl(6mol/L)，Na_2CO_3(0.1mol/L)，$NaHCO_3$(0.1mol/L)，Na_2SiO_3(0.5mol/L、2mol/L)，$BaCl_2$(0.1mol/L)，$CuSO_4$(0.1mol/L)，$Al_2(SO_4)_3$(0.1mol/L)，甲基橙指示剂，甘油，无水乙醇，石灰水（饱和），NH_4Cl（饱和）。

固体药品：$Co(NO_3)_2$，$Cu_2(OH)_2CO_3$，$NaHCO_3$，$CaCl_2 \cdot 6H_2O$，$CuSO_4 \cdot 5H_2O$，$ZnSO_4 \cdot 7H_2O$，$FeCl_3 \cdot 6H_2O$，$ZnCl_2 \cdot 7H_2O$，Na_2CO_3，$NiSO_4 \cdot 7H_2O$，Na_2SiO_3，H_3BO_3，$Na_2B_4O_7 \cdot 10H_2O$，镍铬丝（或铂丝）。

材料：pH 试纸。

四、实验内容

（一）硼酸的制备、性质和鉴定

（1）硼酸的生成。取1支试管加入1g硼砂和2mL蒸馏水，微热溶解，在点滴板上用pH试纸检验溶液的酸碱性，然后向试管中加入10滴 H_2SO_4(6mol/L)溶液，将试管在冷水中冷却，不断振荡试管，注意观察硼酸晶体的析出。

（2）硼酸的性质。取1支试管加入0.5g硼酸晶体和3mL蒸馏水，观察溶解情况，微热使固体全部溶解，冷却至室温，在点滴板上用pH试纸测定溶液的pH值。再往溶液中加入1滴甲基橙指示剂，振荡后观察现象。将溶液分成两份，一份用作比较，在另一份中加入几滴甘油，混匀，观察有何变化？

（3）硼酸酯的生成。在蒸发皿内加入少量硼酸固体，滴加几滴浓硫酸和少许乙醇，将此混合物用玻璃棒搅匀后点燃，观察硼酸三乙酯蒸气燃烧时产生的特征绿色火焰（硼的焰色反应），该实验可用于鉴别含硼的化合物。

（二）硼砂珠实验

（1）铂丝的清洁处理。在1支试管中，加入HCl(6mol/L)，用此盐酸清洗铂丝，然后将其置于氧化焰中灼烧片刻，取出再浸入酸中，如此反复数次直至铂丝在氧化焰中灼烧不产生离子特征的颜色，表示铂丝已经洗干净了。

（2）硼砂珠制备。用处理过的铂丝蘸取一些硼砂固体，在氧化焰中灼烧并熔融成圆珠，观察硼砂珠的颜色和状态。

（3）用硼砂珠鉴定钴盐和铬盐。用烧热的硼砂珠分别蘸上少量硝酸钴和三氯化铬固体，熔融之。冷却后观察硼砂珠的颜色，写出相应的反应方程式。

（三）碳酸盐的水解

用pH试纸测定Na_2CO_3(0.1mol/L)和$NaHCO_3$(0.1mol/L)的pH值；取$BaCl_2$(0.1mol/L)，$CuSO_4$(0.1mol/L)，$Al_2(SO_4)_3$(0.1mol/L)各2滴分别置于点滴板的3个凹穴中，再分别加入1滴Na_2CO_3(0.1mol/L)，观察现象，写出反应式。

（四）碳酸盐的热稳定性

在3支干燥的试管中分别放入约2g的$Cu_2(OH)_2CO_3$、$NaHCO_3$、Na_2CO_3固体，用带导管的木塞盖紧试管口，导管插入盛有饱和石灰水的试管中，加热试管底部，观察石灰水变浑浊的顺序，写出有关反应式。

（五）硅酸水凝胶的生成

向2mL Na_2SiO_3(0.5mol/L)溶液中逐滴加入HCl(6mol/L)，观察反应物的颜色和状态（如无凝胶生成，可微微加热）。

（六）硅酸盐的水解

用pH试纸测定Na_2SiO_3(0.5mol/L)溶液pH值；取10滴Na_2SiO_3(0.5mol/L)溶液于试管中，然后加入饱和NH_4Cl溶液，有何现象？并用湿润pH试纸检验逸出的气体。

（七）难溶性硅酸盐的生成——“水中花园”

在1只50mL烧杯中加入Na_2SiO_3(2mol/L)溶液约30mL，然后分别加入米粒大小的固体$CaCl_2 \cdot 6H_2O$、$CuSO_4 \cdot 5H_2O$、$ZnSO_4 \cdot 7H_2O$、$FeCl_3 \cdot 6H_2O$、$Co(NO_3)_2$、$NiSO_4 \cdot 7H_2O$，记住它们的位置，放置1h后观察“石笋”的生成。

（八）小设计

试用最简单的方法鉴别下列白色粉末固体物质：$NaHCO_3$、Na_2CO_3、Na_2SiO_3、$Na_2B_4O_7 \cdot 10H_2O$。

五、思考题

(1) 比较碳酸和硅酸性质的异同点。

(2) 用具玻璃塞的容器存放碱液时，塞子往往打不开，为什么，应如何存放碱液。

(3) 加进甘油后，为什么硼酸溶液的酸度会变大？

实验3　氮、磷

一、实验目的

(1) 掌握不同氧化值的氮的化合物的主要性质。

(2) 掌握磷酸盐的主要性质。

二、实验原理

（一）氮

氮有多种氧化态的化合物，铵盐热稳定性差，受热易分解。

NH_4^+的鉴定多采用气室法和奈氏试剂法。气室法就是向含有NH_4^+的溶液中加入强碱性溶液，逸出的气体使湿润的酚酞试纸变红。

亚硝酸是中强酸，可由强酸和亚硝酸盐制备。HNO_2热稳定性差，仅存在于冷水溶液中，其分解产物N_2O_3（蓝）受热歧化为NO_2和NO。反应式为：

$$2HNO_2 \rightleftharpoons N_2O_3 + H_2O \rightarrow NO_2 + NO + H_2O$$

亚硝酸及其盐既有氧化性又有还原性，通常以氧化性为主。反应式为：

$$2NO_2^- + 2I^- + 4H^+ = 2NO + 2I_2 + 2H_2O$$

$$5NO_2^- + 2MnO_4^- + 6H^+ = 5NO_3^- + 2Mn^{2+} + 3H_2O$$

硝酸是具有氧化性的强酸。硝酸盐大多不稳定，受热易分解。

NO_3^-可用棕色环法鉴定。在盛有 NO_3^- 试液的试管中加入少量 $FeSO_4 \cdot 7H_2O$晶体使其溶解，然后沿壁慢慢加入浓 H_2SO_4，由于浓 H_2SO_4密度大，它会流入溶液底部自成一相。在浓 H_2SO_4与试液界面上会发生如下反应：

$$3Fe^{2+} + NO_3^- + 4H^+ = 3Fe^{3+} + 2H_2O + NO$$

$$NO + FeSO_4 = [Fe(NO)SO_4]$$

由于 $[Fe(NO)SO_4]$ 呈棕色，因此在两液界面上形成棕色环。

NO_2^-也能与 $FeSO_4$作用产生棕色 $[Fe(NO)SO_4]$ 而干扰 NO_3^- 的鉴定。因此，当试液中有 NO_2^- 存在时，必须先加入固体 NH_4Cl 并加热以除去 NO_2^-。反应式为：

$$NO_2^- + NH_4^+ \xrightarrow{\triangle} N_2(g) + 2H_2O$$

（二）磷

$H_2PO_4^-$、HPO_4^{2-}、PO_4^{3-} 形成的不同类型的磷酸盐，其钠盐溶于水后由于水解呈现不同的酸碱性。在所有的磷酸盐溶液中加入 $AgNO_3$ 溶液，都得到 Ag_3PO_4 黄色沉淀。

$$3Ag^+ + PO_4^{3-} = Ag_3PO_4(s)$$

$$3Ag^+ + HPO_4^{2-} = Ag_3PO_4(s) + H^+$$

$$3Ag^+ + H_2PO_4^- = Ag_3PO_4(s) + 2H^+$$

H_3PO_4的各种钙盐在水中的溶解度各不相同，$Ca_3(PO_4)_2$、$CaHPO_4$ 难溶于水，$Ca(H_2PO_4)_2$则易溶于水。

$$2PO_4^{3-} + 3Ca^{2+} = Ca_3(PO_4)_2(s)$$

$$HPO_4^{2-} + Ca^{2+} = CaHPO_4(s)$$

在 $CaHPO_4$、$Ca(H_2PO_4)_2$ 中加入稀氨水时，由于氨水的中和作用，$CaHPO_4$ 沉淀转化为 $Ca_3(PO_4)_2$ 沉淀；$Ca(H_2PO_4)_2$ 生成 $CaHPO_4$ 沉淀，若氨水过量则生成 $Ca_3(PO_4)_2$ 沉淀。其反应式为：

$$3CaHPO_4 + 2NH_3 \cdot H_2O =$$

$$Ca_3(PO_4)_2(s) + 2NH_4^+ + HPO_4^{2-} + 2H_2O$$

$$Ca^{2+} + H_2PO_4^- + NH_3 \cdot H_2O = CaHPO_4(s) + NH_4^+ + H_2O$$

$$3Ca^{2+} + 2H_2PO_4^- + 4NH_3 \cdot H_2O = Ca_3(PO_4)_2(s) + 4NH_4^+ + 4H_2O$$

这些沉淀都溶于盐酸，反应式为：

$$CaHPO_4 + H^+ = Ca^{2+} + H_2PO_4^-$$

$$Ca_3(PO_4)_2 + 4H^+ = 3Ca^{2+} + 2H_2PO_4^-$$

在过量 HNO_3 存在下，PO_4^{3-} 能与 $(NH_4)_2MoO_4$ 生成黄色的12-钼磷酸铵沉淀，用于 PO_4^{3-} 的鉴定。反应式为：

$$PO_4^{3-} + 3NH_4^+ + 12MoO_4^{2-} + 24H^+ =$$

$$(NH_4)_3PO_4 \cdot 12MoO_3 \cdot 6H_2O(s) + 6H_2O$$

三、仪器、药品和材料

仪器：试管，试管夹，烧杯，酒精灯，点滴板。

液体药品：H_2SO_4（浓、3mol/L），$NaNO_2$（饱和、0.5mol/L），KI（0.1mol/L），$KMnO_4$（0.1mol/L），HNO_3（浓、0.5mol/L），$NaNO_3$（0.5mol/L），NaOH（0.5mol/L），Na_3PO_4（0.1mol/L），Na_2HPO_4（0.1mol/L），NaH_2PO_4（0.1mol/L），$CaCl_2$（0.5mol/L），$NH_3 \cdot H_2O$（2mol/L），HCl（2mol/L），NH_4Cl（0.1mol/L），HAc（6mol/L），奈氏试剂，对氨基苯磺酸，α-萘胺。

固体药品：NH_4Cl，NH_4NO_3，$(NH_4)_2SO_4$，KNO_3，$Cu(NO_3)_2$，$AgNO_3$，铝片，锌片，硫粉，$(NH_4)_2MoO_4$，$FeSO_4 \cdot 7H_2O$。

材料：pH 试纸，石蕊试纸。

四、实验内容

（一）铵盐的性质

（1）铵盐的热分解。分别在 3 支干燥的试管中加入约 0.5g NH_4Cl、NH_4NO_4、$(NH_4)_2SO_4$ 固体，用试管夹夹好，管口贴上一条已润湿的石蕊试纸，均匀加热试管底部。观察这三种铵盐的热分解的异同，分别写出反应式。在 NH_4Cl 试管中较冷的试管壁上附着的白色霜状物质是什么？如何证实？

（2）NH_4^+ 的鉴定。在点滴板的凹穴中加入 2 滴 NH_4Cl(0.1mol/L) 溶液，再加入 1 滴奈氏试剂，观察现象。

（二）亚硝酸及其盐的性质

（1）亚硝酸的生成与分解。取 1mL 饱和 $NaNO_2$ 溶液于试管中，将其置于冰水浴中冷却后，加入 1mL H_2SO_4(3mol/L) 溶液，观察反应情况和产物的颜色。将试管从冰水中取出，放置片刻，观察有何现象发生，写出相应的反应方程式。

（2）亚硝酸的氧化性。在试管中加入 2 滴 KI(0.1mol/L) 溶液，用 H_2SO_4(3mol/L) 酸化，然后逐滴加入 $NaNO_2$(0.5mol/L) 溶液，观察现象，写出反应方程式。

（3）亚硝酸的还原性。在试管中加入 2 滴 $KMnO_4$(0.1mol/L) 溶液，用 H_2SO_4(3mol/L) 酸化，再逐滴加入 $NaNO_2$(0.5mol/L) 溶液，观察现象，写出反应方程式。

（4）NO_2^- 的鉴定。在试管中加入 2 滴 $NaNO_2$(0.01mol/L) 溶液（用 0.1mol/L $NaNO_2$ 溶液稀释制备），加入几滴 HAc(6mol/L) 酸化后，再加入对氨基苯磺酸和 α-萘胺各 1 滴，观察现象。

（三）硝酸及其盐的性质

（1）硝酸的氧化性：

1）分别往两支各盛少量锌片的试管中加入 1mL 浓 HNO_3 和 1mL HNO_3(0.5mol/L) 溶液，观察这两个反应速率和反应产物有何不同，写出反应方程式。并验证稀硝酸与 Zn 反应产物中有 NH_3 或 NH_4^+ 的存在。

2）在试管内放入半粒米大小的硫粉，加入 0.5mL 浓 HNO_3，在水浴中加热到反应进行，观察有何气体产生？冷却，取少许反应后的溶液，在另一试管中检查有无 SO_4^{2-} 生成。

（2）硝酸盐的热分解。分别检验 KNO_3、$Cu(NO_3)_2$、$AgNO_3$ 固体的热分解，用火柴余烬检验反应生成的气体，说明它们热分解反应的异同。写出反应方程式。

（3）NO_3^- 的鉴定。棕色环实验：取 2 滴 $NaNO_3$(0.5mol/L) 溶液于试管中，加 $FeSO_4 \cdot 7H_2O$ 晶体少许，混合后将试管斜持手中，小心沿管壁加入 3～4 滴浓 H_2SO_4，让其自由流下，静置片刻，此时由于生成配合物 $[Fe(NO)SO_4]$ 于两层液体接触面出现棕色环。

（四）磷酸盐的性质

（1）磷酸盐的酸碱性。分别用 pH 试纸检验 Na_3PO_4(0.1mol/L)，Na_2HPO_4(0.1mol/L) 和 NaH_2PO_4(0.1mol/L) 溶液的 pH 值。

分别往 3 支试管中注入 0.5mL Na_3PO_4(0.1mol/L)，Na_2HPO_4(0.1mol/L) 和 NaH_2PO_4(0.1mol/L) 溶液，然后分别滴加适量 $AgNO_3$(0.1mol/L) 溶液，是否都有沉淀产生？静置一段时间后，用 pH 试纸试验上层澄清溶液的酸碱性，比较 Na_3PO_4、Na_2HPO_4 和 NaH_2PO_4 溶液中加入 $AgNO_3$ 溶液后，溶液酸碱性的改变。

（2）磷酸盐的溶解性。分别往 3 支试管中注入 0.5mL Na_3PO_4(0.1mol/L)，Na_2HPO_4(0.1mol/L) 和 NaH_2PO_4(0.1mol/L) 溶液，再各加入 0.5mL $CaCl_2$(0.5mol/L) 溶液，观察是否都有沉淀产生？再滴加 $NH_3 \cdot H_2O$(2mol/L)，各有何变化？继续滴加 HCl(2mol/L)，又有什么变化？

比较磷酸钙、磷酸氢钙、磷酸二氢钙的溶解性，说明它们之间相互转化的条件，写出反应方程式。

（3）PO_4^{3-} 的鉴定。向一支试管中加入 1mL Na_3PO_4(0.1mol/L) 溶液及 5 滴浓 HNO_3，再加入少量 $(NH_4)_2MoO_4$ 固体，加热观察反应产物的颜色和状态。

五、思考题

（1）用酸溶解磷酸银沉淀，在盐酸、硫酸、硝酸中选用哪一种最适宜，为什么？

（2）稀 HNO_3 对金属作用与稀 H_2SO_4 或稀 HCl 有何不同，为什么

一般不用 HNO_3 作为酸性反应的介质?

(3) 试比较磷酸钠盐(正盐和酸式盐)与 Ag^+ 和 Ca^{2+} 沉淀的异同点。

实验4 氧、硫

一、实验目的

(1) 了解 H_2O_2 的性质与实验室制备方法。

(2) 掌握硫的各种氧化态化合物的性质。

(3) 学习 SO_3^{2-}、$S_2O_3^{2-}$、SO_4^{2-} 的鉴定方法。

二、实验原理

(一) H_2O_2

H_2O_2 既可作氧化剂,又可作还原剂。当它作氧化剂时,其还原产物为 H_2O 或 OH^-;当它作还原剂时,其氧化产物为 O_2。例如,H_2O_2 能将 KI 氧化而析出 I_2。

$$2KI + H_2O_2 + H_2SO_4 = I_2 + K_2SO_4 + 2H_2O$$

当 H_2O_2 与强氧化剂如 $KMnO_4$ 作用时,它又显示出还原性。反应式为:

$$2KMnO_4 + 5H_2O_2 + 3H_2SO_4 = 2MnSO_4 + K_2SO_4 + 5O_2(g) + 8H_2O$$

H_2O_2 具有极弱的酸性,它在水溶液中能微弱解离出 H^+。

$$H_2O_2 \rightleftharpoons H^+ + HO_2^- \qquad K_{a1}^{\ominus} = 1.55 \times 10^{-12}$$

$$HO_2^- \rightleftharpoons H^+ + O_2^{2-} \qquad K_{a2}^{\ominus} = 10^{-25}$$

因此它能与某些碱直接反应而生成盐,如与 $Ba(OH)_2$ 的水溶液作用可析出 BaO_2 沉淀。反应式为:

$$Ba(OH)_2 + H_2O_2 + 6H_2O = BaO_2 \cdot 8H_2O(s)$$

H_2O_2 不太稳定,常温下容易分解。

$$2H_2O_2 = 2H_2O + O_2(g)$$

当有 MnO_2 或其他金属离子存在时,可加速 H_2O_2 的分解(发生催化分解）。

在酸性条件下，H_2O_2能与$K_2Cr_2O_7$反应生成蓝色的过氧化铬（CrO_5）。它能被萃取到乙醚中形成蓝色液层，但此化合物不稳定。可利用此反应来鉴定H_2O_2或$Cr_2O_7^{2-}$。反应式为：

乙醚层　$Cr_2O_7^{2-} + 2H^+ + 4H_2O_2 = 2CrO_5 + 5H_2O$

$CrO_5 + (C_2H_5)_2O = CrO_5 \cdot (C_2H_5)_2O$（深蓝色）

水层　$4CrO_5 + 12H^+ = 4Cr^{3+} + 7O_2(g) + 6H_2O$

（二）硫

硫在化合物中常见的氧化数有－2、＋4 和＋6。H_2S中硫的氧化数最低，因而H_2S具有还原性，是较强的还原剂。它与弱氧化剂作用生成S，与强氧化剂作用生成SO_4^{2-}。

在SO_2和亚硫酸中，S氧化数居中，有氧化还原性，但主要作为还原剂使用。若遇到较强的还原剂时，也可表现出弱氧化性。反应式为：

$$2H_2S + SO_2 = 3S(s) + 2H_2O$$

S^{2-}的鉴定常采用的方法有以下两种：

（1）S^{2-}与稀酸作用生成H_2S气体，它可使湿润的$Pb(Ac)_2$试纸变黑。反应式为：

$$S^{2-} + 2H^+ = H_2S(g)$$

$$H_2S + Pb(Ac)_2 = PbS(s) + 2HAc$$

（2）在弱碱性介质中，S^{2-}与$Na_2[Fe(CN)_5NO]$反应生成红紫色配合物。反应式为：

$$S^{2-} + [Fe(CN)_5NO]^{2-} = [Fe(CN)_5NOS]^{4-}$$

SO_3^{2-}在酸性条件下，能释放出还原性气体SO_2，它可以使KIO_3淀粉试纸变蓝，再变无色。反应式为：

$$5SO_2 + 2IO_3^- + 4H_2O = I_2 + 5SO_4^{2-} + 8H^+$$

$$SO_2 + I_2 + 2H_2O = 2I^- + SO_4^{2-} + 4H^+$$

利用此性质可以鉴定SO_3^{2-}。

$S_2O_3^{2-}$遇酸生成极不稳定的$H_2S_2O_3$，又很快分解而析出S，放出SO_2。反应式为：

$$S_2O_3^{2-} + 2H^+ = S(s) + SO_2(g) + H_2O$$

$S_2O_3^{2-}$与Ag^+作用产生不稳定的白色$Ag_2S_2O_3$沉淀，它在水中逐渐分解，沉淀的颜色由白→黄→棕，最后变成黑色的Ag_2S。反应式为：

$$2Ag^+ + S_2O_3^{2-} = Ag_2S_2O_3(s)$$

$$Ag_2S_2O_3 + H_2O = Ag_2S(s) + H_2SO_4$$

此反应用于鉴定$S_2O_3^{2-}$。

$K_2S_2O_8$是强氧化剂，在Ag^+催化下，它能将Mn^{2+}氧化成紫色的MnO_4^-。反应式为：

$$2Mn^{2+} + 5S_2O_8^{2-} + 8H_2O \xrightarrow{Ag^+} 2MnO_4^- + 10SO_4^{2-} + 16H^+$$

此反应可鉴定Mn^{2+}。

三、仪器、药品及材料

仪器：普通试管，离心试管，烧杯，酒精灯，点滴板。

液体药品：H_2SO_4（浓、2mol/L），H_2O_2（3%），NaOH（2mol/L），KI（0.1mol/L），$KMnO_4$（0.1mol/L），$K_2Cr_2O_7$（0.1mol/L），$MnSO_4$（0.1mol/L、0.002mol/L），$Pb(NO_3)_2$（0.1mol/L），$CuSO_4$（0.1mol/L），Na_2S（0.1mol/L），HCl（浓、2mol/L），$BaCl_2$（0.1mol/L），$AgNO_3$（0.1mol/L），$K_4[Fe(CN)_6]$（0.1mol/L），$NH_3 \cdot H_2O$（2mol/L），$ZnSO_4$（饱和），$Na_2[Fe(CN)_5NO]$（1%），硫代乙酰胺（0.1mol/L），HNO_3（浓），乙醚，碘水，氯水，品红试剂（0.1%）。

固体药品：MnO_2，$K_2S_2O_8$，Na_2O_2。

四、实验内容

（一）过氧化氢的生成和性质

（1）过氧化氢的生成。取少量Na_2O_2固体于小烧杯中，加少量蒸馏水溶解后，放入冰水中冷却，并搅拌，再滴加H_2SO_4（2mol/L）（冰水冷却）至溶液呈弱酸性，留做鉴定用。

（2）过氧化氢的性质：

1）H_2O_2的分解性。在4支试管各加入2mL H_2O_2(3%)溶液，然后在第1支试管中加入数滴NaOH(2mol/L)溶液；在第2支试管中加入数滴$FeCl_3$溶液；在第3支试管中加入几粒MnO_2；第4支试管留作比较。将4支试管同时放在水浴上加热，观察并比较各试管中H_2O_2分解的情况。用火柴余烬检验产生的气体，写出反应式。

2）H_2O_2的氧化还原性：

①在试管中取少量H_2O_2(3%)溶液以H_2SO_4(3mol/L)酸化，再滴加KI(0.1mol/L)溶液，观察溶液颜色的变化，解释实验现象并写出反应的化学方程式。

②在试管中取少量H_2O_2(3%)溶液以H_2SO_4(3mol/L)酸化，再滴加$KMnO_4$(0.1mol/L)溶液，观察溶液颜色的变化，解释实验现象并写出反应的化学方程式。

（3）过氧化氢的鉴定。在一试管中加入2mL实验(一)中(1)制得的H_2O_2，加0.5mL乙醚和1mL H_2SO_4(3mol/L)，再滴加3～4滴$K_2Cr_2O_7$(0.1mol/L)溶液，振荡试管，观察溶液和乙醚层颜色的变化。

（二）难溶硫化物的生成与溶解

取3支离心试管分别加入$MnSO_4$(0.1mol/L)，$Pb(NO_3)_2$(0.1mol/L)，$CuSO_4$(0.1mol/L)各0.5mL，然后各加入Na_2S(0.1mol/L)溶液，观察现象。离心分离，弃去溶液，洗涤沉淀。试验这些沉淀在HCl(2mol/L)，浓盐酸和浓硝酸中的溶解情况。

（三）硫的含氧酸及其盐的性质

（1）亚硫酸盐的氧化还原性。在试管中加入0.5mL Na_2SO_3(0.1mol/L)溶液，用H_2SO_4(3mol/L)酸化，观察有无气体产生。用湿润的pH试纸移近管口，有何现象？将溶液分成两份，一份中滴加硫代乙酰胺（0.1mol/L）溶液，另一份滴加$KMnO_4$(0.1mol/L)溶液，分别观察现象，并写出反应式。

（2）硫代硫酸盐的性质：

1）在试管中加入0.5mL $Na_2S_2O_3$(0.1mol/L)溶液，再滴加碘水，观察实验现象。

2）在试管中加入0.5mL $Na_2S_2O_3$(0.1mol/L)溶液，再加入数滴HCl(2mol/L)溶液，观察实验现象，用湿润的pH试纸检验逸出的气体。

3）在试管中加入 0.5mL $Na_2S_2O_3$(0.1mol/L)溶液，滴加氯水，再滴加 $BaCl_2$(0.1mol/L)溶液，检验反应后溶液中有 SO_4^{2-} 的存在。

4）在试管中加入 5 滴 $AgNO_3$(0.1mol/L)溶液，再滴加 $Na_2S_2O_3$(0.1mol/L)溶液至过量，观察实验现象并加以解释。

(3) 过二硫酸盐的氧化性。往有 2 滴 $MnSO_4$(0.002mol/L)溶液的试管中加入约 2mL H_2SO_4(3mol/L)溶液，2 滴 $AgNO_3$(0.1mol/L)溶液，再加入少量 $K_2S_2O_8$ 固体，水浴加热，溶液的颜色有什么变化？

另取一支试管，不加 $AgNO_3$ 溶液，进行同样实验。

比较上述两个实验的现象有什么不同，为什么？写出反应式。

(四) S^{2-}、SO_3^{2-}、$S_2O_3^{2-}$、SO_4^{2-} 的鉴定

(1) S^{2-} 的鉴定。在点滴板的凹穴中加入 1 滴 Na_2S(0.1mol/L)溶液，再加入 1 滴 $Na_2[Fe(CN)_5NO]$(1%)溶液，观察现象。

(2) SO_3^{2-} 的鉴定。取 1 滴 $ZnSO_4$ 饱和溶液置于点滴板凹穴中，再加入 1 滴 $K_4[Fe(CN)_6]$(0.1mol/L)溶液和 1 滴 $Na_2[Fe(CN)_5NO]$(1%)溶液，用 $NH_3 \cdot H_2O$(2mol/L)将溶液调到中性或弱酸性，最后滴加 1 滴 SO_3^{2-} 溶液，产生红色沉淀，示有 SO_3^{2-}。

(3) $S_2O_3^{2-}$ 的鉴定。在一支试管中加入 0.5mL $Na_2S_2O_3$(0.1mol/L)溶液，再逐滴加入 $AgNO_3$(0.1mol/L)溶液，观察沉淀由白变黄变棕最后变黑的现象，写出离子反应方程式。

(4) SO_4^{2-} 的鉴定。在离心试管中加入 0.5mL(0.1mol/L) Na_2SO_4 溶液和 0.5mL $BaCl_2$(0.1mol/L)溶液，观察沉淀的颜色，离心分离，弃去溶液，往沉淀中加入浓 HCl，沉淀是否溶解？写出反应式。

五、思考题

(1) Mn^{2+} 被 $S_2O_8^{2-}$ 氧化生成 MnO_4^- 时，如果用 $MnCl_2$ 而不是 $MnSO_4$，行吗？

(2) 长久放置的硫化氢、硫化钠、亚硫酸钠水溶液会发生什么变化，如何判断变化情况？

(3) 如何区别硫酸钠、亚硫酸钠、硫代硫酸钠、硫化钠。

实验5　铬、锰

一、实验目的

（1）了解铬和锰的各种常见化合物的生成和性质。

（2）掌握铬和锰的各种氧化态之间的转化条件。

（3）了解铬和锰化合物的氧化还原性及介质对氧化还原产物的影响。

二、实验原理

（一）铬

在酸性条件下，用锌还原 Cr^{3+} 或 $Cr_2O_7^{2-}$ 可得到天蓝色的 Cr^{2+}：

$$2Cr^{3+} + Zn = 2Cr^{2+} + Zn^{2+}$$

$$Cr_2O_7^{2-} + 4Zn + 14H^+ = 2Cr^{2+} + 4Zn^{2+} + 7H_2O$$

灰绿色的 $Cr(OH)_3$ 呈两性：

$$Cr(OH)_3 + 3H^+ = Cr^{3+} + 3H_2O$$

$$Cr(OH)_3 + OH^- = [Cr(OH)_4]^- \text{（亮绿色）}$$

向含有 Cr^{3+} 的溶液中加 Na_2S 并不生成 Cr_2S_3，因为 Cr_2S_2 在水中完全水解：

$$2Cr^{3+} + 3S^{2-} + 6H_2O = 2Cr(OH)_3 + 3H_2S(g)$$

在碱性溶液中，$[Cr(OH)_4]^-$ 具有较强的还原性，可被 H_2O_2 氧化为 CrO_4^{2-}：

$$2[Cr(OH)_4]^- + 3H_2O_2 + 2OH^- = 2CrO_4^{2-} + 8H_2O$$

但在酸性溶液中，Cr^{3+} 的还原性较弱，只有像 $K_2S_2O_8$ 或 $KMnO_4$ 等强氧化剂才能将 Cr^{3+} 氧化为 $Cr_2O_7^{2-}$，例如：

$$2Cr^{3+} + 3S_2O_8^{2-} + 7H_2O = Cr_2O_7^{2-} + 6SO_4^{2-} + 14H^+$$

在酸性溶液中，$Cr_2O_7^{2-}$ 是强氧化剂，例如：

$$K_2Cr_2O_7 + 14HCl = 2CrCl_3 + 3Cl_2(g) + 7H_2O + 2KCl$$

重铬酸盐的溶解度较铬酸盐的溶解度大，因此，向重铬酸盐溶液

中加入 Ag^+、Pb^{2+}、Ba^{2+} 等离子时，通常生成铬酸盐沉淀，例如：

$$Cr_2O_7^{2-} + 4Ag^+ + H_2O = 2Ag_2CrO_4(s)(\text{砖红色}) + 2H^+$$

$$Cr_2O_7^{2-} + 2Ba^{2+} + H_2O = 2BaCrO_4(s)(\text{黄色}) + 2H^+$$

在酸性溶液中，$Cr_2O_7^{2-}$ 与 H_2O_2 能生成深蓝色的 $CrO(O_2)_2$ 配合物，但它不稳定，主要反应：

$$Cr_2O_7^{2-} + 4H_2O_2 + 2H^+ = 2CrO(O_2)_2(\text{深蓝色}) + 5H_2O$$

$$CrO(O_2)_2 + (C_2H_5)_2O = CrO(O_2)_2(C_2H_5)_2O(\text{深蓝色})$$

$$4CrO(O_2)_2 + 12H^+ = 4Cr^{3+} + 7O_2(g) + 6H_2O$$

这些反应可用来鉴定 Cr(Ⅵ)或 Cr(Ⅲ)。

(二) 锰

$Mn(OH)_2$ 易被氧化：

$$Mn^{2+} + 2OH^- = Mn(OH)_2(s)(\text{白色})$$

$$2Mn(OH)_2 + O_2 = 2MnO(OH)_2(s)(\text{棕色})$$

在硫酸中，$MnSO_4$ 与 $KMnO_4$ 反应后可生成深红色的 Mn^{3+}（实际是硫酸根的配合物）：

$$4Mn^{2+} + MnO_4^- + 8H^+ = 5Mn^{3+} + 4H_2O$$

Mn^{3+} 存在于浓硫酸中，若酸度降低，则歧化为 Mn^{2+} 和 MnO_2：

$$2Mn^{3+} + 2H_2O = Mn^{2+} + MnO_2(s) + 4H^+$$

在中性或近中性溶液中，MnO_4^- 与 Mn^{2+} 反应生成 $MnO_2(s)$：

$$3Mn^{2+} + 2MnO_4^- + 2H_2O = 5MnO_2(s) + 4H^+$$

在酸性介质中，MnO_2 是较强的氧化剂，本身还原为 Mn^{2+}：

$$2MnO_2 + 2H_2SO_4(\text{浓}) = 2MnSO_4 + O_2(g) + 2H_2O$$

$$MnO_2 + 4HCl(\text{浓}) = MnCl_2 + 2H_2O + Cl_2(g)$$

后一反应用于实验室中制取少量氯气。

在强碱性溶液中，MnO_4^- 能发生下列反应，生成浅蓝色不稳定的 MnO_3^-，并放出氧气：

$$2MnO_4^- \longrightarrow 2MnO_3^- + O_2(g)$$

在强碱性条件下，强氧化剂能把 MnO_2 氧化成绿色的 MnO_4^{2-}：

$$2MnO_4^- + MnO_2 + 4OH^- \longrightarrow 3MnO_4^{2-} + 2H_2O$$

MnO_4^{2-} 只有在强碱性（pH 值大于 12.5）溶液中才能稳定存在，在中性或酸性介质中，MnO_4^{2-} 发生歧化反应：

$$3MnO_4^{2-} + 4H^+ \longrightarrow 2MnO_4^- + MnO_2(s) + 2H_2O$$

在有 HNO_3 存在下，Mn^{2+} 能被 $NaBiO_3$ 或 PbO_2 氧化成 MnO_4^-，例如：

$$5NaBiO_3 + 2Mn^{2+} + 14H^+ \longrightarrow 2MnO_4^- + 5Bi^{3+} + 7H_2O + 5Na^+$$

用此反应可鉴定 Mn^{2+} 的存在。

三、仪器、药品和材料

仪器：离心机，离心试管，普通试管。

液体药品：HNO_3（6mol/L、浓），H_2SO_4（2mol/L、6mol/L、浓），HCl（2mol/L、6mol/L、浓），H_2S（饱和），NaOH（2mol/L、6mol/L、10mol/L），$NH_3 \cdot H_2O$（2mol/L），$AgNO_3$（0.1mol/L），$BaCl_2$（0.1mol/L），$MnSO_4$（0.1mol/L、0.5mol/L），$Cr_2(SO_4)_3$（0.1mol/L），$CrCl_3$（0.1mol/L），Na_2S（0.1mol/L），$Pb(NO_3)_2$（0.1mol/L），K_2CrO_4（0.1mol/L），$K_2Cr_2O_7$（0.1mol/L），$KMnO_4$（0.01mol/L、0.1mol/L），$BaCl_2$（0.1mol/L），戊醇（或乙醚），H_2O_2（3%）。

固体药品：锌粉，$K_2S_2O_8$，MnO_2，$NaBiO_3$，PbO_2，$KMnO_4$，$K_2Cr_2O_7$。

材料：淀粉 KI 试纸。

四、实验内容

（一）铬的化合物的性质

（1）Cr^{2+} 的生成。在 1mL $CrCl_3$ 溶液（0.1mol/L）中加入 1mL HCl 溶液（6.0mol/L），再向试管中加入少量锌粉，微热，有大量气体逸出，观察溶液的颜色由暗绿色变为天蓝色。用滴管将上部清液转移到另一支试管中，在其中加入数滴浓 HNO_3，观察溶液颜色有何变化？写出反应的化学方程式。

（2）氢氧化铬的生成和酸碱性。用 $CrCl_3$ 溶液（0.1mol/L）和

NaOH 溶液（2mol/L）生成灰绿色 $Cr(OH)_3$，检验它的酸碱性。

（3）Cr(Ⅲ)的还原性：

1）在 $CrCl_3$ 溶液（0.1mol/L）中加入过量 NaOH 溶液（2mol/L），使其呈亮绿色，再向试管中加入 H_2O_2(3%)，微热，观察试管中溶液颜色的变化，写出反应的化学方程式。

2）在 $Cr_2(SO_4)_3$ 溶液（0.1mol/L）中加入少量 $K_2S_2O_8$(s)，酸化，加热，观察试管中溶液颜色的变化，写出反应的化学方程式。

（4）在 Na_2S 溶液中完全水解。在 $Cr_2(SO_4)_3$ 溶液（0.1mol/L）中逐滴加入 Na_2S 溶液（0.1mol/L），观察试管中有何现象？（可微热）怎样证明有 H_2S 逸出？写出反应的化学方程式。

（5）CrO_4^{2-} 和 $Cr_2O_7^{2-}$ 的相互转化：

1）在 K_2CrO_4 溶液(0.1mol/L)中逐滴加入 H_2SO_4 溶液(2mol/L)，然后逐滴加入 NaOH 溶液（2mol/L），观察溶液颜色的变化，解释现象，并写出 CrO_4^{2-} 和 $Cr_2O_7^{2-}$ 之间转化的平衡方程式。

2）在两支试管中分别加入几滴 K_2CrO_4 溶液（0.1mol/L）和几滴 $K_2Cr_2O_7$ 溶液（0.1mol/L），然后分别滴加 $Pb(NO_3)_2$ 溶液（0.1mol/L），比较两支试管中生成的沉淀的颜色。解释现象并写出反应的化学方程式。

3）用 $AgNO_3$ 溶液（0.1mol/L），$BaCl_2$ 溶液（0.1mol/L）代替 $Pb(NO_3)_2$ 溶液，重复本实验（5）中 2）的操作。

（6）Cr(Ⅵ)的氧化性：

1）在 $K_2Cr_2O_7$ 溶液中滴加 H_2S 溶液，有何现象？写出反应的化学方程式。

2）取少量 $K_2Cr_2O_7$(s)，另加入 10 滴浓 HCl 溶液，观察有何现象？写出反应的化学方程式。

（7）Cr^{3+} 的鉴定。取 5 滴含有 Cr^{3+} 的溶液，加入过量的 NaOH 溶液（6mol/L），使溶液呈亮绿色。然后滴加 H_2O_2 溶液（3%），微热至溶液呈黄色，待试管冷却后，再补加几滴 H_2O_2 和 0.5mL 戊醇（或乙醚），慢慢滴加 HNO_3 溶液（6mol/L），振荡试管，戊醇层出现深蓝色，表示有 Cr^{3+} 存在。写出各步反应的化学方程式。

（二）锰的化合物的性质

（1）$Mn(OH)_2$ 的生成和性质。在3支试管中，各加入0.5mL $MnSO_4$溶液（0.1mol/L），再分别加入NaOH溶液（6mol/L）至有白色沉淀生成。其中一支试管在空气中静置，注意观察现象并解释，另外两支迅速检验其酸碱性。

（2）MnS的生成和性质。在$MnSO_4$溶液（0.1mol/L）中滴加H_2S（饱和），有无沉淀生成？再滴加$NH_3 \cdot H_2O$溶液（2mol/L），振荡试管，有无沉淀？

（3）MnO_2的生成和性质：

1）将$KMnO_4$溶液（0.01mol/L）和$MnSO_4$溶液（0.5mol/L）混合，是否有MnO_2沉淀生成？

2）用MnO_2和浓盐酸制备Cl_2，并检验之。

（4）MnO_4^{2-}的生成和性质。在2mL $KMnO_4$溶液（0.1mol/L）中，加入1mL NaOH溶液（10mol/L），再加少量$MnO_2(s)$，加热，搅动，沉降片刻，观察上层清液的颜色。取清液于另一试管中，用硫酸酸化有何现象？为什么？

（5）Mn^{2+}的鉴定。取2滴$MnSO_4$溶液（0.1mol/L）和数滴HNO_3溶液（6.0mol/L），再加少量$NaBiO_3(s)$，振荡试管，静置沉降，上层清液呈紫红色，表示有Mn^{2+}存在。

（6）Mn^{2+}和Cr^{3+}的分离与鉴定。某溶液中含有Mn^{2+}和Cr^{3+}，试分离和鉴定之，写出分离步骤和有关反应的化学方程式。

五、思考题

（1）如何用实验来确定$Cr(OH)_3$和$Mn(OH)_2$的酸碱性？$Mn(OH)_2$在空气中为什么会变色？

（2）怎样实现$Cr^{3+} \rightarrow [Cr(OH)_4]^- \rightarrow Cr_2O_7^{2-} \rightarrow CrO(O_2)_2 \rightarrow Cr^{3+}$及$Mn^{2+} \rightarrow MnO_2 \rightarrow MnO_4^{2-} \rightarrow MnO_4^- \rightarrow Mn^{2+}$的转化，各用化学方程式表示之。

（3）如何鉴定Cr^{3+}或Mn^{2+}的存在？

（4）在含有Cr^{3+}的溶液中加入Na_2S为什么得不到Cr_2S_3，在含有Mn^{2+}的溶液中通入H_2S能否得到MnS沉淀，怎样才能得到MnS沉淀？

(5) 怎样存放 $KMnO_4$ 溶液，为什么？

实验6 铁、钴、镍

一、实验目的

(1) 了解 Fe(Ⅱ)、Fe(Ⅲ)、Co(Ⅱ)、Co(Ⅲ)、Ni(Ⅱ)和 Ni(Ⅲ)的氢氧化物和硫化物的生成和性质。

(2) 了解 Fe^{2+} 的还原性和 Fe^{3+} 的氧化性。

(3) 了解 Fe(Ⅱ)、Fe(Ⅲ)、Co(Ⅱ)、Co(Ⅲ)、Ni(Ⅱ)和 Ni(Ⅲ)的配合物的生成和性质。

(4) 学习 Fe^{2+}、Fe^{3+}、Co^{2+} 和 Ni^{2+} 等离子的鉴定方法。

二、实验原理

Fe(Ⅱ)、Co(Ⅱ)、Ni(Ⅱ)的氢氧化物依次为白色、粉红色、苹果绿。$Fe(OH)_2$ 具有很强的还原性，易被空气中的氧气氧化：

$$4Fe(OH)_2 + O_2 + 2H_2O = 4Fe(OH)_3(s)(\text{棕红色})$$

在 $Fe(OH)_2$ 转变为 $Fe(OH)_3$ 的过程中，有中间产物 $Fe(OH)_2 \cdot Fe(OH)_3$（黑色）生成，可以看到颜色由白色→土绿色→黑色→棕红色的变化过程。因此，制备 $Fe(OH)_2$ 时必须将有关试剂煮沸除氧，即使这样做，有时白色的 $Fe(OH)_2$ 也难以看到。$CoCl_2$ 溶液与 OH^- 反应先生成碱式氯化钴沉淀，继续加 OH^- 时才生成 $Co(OH)_2$。

$$Co^{2+} + Cl^- + OH^- = Co(OH)Cl(s)(\text{蓝色})$$

$$Co(OH)Cl + OH^- = Co(OH)_2(s) + Cl^-$$

$Co(OH)_2$ 也能被空气的氧气慢慢氧化。

$$4Co(OH)_2 + O_2 + 2H_2O = 4Co(OH)_3(s)(\text{褐色})$$

$Ni(OH)_2$ 在空气中是稳定的，$Fe(OH)_2$、$Co(OH)_2$、$Ni(OH)_2$ 均显碱性，但 $Fe(OH)_2$ 对碱显示出弱的反应能力，$Co(OH)_2$ 具有两性。

$Fe(OH)_3$、$Co(OH)_3$、$Ni(OH)_3$ 显碱性，颜色依次为棕色、褐色、黑色。$Fe(OH)_3$ 与酸反应生成盐，$Co(OH)_3$ 和 $Ni(OH)_3$ 因为有较强的氧化性，与盐酸反应时得不到相应的盐，而生成 Co(Ⅱ)、Ni(Ⅱ)

的盐，并放出氯气。例如：

$$2Co(OH)_3 + 6HCl(浓) = 2CoCl_2 + Cl_2(g) + 6H_2O$$

$Co(OH)_3$和$Ni(OH)_3$通常由Co(Ⅱ)、Ni(Ⅱ)的盐在碱性条件下由强氧化剂（如Br_2、NaClO、Cl_2等）氧化而得到。例如：

$$2Ni^{2+} + 6OH^- + Br_2 = 2Ni(OH)_3(s) + 2Br^-$$

Fe^{2+}、Co^{2+}和Ni^{2+}等离子都有颜色，如Fe^{2+}的溶液呈浅绿色，Ni^{2+}的溶液呈绿色，而Fe^{3+}的溶液呈淡紫色（由于水解生成$[Fe(H_2O)_5(OH)]^{2+}$而使溶液呈棕黄色）。工业盐酸常呈黄色是由于生成$[FeCl_4]^-$的缘故。

在稀酸中不能生成FeS、CoS及NiS沉淀，在非酸性条件下，CoS和NiS生成沉淀后由于结构改变而难溶于酸。

铁、钴、镍均能形成多种配合物。Fe^{2+}和Fe^{3+}与氨水反应只生成$Fe(OH)_2$和$Fe(OH)_3$，而不生成氨合物，Co^{2+}和Ni^{2+}与氨水反应先生成碱式盐沉淀，然后溶于过量氨水，形成配合物：

$$CoCl_2 + NH_3 \cdot H_2O = Co(OH)Cl(s) + NH_4Cl$$

$$Co(OH)Cl + 5NH_3 + NH_4^+ = [Co(NH_3)_6]^{2+}(土黄色) + Cl^- + H_2O$$

$$2NiSO_4 + 2NH_3 \cdot H_2O = Ni_2(OH)_2SO_4(浅绿色) + (NH_4)_2SO_4$$

$$Ni_2(OH)_2SO_4 + 10NH_3 + 2NH_4^+ = 2[Ni(NH_3)_6]^{2+}(蓝色) + SO_4^{2-} + 2H_2O$$

$[Co(NH_3)_6]^{2+}$不稳定，易被空气氧化为$[Co(NH_3)_6]^{3+}$。

$$4[Co(NH_3)_6]^{2+} + O_2 + 2H_2O = 4[Co(NH_3)_6]^{3+}(棕红色) + 4OH^-$$

$[Ni(NH_3)_6]^{2+}$在空气中是稳定的，只有强氧化剂才能使之变为$[Ni(NH_3)_6]^{3+}$。例如：

$$2[Ni(NH_3)_6]^{2+} + Br_2 = 2[Ni(NH_3)_6]^{3+} + 2Br^-$$

$K_4[Fe(CN)_6] \cdot H_2O(s)$为黄色，俗称为黄血盐，$K_3[Fe(CN)_6](s)$深红色，俗称为赤血盐（水溶液呈土黄色），它们分别与Fe^{3+}或Fe^{2+}形成蓝色沉淀。

Fe^{3+}与SCN^-形成血红色的配合物：

$$Fe^{3+} + nSCN^- = [Fe(SCN)_n]^{3-n} \quad (n = 1 \sim 6 \text{ 均为红色})$$

此反应很灵敏，常用来检验 Fe^{3+} 的存在（该反应必须在酸性溶液中进行，否则会因为 Fe^{3+} 的水解而得不到 $[Fe(SCN)_n]^{3-n}$）。Co^{2+} 与 SCN^- 反应生成 $[Co(SCN)_4]^{2-}$（蓝色），它在水溶液中不稳定，在丙酮或戊醇等有机溶剂中较为稳定。此反应用来鉴定 Co^{2+} 的存在。Ni^{2+} 与 SCN^- 也能形成配合物：

$$Ni^{2+} + 4SCN^- = [Ni(SCN)_4]^{2-}$$

Ni^{2+} 与二酮肟（又称为乙酰二酮肟，或者简称丁二酮肟）反应得到玫瑰红色的内配盐。

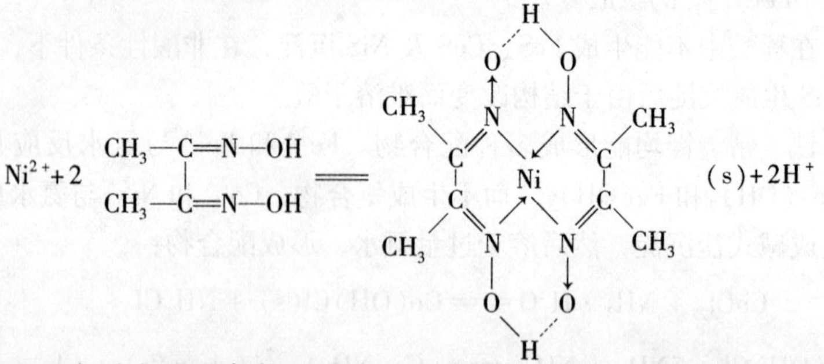

此反应需在弱酸条件下进行，酸度过大不利于内配盐的生成；碱性过大则生成 $Ni(OH)_2$ 沉淀，适宜条件是 pH = 5 ~ 10。反应式可简写为：

$$Ni^{2+} + 2DMG \longrightarrow Ni(DMG)_2(s) + 2H^+$$

此反应十分灵敏，常用来鉴定 Ni^{2+} 的存在。

Fe^{2+}、Co^{2+} 与 F^- 形成六配位的配合物。Co^{2+}、Fe^{3+} 与 Cl^- 仅形成不稳定的四配位的配合物。

三、仪器、药品和材料

仪器：离心机，点滴板，离心试管、普通试管。

液体药品：HCl（2mol/L、浓），H_2SO_4（2mol/L），H_2S（2mol/L、饱和），NaOH（2mol/L、1mol/L），$NH_3 \cdot H_2O$（2mol/L、6mol/L），$Fe(NO_3)_3$（0.1mol/L），NH_4Cl（1mol/L），$FeCl_3$（1mol/L、0.5mol/L、0.1mol/L），$CoCl_2$（0.1mol/L、0.5mol/L、2mol/L），$FeSO_4$（0.1mol/L），

$NiSO_4$(0.5mol/L、0.1mol/L)，KI(0.02mol/L)，$KMnO_4$(0.01mol/L)，NaF(1mol/L)，KSCN(1mol/L、饱和)，$K_4[Fe(CN)_6]$(10mol/L、0.1mol/L)，$K_3[Fe(CN)_6]$(0.1mol/L)，H_2O_2(3%)，溴水，碘水，丁二酮肟（1%），丙酮，淀粉溶液。

固体药品：$FeSO_4 \cdot 7H_2O$，KSCN，Cu。

材料：淀粉KI试纸。

四、实验内容

（一）Fe(Ⅱ)，Co(Ⅱ)，Ni(Ⅱ)氢氧化物的生成和性质

（1）$Fe(OH)_2$的生成和性质。取A，B两支试管，在A管中加入2mL蒸馏水和几滴H_2SO_4溶液（2mol/L），煮沸以驱除溶解的氧气，然后加少量$FeSO_4 \cdot 7H_2O$(s)使之溶解；在B试管中加入1mL NaOH溶液（2mol/L），煮沸驱氧，冷却后用一长滴管吸取该溶液，迅速插入A试管溶液底部，挤出NaOH溶液，观察产物的颜色、状态。振荡后将其分别装于3支试管中，其一放在空气中静置，另两个试管分别加HCl溶液（2mol/L）和NaOH溶液（2mol/L），观察实验现象，写出有关反应的化学方程式。

（2）$Co(OH)_2$的生成和性质。在A，B，C 3支离心试管中各加入5滴$CoCl_2$溶液（0.5mol/L），再逐滴加入NaOH溶液（2mol/L），观察沉淀颜色的变化，将A，B试管离心分离，弃去清液，A管加HCl(2mol/L)，B管加NaOH溶液（2mol/L），C管在空气中静置。观察实验现象，写出有关反应的化学方程式。

（3）用$NiSO_4$溶液（0.5mol/L）代替$CoCl_2$溶液重复实验内容（一）中（2）的操作。

通过上述3个实验归纳出Fe(Ⅱ)、Co(Ⅱ)、Ni(Ⅱ)的氢氧化物的酸碱性和它们的还原性强弱的顺序。

（4）$Fe(OH)_3$的生成和性质。取几滴$FeCl_3$溶液（0.1mol/L）于试管中，再滴加NaOH溶液（2mol/L），观察沉淀的颜色和状态。

（5）$Co(OH)_3$的生成和性质。取几滴$CoCl_2$溶液（0.5mol/L）于试管中，加几滴溴水，然后加入NaOH溶液（2mol/L），摇荡试管，观察沉淀的颜色和状态。离心分离，弃去清液，在沉淀中加入浓盐酸，并用KI淀粉试纸检验逸出的气体。写出有关反应的

化学方程式。

(6) $Ni(OH)_3$的生成和性质。用 $NiSO_4$ 溶液 (0.5mol/L) 代替 $CoCl_2$溶液重复实验 (5) 的操作。

通过实验 (4)、(5)、(6), 能得出什么结论?

(二) 铁盐的性质

(1) Fe^{2+}、Fe^{3+}的水解性。在两支试管中分别加入 1mL $FeSO_4$溶液 (0.1mol/L) 和 1mL $FeCl_3$溶液 (0.1mol/L), 再各加入 1mL 蒸馏水, 加热煮沸有何现象? 写出反应的化学方程式。

(2) Fe^{2+}的还原性:

1) 取几滴 $KMnO_4$ 溶液 (0.01mol/L), 用 H_2SO_4(2mol/L)酸化后, 滴加 $FeSO_4$ 溶液 (0.1mol/L), 再加 2 滴 $K_4[Fe(CN)_6]$ 溶液 (0.1mol/L), 观察有何现象产生? 写出反应的化学方程式。

2) 取 0.5mL $FeSO_4$(0.1mol/L), 酸化后滴加 H_2O_2溶液 (3%), 微热, 观察溶液颜色的变化。再加入 2 滴 $K_4[Fe(CN)_6]$ 溶液 (0.1mol/L), 观察现象, 写出反应的化学方程式。

3) 在碘水中加 2 滴淀粉溶液, 再逐滴加入 $FeSO_4$溶液 (0.1mol/L), 溶液有无变化?

4) 用 $K_4[Fe(CN)_6]$ 溶液 (0.1mol/L) 代替 $FeSO_4$ 溶液 (0.1mol/L), 重复实验 (2) 中 3) 的操作。

(3) Fe^{3+}的氧化性:

1) 在 $FeCl_3$溶液 (0.1mol/L) 中, 加入 KI 溶液 (0.02mol/L), 再加 2 滴淀粉溶液, 有何现象? 用 $K_3[Fe(CN)_6]$ 溶液 (0.1mol/L) 代替 $FeCl_3$溶液重复这一实验。

2) 在 $FeCl_3$溶液 (0.1mol/L) 中, 滴加 H_2S 溶液 (饱和), 观察有何现象?

3) 在 1mL $FeCl_3$溶液 (0.1mol/L) 中, 浸入一小片铜, 观察试管中溶液颜色的变化。

(三) Fe(Ⅱ), Co(Ⅱ), Ni(Ⅱ)的硫化物的性质

在 3 支试管中分别加入 1mL 下列溶液: $FeSO_4$溶液 (0.1mol/L), $CoCl_2$溶液 (0.1mol/L) 和 $NiSO_4$溶液 (0.1mol/L), 用稀 HCl 酸化后滴加 H_2S 溶液 (饱和), 有无沉淀生成? 再加入 $NH_3 \cdot H_2O$ 溶液

(2mol/L)，观察沉淀的生成。

（四）铁、钴、镍配合物的生成和性质

（1）在 3 支试管中分别加入 0.5mL 下列溶液：$FeSO_4$(0.1mol/L)，$CoCl_2$(0.1mol/L) 和 $NiSO_4$ (0.1mol/L)，再各加几滴 NH_4Cl 溶液 (1mol/L)，然后加入适量 $NH_3 \cdot H_2O$(2mol/L)，有何现象？摇荡后静置片刻又有何变化？写出反应的化学方程式。

（2）在 A、B、C 3 支试管中分别加入 0.5mL 下列溶液：$FeCl_3$ (0.1mol/L)，$CoCl_2$(0.1mol/L) 和 $NiSO_4$(0.1mol/L)，再加几滴 NH_4Cl (1mol/L)，然后加入过量 $NH_3 \cdot H_2O$(6mol/L)，再往 B、C 试管中加几滴溴水，摇荡后观察现象，写出反应的化学方程式。

（3）在 $K_4[Fe(CN)_6]$ 溶液（1mol/L）中滴加 NaOH 溶液 (1mol/L) 和 $FeCl_3$ 溶液（0.1mol/L），观察产物颜色并解释之。在 $K_3[Fe(CN)_6]$ 溶液（0.1mol/L）中滴加 NaOH 溶液（2mol/L）和 $FeSO_4$ 溶液（0.1mol/L），观察现象并写出反应的化学方程式。

（4）在 $FeCl_3$ 溶液（0.1mol/L）中滴加 2 滴 KSCN 溶液（1mol/L），有何现象？再滴加 NaF 溶液（1mol/L），有无变化？写出反应的化学方程式。

（5）取 5 滴 $CoCl_2$ 溶液（0.1mol/L），加入几滴 KSCN 饱和溶液，再加几滴丙酮，观察实验现象。

（6）取 2 滴 $NiSO_4$ 溶液（0.1mol/L），加几滴 $NH_3 \cdot H_2O$ 溶液 (2mol/L)，再加 2 滴丁二酮肟，观察实验现象。

（五）混合离子的分离与鉴定

（1）Fe^{3+} 和 Co^{2+} 的混合溶液。

（2）Fe^{3+} 和 Ni^{2+} 的混合溶液。

（3）Fe^{3+}、Cr^{3+} 和 Co^{2+} 的混合溶液。

五、思考题

（1）制取 $Fe(OH)_2$ 时为什么先将有关溶液煮沸？

（2）制取 $Co(OH)_3$、$Ni(OH)_3$ 时，为什么要以 Co(Ⅱ)、Ni(Ⅱ) 为原料在碱性溶液中进行氧化，而不用 Co(Ⅲ)、Ni(Ⅲ) 直接制取？

（3）在 $Co(OH)_3$ 沉淀中加入浓 HCl 溶液后，有时溶液颜色呈蓝色，加水稀释后呈粉红色，为什么？

实验 7　铜、银

一、实验目的

（1）了解铜、银的氢氧化物与氧化物的生成和性质。

（2）了解 Cu^{2+} 与 Cu^{+} 的相互转化条件及 Cu^{2+}、Ag^{+} 的氧化性。

（3）了解铜、银配合物的生成和性质。

二、实验原理

Ag^{+} 与氨水反应能生成银氨配位离子 $[Ag(NH_3)_2]^{+}$；Ag^{+} 与 NaOH 反应只能得到棕褐色的 Ag_2O，因为 AgOH 很不稳定，温室下就易脱水。例如：

$$Ag^{+} + 2NH_3 = [Ag(NH_3)_2]^{+}$$

$$2Ag^{+} + 2OH^{-} = 2AgOH(s) \longrightarrow Ag_2O(s) + H_2O$$

在水溶液中，Cu^{2+} 具有不太强的氧化性，可氧化 I^{-}，SCN^{-} 等，例如：

$$2Cu^{2+} + 4I^{-} = \underset{\text{白色}}{2CuI(s)} + I_2$$

I^{-} 过量会使 CuI 转化为 $[CuI_2]^{-}$。在弱酸性条件下，Cu^{2+} 与 $[Fe(CN)_6]^{4-}$ 反应生成棕红色的 $Cu_2[Fe(CN)_6]$。

$$2Cu^{2+} + [Fe(CN)_6]^{4-} = Cu_2[Fe(CN)_6](s)$$

此反应用来检验 Cu^{2+} 的存在，在加热的碱性溶液中，Cu^{2+} 能氧化醛类或者糖类，并有暗红色的 Cu_2O 生成。

$$2[Cu(OH)_4]^{2-} + C_6H_{12}O_6 = Cu_2O(s) + C_6H_{12}O_7 + 2H_2O + 4OH^{-}$$

这一反应在有机化学上用来检验某些糖类的存在。在浓盐酸中 Cu^{2+} 能将 Cu 氧化成 Cu^{+}。

$$Cu^{2+} + Cu + 4HCl = \underset{\text{泥黄色}}{2[CuCl_2]^{-}} + 4H^{+}$$

用水稀释后有白色的 CuCl 生成。

$$2[CuCl_2]^{-} = 2CuCl(s) + 2Cl^{-}$$

含有 $[Ag(NH_3)_2]^{+}$ 的溶液在煮沸时也能将醛类或者某些糖类氧

化，本身还原为Ag。

$$2[Ag(NH_3)_2]^+ + HCHO + 3OH^- \longrightarrow HCOO^- + 2Ag(s) + 4NH_3(g) + 2H_2O$$

工业上利用这类反应来制造镜子或暖水瓶夹层上的银镜。

Cu(Ⅰ)的卤化物（Cl^-、Br^-、I^-）、氰化物、硫化物、硫氰化物均难溶于水，其溶解度按Cl^-、Br^-、I^-、SCN^-、CN^-、S^{2-}顺序减小。CuX与$[CuX_2]^-$在水溶液中比较稳定（X = Cl^-、Br^-、I^-、SCN^-、CN^-）。

Cu^{2+}、Ag^+均能与$NH_3 \cdot H_2O$形成氨合物。$CuSO_4$与适量氨水反应生成浅蓝色的碱式硫酸铜，氨水过量则生成深蓝色的$[Cu(NH_3)_4]^{2+}$。

$$2Cu^{2+} + SO_4^{2-} + 2NH_3 \cdot H_2O \longrightarrow Cu_2(OH)_2SO_4 + 2NH_4^+$$

$$Cu_2(OH)_2SO_4 + 6NH_3 + 2NH_4^+ \longrightarrow 2[Cu(NH_3)_4]^{2+} + SO_4^{2-} + 2H_2O$$

$Cu(OH)_2$、AgOH、Ag_2O都能溶于氨水生成配合物。在CuCl沉淀中加氨水，形成$[Cu(NH_3)_2]^+$，因为$[Cu(NH_3)_2]^+$不稳定，易被氧化为$[Cu(NH_3)_4]^{2+}$。

$$CuCl + 2NH_3 \longrightarrow [Cu(NH_3)_2]^+ + Cl^-$$

$$4[Cu(NH_3)_2]^+ + 8NH_3 + O_2 + 2H_2O \longrightarrow 4[Cu(NH_3)_4]^{2+} + 4OH^-$$

Cu^{2+}与浓盐酸作用生成黄绿色的$[CuCl_4]^{2-}$，若用Br^-取代则生成紫色的$[CuBr_4]^{2-}$。Cu(Ⅱ)的卤素配合物均不太稳定，卤离子可以被氨取代。Cu^{2+}与$P_2O_7^{4-}$可生成浅蓝色的$Cu_2P_2O_7$沉淀，$P_2O_7^{4-}$过量时则生成蓝色的$[Cu(P_2O_7)_2]^{6-}$，可用于焦磷酸盐镀铜。

三、仪器、药品和材料

仪器：烧杯（100mL），托盘天平，点滴板，离心试管、普通试管。

液体药品：HCl（2mol/L、6mol/L、浓），H_2SO_4（2mol/L），HNO_3（2mol/L、6mol/L、浓），H_2S（饱和），HAc（2mol/L），NaOH（2mol/L、6mol/L），$NH_3 \cdot H_2O$（2mol/L、6mol/L），$Cu(NO_3)_2$（0.1mol/L），$Fe(NO_3)_3$（0.1mol/L），$Co(NO_3)_2$（0.1mol/L），$Ni(NO_3)_2$（0.1mol/L），NaCl

(0.1mol/L)，$CuCl_2$(0.1mol/L)，KBr(0.1mol/L)，$CuSO_4$(0.1mol/L)，KI(0.1mol/L、2mol/L)，$Na_2S_2O_3$(0.1mol/L)，$Na_4P_2O_7$(0.1mol/L)，KSCN(饱和)，$K_4[Fe(CN)_6]$(0.1mol/L)，$AgNO_3$(0.1mol/L)，葡萄糖溶液（100g/L），淀粉溶液，乙醇（95%）。

固体药品：KBr，$CuSO_4 \cdot 5H_2O$，Cu(屑)。

材料：红色石蕊试纸。

四、实验内容

（一）氢氧化铜、氧化铜的生成和性质

在A、B、C 3支试管中各加入5滴$CuSO_4$溶液（0.1mol/L）和NaOH溶液（2mol/L），直至有浅蓝色沉淀生成。A试管加H_2SO_4溶液（2mol/L），B试管加NaOH溶液（6mol/L），再加入葡萄糖溶液（100g/L），摇匀，加热至沸，有何物质生成？离心分离，弃去清液，沉淀洗涤后分装于3支试管，一份加H_2SO_4溶液（2mol/L），一份加$NH_3 \cdot H_2O$(6mol/L)，静置片刻，观察溶液颜色变化，另一份继续加热，看有无变化；C试管加热至固体变黑色，冷却后加H_2SO_4溶液（2mol/L），是否溶解？写出有关反应的化学方程式。

（二）氢氧化银、氧化银的生成和性质

（1）向两支试管中各加入5滴$AgNO_3$溶液(0.1mol/L)和几滴NaOH溶液（2mol/L），直至有沉淀生成，离心分离，弃去清液，分别加入HNO_3溶液（2mol/L）和$NH_3 \cdot H_2O$溶液（2mol/L），观察实验现象。

（2）在1mL $AgNO_3$溶液(0.1mol/L)中滴加$NH_3 \cdot H_2O$(2mol/L)，有无褐色沉淀生成？写出有关反应方程式。

（三）Cu（Ⅱ）的配位化合物和硫化物的生成和性质

取1mL $CuCl_2$溶液（0.1mol/L），并滴加浓HCl，观察溶液颜色有无变化，加少量KBr（s），振荡溶解，又有何变化？再加入$NH_3 \cdot H_2O$溶液（6mol/L），最后加入H_2S溶液（饱和），有何沉淀生成？离心分离，向沉淀液中滴加浓HNO_3，沉淀是否溶解？写出有关反应的化学方程式。

（四）银镜反应

在1支干净试管中加入1mL $AgNO_3$溶液（0.1mol/L），滴加$NH_3 \cdot H_2O$溶液（2mol/L）至生成沉淀刚好溶解，加入2mL葡萄糖溶液（100g/L），将试管插入沸水浴中加热片刻，取出试管观察银镜的生成，然后倒掉溶液，加HNO_3溶液（2mol/L）使银镜溶解。

（五）卤化亚铜的生成和性质

（1）取1mL $CuCl_2$溶液（1mol/L），加2mL浓HCl和少量铜屑，加热至沸，当溶液变成泥黄色时停止加热，取少量溶液滴入盛有蒸馏水的试管中，如有白色沉淀生成，则将余下的溶液迅速倒入盛有大量水的烧杯中，静置沉降，用倾析法分出溶液，将沉淀洗涤两次后分两份，分别加入$NH_3 \cdot H_2O$(2mol/L)和浓HCl，观察实验现象，写出反应化学方程式。

（2）在5滴$CuSO_4$(0.1mol/L)中滴入KI溶液（0.1mol/L）直至有沉淀生成，离心分离，清液中滴加2滴淀粉溶液，有何现象？将沉淀洗涤两次后分两份，一份加KI溶液（2mol/L）至沉淀溶解，再加入大量的水稀释，有何现象？另一份加KSCN溶液（饱和）至沉淀溶解，再加水稀释，有何现象？写出反应化学方程式。

（六）Cu^{2+}、Ag^{+}的鉴定

（1）取2滴$CuSO_4$(0.1mol/L)，加1滴HAc溶液（2mol/L）和2滴$K_4[Fe(CN)_6]$溶液（0.1mol/L），有棕红色沉淀生成，在沉淀中加$NH_3 \cdot H_2O$溶液（6mol/L）沉淀溶解呈深蓝色，表示有Cu^{2+}存在。

（2）在5滴$AgNO_3$溶液（0.1mol/L）中加HCl溶液（2mol/L）至沉淀完全，离心分离，将沉淀洗涤两次，在沉淀中加$NH_3 \cdot H_2O$溶液（2mol/L）至沉淀完全溶解，再加入HNO_3(6mol/L)酸化，白色沉淀重又出现，表示有Ag^{+}存在。

五、思考题

（1）在硫酸铜溶液中滴入氢氧化钠溶液和氨水溶液，产物有何不同，如何鉴定？

（2）Cu(Ⅰ)、Cu(Ⅱ)各自稳定存在和相互转化的条件是什么？

第 5 章　化合物的制备和提纯实验

实验 1　固体释氧剂过氧化钙的制备和产品质量分析

一、实验目的

（1）了解制备某些过氧化物的原理和方法。

（2）巩固实验室的一些基本操作，如称量、加热、浓缩、过滤（常压、减压等）。

（3）了解过氧化钙产品质量分析方法。

二、实验原理

过氧化钙是一种新型的多功能无机化工产品，常温下是无色或淡黄色粉末，易溶于酸，难溶于水、乙醇等溶剂。常温下 CaO_2 干燥品很稳定，加热分解温度为 588K，完全分解温度 673 ~ 698K，CaO_2 溶于稀酸生成 H_2O_2，在湿空气或水中逐渐缓慢释放出 O_2，反应方程式为：

$$2CaO_2 + 2H_2O \Longrightarrow 2Ca(OH)_2 + O_2(g)$$

由于 CaO_2 具有逐渐缓慢释放 O_2 的特性，且本身无毒，不污染环境，因而它主要用于农业、水产、食品、环保等方面，具有良好的经济和社会效益。

过氧化钙在一定条件下可长期缓慢地释放氧气，提供种子发芽所需要的氧气，因此可作为水稻种子粉衣剂，使水稻直播成为现实，从而打破几千年来传统的水稻种植模式，不仅省工、省力，而且可增产；复合过氧化钙在水产养殖中可提高溶解氧，降低化学耗氧量，降低氨氮，调节 pH 值和硬度，并且可以改善水质和环境，是良好的供氧剂；另外，用复合过氧化钙处理大豆、棉花、玉米等农作物的种子，不仅促进种子发芽率，还增产 12% 以上，同时具有改良土壤、杀虫灭菌、促进植物新陈代谢等多种功效；用于果蔬保鲜，效果极佳；用过氧化钙处理含 Cu^{2+}、Mn^{2+}、Cd^{2+} 等重金属离子的工业废水和印染有机废水，方法简单可靠，没有二次污染。除此之外，还可以用于冶金添加剂、橡胶补强剂等领域。从众多业已开发的应用领域看，过氧化钙的生产及应用具有广阔前景。

CaO_2的制法主要有：（1）氢氧化钙法；（2）氯化钙法；（3）空气阴极法。本制备实验采用氢氧化钙$Ca(OH)_2$和过氧化氢H_2O_2为原料，制备过氧化钙。因为过氧化氢分解速度随温度升高而迅速加快，因此，一般是在273～278K的低温下合成，在水溶液中析出的为$CaO_2 \cdot 8H_2O$，再于423K左右脱水干燥，即得产品。反应式为：

$$Ca(OH)_2 + H_2O_2 + 6H_2O \longrightarrow CaO_2 \cdot 8H_2O$$

$$CaO_2 \cdot 8H_2O \longrightarrow CaO + 8H_2O$$

三、仪器、药品和材料

仪器：电动搅拌器，恒温干燥箱，分析天平，三口烧瓶，碘量瓶，冰水浴，抽滤装置。

液体药品：H_2O_2（30%，工业级），$KMnO_4$标准溶液（0.1mol/L），H_3PO_4(1+3)。

固体药品：$Ca(OH)_2$(96%，工业级)。

材料：冰。

四、实验内容

（一）过氧化钙（CaO_2）的制备

在250mL的三口瓶中，加入10g $Ca(OH)_2$，用一定量水调浆，置于冰水浴中冷却。待溶液充分冷却后，在搅拌下将滴加30%的双氧水16mL，滴加结束后继续搅拌15～20min。然后，进行减压抽滤，湿滤饼用冰水洗涤2～3次。晶体抽干后，置于恒温干燥箱在423K干燥2h，得过氧化钙产品。最后冷却、称重、计算产率。

（二）产品的分析

过氧化钙含量分析可利用在酸性条件下，过氧化钙与酸反应生成过氧化氢，用标准$KMnO_4$溶液滴定，而测得其含量。反应式为：

$$5CaO_2 + 2MnO_4^- + 16H^+ \xlongequal{\quad} 5Ca^{2+} + 2Mn^{2+} + 5O_2(g) + 8H_2O$$

具体方法：精确称取样品0.06～0.07g（准确到0.0001g），加10mL水润湿，再加入20mL H_3PO_4(1+3)，使样品完全溶解，以

$KMnO_4$标准溶液（0.1mol/L）滴定至粉红色30s不褪色，即为终点。依据下式计算过氧化钙的质量分数。

$$w(CaO_2) = \frac{5/2 \times c \times V \times 72.08 \times 10^{-3}}{m} \times 100\%$$

式中，72.08为过氧化钙的摩尔质量，g/mol；c为$KMnO_4$的量浓度，mol/L；V为滴定用$KMnO_4$溶液的体积，mL；m为过氧化钙样品质量，g。

五、思考题

（1）采用$Ca(OH)_2$和H_2O_2反应来制备CaO_2，反应方程式为：

$$Ca(OH)_2(s) + H_2O_2(aq) = CaO_2(s) + 2H_2O(l) \qquad \Delta H < 0$$

请从反应温度、固体反应物的粒度、产物水的浓度等方面分析，应如何控制反应条件，有利于过氧化钙的生成？

（2）测定过氧化钙含量还可用什么方法？

（3）实验中所得CaO_2中会含有哪些主要杂质，如何提高产品的纯度？

实验2　固体碱熔氧化法制备重铬酸钾的微型实验和产品质量分析

一、实验目的

（1）了解固体碱熔氧化法制备重铬酸钾的原理，掌握铬重要化合物的性质。

（2）练习微型实验中的熔融、浸取、结晶、重结晶等操作。

二、实验原理

在熔融碱中，用强氧化剂氧化三氧化二铬，得到易溶于水的铬酸盐，反应式为：

$$Cr_2O_3 + 2Na_2CO_3 + KClO_3 = 2Na_2CrO_4 + KCl + 2CO_2$$

$$Cr_2O_3 + 4NaOH + KClO_3 = 2Na_2CrO_4 + KCl + 2H_2O$$

将熔融物用水浸取、抽滤，再将滤液酸化，使其转变为重铬酸钠：

$$2CrO_4^{2-} + 2H^+ = Cr_2O_7^{2-} + H_2O$$

加入氯化钾，发生复分解反应，使 $Na_2Cr_2O_7$ 转变为 $K_2Cr_2O_7$。蒸发，冷却，$K_2Cr_2O_7$ 因溶解度小而结晶析出。抽滤，干燥，得产品重铬酸钾：

$$Na_2Cr_2O_7 + 2KCl = K_2Cr_2O_7 + 2NaCl$$

称取一定质量的产品（$m_{样品}$），加水溶解并定容（$V^1_{重铬酸钾}$）。取一定量的产品溶液（$V^2_{重铬酸钾}$），用稀 H_2SO_4 酸化，加入适量碘化钾。以淀粉为指示剂，用硫代硫酸钠标准溶液（$c_{硫代硫酸钠}$）滴定至亮绿色。根据消耗的硫代硫酸钠的用量（$V_{硫代硫酸钠}$），计算产品含量。有关反应和计算公式如下：

$$K_2Cr_2O_7 + 6KI + 7H_2SO_4 = Cr_2(SO_4)_3 + 4K_2SO_4 + 3I_2 + 7H_2O$$

$$2Na_2S_2O_3 + I_2 = Na_2S_4O_6 + 2NaI$$

$$w(K_2Cr_2O_7) = \{[(c_{硫代硫酸钠}V_{硫代硫酸钠} \times M_{重铬酸钾})/6]/[m_{样品} \times (V^2_{重铬酸钾}/V^1_{重铬酸钾})]\} \times 100\%$$

式中，M 为摩尔质量。

三、仪器、药品和材料

仪器：

分析天平，燃烧匙，小烧杯（50mL），蒸发皿（50mm），容量瓶（50mL），吸量管（5mL），磁力搅拌器，酒精灯，铁架台（附铁夹，铁圈），抽滤瓶，漏斗（附玻璃钉），三角瓶（5mL），微型滴定管，铁搅棒，细玻璃搅棒。

液体药品：H_2SO_4（2mol/L、6mol/L），$Na_2S_2O_3$ 标准溶液（0.005mol/L），淀粉指示剂（0.2%）。

固体药品：Na_2CO_3，NaOH，Cr_2O_3，$KClO_3$，KCl，KI。

四、实验内容

（一）重铬酸钾的制备

（1）在干净的燃烧匙[附注1]中加入 0.30g Na_2CO_3 和 0.30g NaOH，加热至熔融[附注2]。将 0.20g Cr_2O_3 和 0.35g $KClO_3$（研细）的混合物

分 3 ~4 次加入燃烧匙中，用细铁棒不断搅拌。加完后，用酒精灯继续加热，同时注意不断搅拌，加热至有黄色粉末出现，再灼烧 10min。稍冷，以备浸取。

（2）在 50mL 小烧杯中盛 10mL 蒸馏水，将熔融物转移到小烧杯中，将燃烧匙也一并放入，加热至沸腾。待燃烧匙内的熔融物全部溶解后取出燃烧匙。不断搅拌，加热大约 15min。稍冷后抽滤，得 Na_2CrO_4 的滤液。

（3）将滤液转移到小蒸发皿中，用 H_2SO_4(6mol/L)溶液调 pH 值至酸性（pH 约为 3），再加 0.10g KCl，搅匀。在水浴上浓缩至表面有晶膜出现为止。冷却，结晶，抽滤得 $K_2Cr_2O_7$ 晶体。将产品在 723K 条件下烘干，冷后称重，计算产率[附注3,4]。

（二）产品含量的测定

准确称取 0.1000g 产品，加水溶解并定容到 50mL 容量瓶中，用吸量管吸取 3.00mL 该溶液放入 5mL 锥形瓶中，加几滴 H_2SO_4(6mol/L)和 0.10g KI，放入暗处 5min。将小磁子放入锥形瓶后置于磁力搅拌器上，搅拌。用微型滴定管盛 $Na_2S_2O_3$(0.005mol/L)溶液滴定至溶液变成黄绿色，然后加入 2 滴淀粉指示剂，再继续滴定至蓝色褪去呈亮绿色为止。由 $Na_2S_2O_3$ 标准溶液浓度和用量计算出产品的含量。

（三）附注

（1）用铜质燃烧匙作反应器，碱混合物受热熔化过程，熔融物呈天蓝色，表明铜已被氧化腐蚀，有 Cu(Ⅱ)化合物生成。可用白铁皮制作的燃烧匙作反应器可避免这一现象，而且产率无差别。

（2）常规实验中熔融氧化时需较高的温度，须用酒精喷灯加热。而改用微型实验，由于试剂用量少，用酒精灯就可以完成实验。

（3）用常规实验方法，以 Cr_2O_3 代替铬铁矿制备 $K_2Cr_2O_7$，得产品 5.50g 左右，产率为 94.8%，含量为 82.4%。用微型实验方法，试剂用量减少到 1/15，得到产品约 0.17g，产率为 85.0%，含量为 63.5%。与常规实验相比，微型实验方法产率和含量较低，但用于产品含量检验和性质实验已满足要求。

（4）本实验经微型化设计后，降低了实验成本，减少了 Cr(Ⅵ)有毒废弃物的污染，而且实验快速省时。以三氧化二铬为原料，还解决了铬铁矿不易得到的实际问题，且不降低实验效果和教学效果。

五、思考题

（1）实验时，为什么使用铁棒而不使用玻璃棒搅拌？

（2）请谈谈对微型实验的认识。

实验3 氯化铵的制备

一、实验目的

（1）了解制备氯化铵的实验方法。

（2）练习和巩固实验室过滤、结晶和重结晶等基本操作。

（3）观察和验证盐类的溶解度与温度的关系。

二、实验原理

本实验用氯化钠与硫酸铵作用来制备氯化铵：

$$2NaCl + (NH_4)_2SO_4 = Na_2SO_4 + 2NH_4Cl$$

根据它们的溶解度及其受温度影响差别的原理，采取加热、蒸发、冷却等措施，从而达到分离 NH_4Cl 的目的。

以上四种盐在不同温度下的溶解度（g/100g 水）见表5-1。

表5-1 四种盐在不同温度下的溶解度 （g/100g 水）

温度/K	273	283	293	303	313	323	333	343	353	363	373
氯化钠	35.7	35.8	36.0	36.2	36.5	36.8	37.3	37.6	38.1	38.6	39.2
十水硫酸钠	4.7	9.1	20.4	41.0 (305.4K)							
硫酸钠				49.7	48.2	46.7	45.2	44.1	43.3	42.7	42.3
氯化铵	29.7	33.3	37.2	41.4	45.8	50.4	55.2	60.2	65.6	71.3	77.3
硫酸铵	70.6	73.0	75.4	78.0	81.0	84.8	88.0	91.6	95.3	99.2	103.3

由表5-1可知，氯化铵、氯化钠、硫酸铵在水中的溶解度均随温度的升高而增加。不过，氯化钠溶解度受温度的影响不大；硫酸铵的溶解度无论在低温还是高温都是最大的。硫酸钠的溶解度有一转折点。十水硫酸钠的溶解度也是随温度的升高而增加，但达305.4K时脱水变成 Na_2SO_4。Na_2SO_4 的溶解度随温度的升高而减小。所以，只

要把氯化钠、硫酸铵溶于水，加热蒸发，Na_2SO_4就会结晶析出，趁热过滤。然后再将滤液冷却，NH_4Cl 晶体随温度的下降逐渐析出，在 308K 左右抽滤，即得 NH_4Cl 产品[附注]。

三、仪器、药品和材料

仪器：烧杯，普通漏斗，布氏漏斗，吸滤瓶，蒸发皿，试管，分析天平，循环水式多用真空水泵等。

固体药品：NaCl，$(NH_4)_2SO_4$，$Na_2SO_4 \cdot 10H_2O$。

四、实验内容

（一）析出 Na_2SO_4 法（加热法）

（1）称取 23g NaCl，放入 250mL 烧杯内，加入 60～80mL 水。加热、搅拌使之溶解。若有不溶物，则用普通漏斗过滤分离，滤液用蒸发皿盛。

（2）在 NaCl 溶液中加入 26g $(NH_4)_2SO_4$。水浴加热、搅拌，促使其溶解。在浓缩过程中，有大量 Na_2SO_4 结晶析出。当溶液减少到 70mL（提前作记号）左右时，停止加热，并趁热抽滤。

（3）将滤液迅速倒入 100mL 烧杯中，静置冷却，NH_4Cl 晶体逐渐析出，冷却至 308K 左右，抽滤。

（4）把滤液重新置于水浴上加热蒸发，至有较多 Na_2SO_4 晶体析出，抽滤。倾出滤液于小烧杯中，静置冷却至 308K 左右，抽滤。如此重复二次。

（5）把 3 次所得的 NH_4Cl 晶体合并，一起称重，计算收率（将 3 次所得的副产品 Na_2SO_4 也合并称重）。

（6）产品的鉴定：取 1g NH_4Cl 产品，放于一干燥试管的底部，加热

$$w(NH_4Cl_{杂质}) = (G_{灼烧后} - G_{空试管})/1 \times 100\%$$

（二）析出 $Na_2SO_4 \cdot 10H_2O$ 法（冰冷法）

（1）称取 23g NaCl，放入 250mL 烧杯内，加入约 90mL 水。加热、搅拌使之溶解。若有不溶物，则用普通漏斗过滤分离。

（2）在 NaCl 溶液中加入 26g $(NH_4)_2SO_4$。水浴加热、搅拌，促使其溶解。然后用冰冷却到 273～283K 左右，加入少量 $Na_2SO_4 \cdot$

$10H_2O$ 作为晶种，并不断搅拌。至有大量 $Na_2SO_4 \cdot 10H_2O$ 晶体析出时，立即抽滤。

（3）将滤液转入蒸发皿中，水浴蒸发浓缩至有少量晶体析出，静置冷却，NH_4Cl 晶体逐渐析出，冷却至 308K 左右，抽滤。

（4）把所得的 NH_4Cl 晶体称重，计算收率（将所得的副产品 $Na_2SO_4 \cdot 10H_2O$ 也称重）。

（5）产品的鉴定：取 1g NH_4Cl 产品，放于一干燥试管的底部，加热

$$w(NH_4Cl_{杂质}) = (G_{灼烧后} - G_{空试管})/1 \times 100\%$$

（三）附注

要获得较纯的产品，要特别注意氯化铵与硫酸钠的分离条件。

五、思考题

（1）食盐中的不溶性杂质在哪一步除去？

（2）食盐与硫酸铵的反应是一个复分解反应，因此在溶液中同时存在着氯化钠、硫酸铵、氯化铵和硫酸钠。根据它们在不同温度下的溶解度差异，可采取怎样的实验条件和操作步骤，使氯化铵与其他三种盐分离，在保证氯化铵产品的纯度前提下，如何来提高它的产量？

（3）在蒸发浓缩，冷却结晶过滤等操作过程中，应防止氯化铵与硫酸钠会同时析出。假如有 150mL NH_4Cl-Na_2SO_4 混合溶液（重 185g），其中氯化铵为 30g，硫酸钠为 40g，如果把它们加热浓缩至以下几种不同程度：（1）浓缩至 120mL；（2）浓缩至 100mL；（3）浓缩至 80mL；（4）浓缩至 70mL，在 363K 时有哪些物质析出？过滤后，滤液冷却至（1）333K 时；（2）313K 时又如何。根据这种计算，应如何控制蒸发浓缩的条件来防止氯化铵和硫酸钠同时析出？

实验 4　硫酸亚铁铵的制备

一、实验目的

（1）掌握制备复盐的一般方法。

（2）熟练掌握水浴加热、蒸发、结晶、常压过滤等基本操作。

二、实验原理

硫酸亚铁铵又称为摩尔盐，是浅绿色单斜晶体。它在空气中比一般亚铁盐稳定，不易被氧化，溶于水但不溶于乙醇。

由硫酸铵、硫酸亚铁和硫酸亚铁铵在水中的溶解度（表5-2）可知，在283～343K的温度范围内，硫酸亚铁铵在水中的溶解度比组成它的每一份物质的溶解度都小。因此，很容易从浓的$FeSO_4$和$(NH_4)_2SO_4$混合溶液中制得结晶的摩尔盐。

表5-2　几种盐的溶解度　　（g/100g 水）

物　质	溶　解　度				
	283K	293K	303K	323K	343K
$FeSO_4 \cdot 7H_2O$	20.3	26.6	33.2	48.6	56.0
$(NH_4)_2SO_4$	73.0	75.4	78.0	84.5	91.9
$FeSO_4 \cdot (NH_4)_2SO_4 \cdot 6H_2O$	18.1	21.2	24.5	31.3	38.5

本实验是先将金属铁屑溶于稀硫酸制得硫酸亚铁溶液：

$$Fe + H_2SO_4 = FeSO_4 + H_2(g)$$

然后加入硫酸铵制得混合溶液，加热浓缩，冷至室温，便析出硫酸亚铁铵复盐：

$$FeSO_4 + (NH_4)_2SO_4 + 6H_2O = (NH_4)_2SO_4 \cdot FeSO_4 \cdot 6H_2O$$

主要副反应是由于硫酸亚铁在中性溶液中能被溶于水中的少量氧气所氧化，并进一步发生水解，甚至出现棕黄色的碱式硫酸铁（或氢氧化铁）沉淀，所以制备过程中溶液应保持足够的酸度。

$$4FeSO_4 + O_2 + 6H_2O = 2[Fe(OH)_2]_2SO_4 + 2H_2SO_4$$

三、仪器、药品和材料

仪器：托盘天平，比色管（25mL），蒸发皿，锥形瓶（150mL），烧杯，量筒（10mL、50mL），布氏漏斗，吸滤瓶，酒精灯，表面皿，水浴锅。

液体药品：Na_2CO_3（1mol/L），H_2SO_4(3mol/L)，KSCN(1mol/L)，乙醇(95%)。

固体药品：$(NH_4)_2SO_4$。

材料：滤纸，铁屑。

四、实验内容

（一）铁屑的净化（除去油污）

由机械加工过程得到的铁屑油污较多，可用碱煮的方法除去。为此称取4.2g铁屑（若为纯铁屑称取4.0g），放于锥形瓶内，加入20mL Na_2CO_3（1mol/L）溶液，缓缓加热约10min，用倾析法除去碱液，用水洗净铁屑（如果用纯净的铁屑，可省去这一步骤）。

（二）硫酸亚铁的制备

往盛有铁屑的锥形瓶中加入约20mL的 H_2SO_4(3mol/L)溶液，在通风橱中进行水浴加热[附注1]，并经常取出锥形瓶摇荡和适当补充水分，以保持原有体积，防止 $FeSO_4$ 结晶析出，直至反应基本完全为止[附注2]。再加入1mL H_2SO_4（3mol/L）[附注3]。趁热减压过滤，滤液转移至洁净的蒸发皿中。将留在锥形瓶中及滤纸上的残渣取出，用滤纸片吸干后称量。根据已作用的铁屑质量，算出溶液中 $FeSO_4$ 的理论产量。

（三）硫酸亚铁铵的制备

根据 $FeSO_4$ 的理论产量，按质量比为 $m(FeSO_4):m((NH_4)_2SO_4)=1:0.80$，计算并称取所需固体 $(NH_4)_2SO_4$ 的用量。在室温下将称出的 $(NH_4)_2SO_4$ 加入上面所制得的 $FeSO_4$ 溶液中，在水浴上加热搅拌，使硫酸铵全部溶解[附注4]，继续蒸发浓缩至溶液表面刚出现晶膜时为止。自水浴锅上取下蒸发皿，放置，冷却后即有硫酸亚铁铵晶体析出。待冷至室温后，减压过滤，用少量乙醇洗去晶体表面所附着的水分。将晶体取出，置于两张洁净的滤纸之间，并轻压以吸干母液，称量。产品保存于干燥器内。留待三草酸合铁（Ⅲ）酸钾的制备实验用。

（四）产品检验

Fe^{3+} 含量的分析：称取1.00g产品，放入25mL比色管中，用少量不含 O_2 的蒸馏水（将蒸馏水用小火煮沸10min，以除去所溶解的 O_2，盖好表面皿待冷却后取用）溶解之。加入1.00mL H_2SO_4(3mol/L)和1.00mL KSCN(1mol/L)溶液，再加不含 O_2 的蒸馏水至刻度，摇匀。

与标准液进行比较，根据比色结果，确定产品中 Fe^{3+} 含量所对应的级别（表 5-3）。

表 5-3　不同等级 $FeSO_4 \cdot (NH_4)_2SO_4 \cdot 6H_2O$ 中 Fe^{3+} 的含量

规　格	Ⅰ级	Ⅱ级	Ⅲ级
Fe^{3+} 的含量/mg	0.05	0.1	0.2

标准溶液的配制：依次量取 Fe^{3+} 含量为 0.1g/L 的溶液 0.50mL、1.00mL、2.00mL，分别置于 3 个 25mL 比色管中，各加入 1.00mL 3mol/L H_2SO_4 和 1.00mL 1.0mol/L KSCN 溶液。最后用蒸馏水稀释至刻度，摇匀。

（五）附注

（1）由于实验装置为敞开式，废铁屑含有的碳、硫、磷、硅等杂质和硫酸反应时生成 H_2S、PH_3 等有毒气体，所以应在通风橱中进行。在通风设施不完善的实验室，可采用下列装置（图 5-1）进行实验：

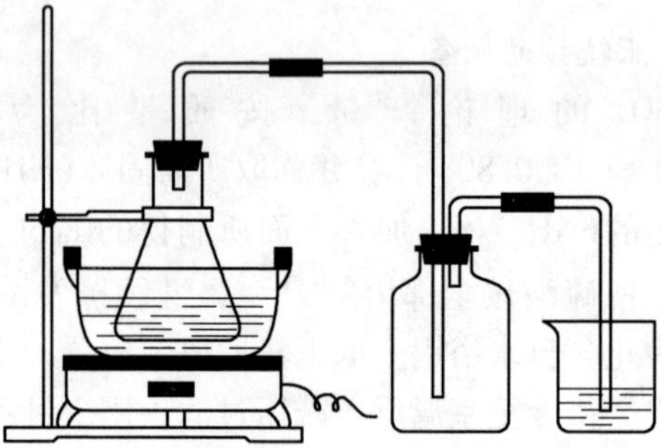

图 5-1　硫酸亚铁的制备装置

上述实验装置密闭性好，实验过程基本无需补充水分，不会造成硫酸亚铁结晶析出，废气经吸收液吸收转变为无害物质，实验室不再充满刺激性气味，环境条件大为改善。此装置可由学生亲自安装，实验前应思考如何检查气密性、实验后如何防止倒吸等问题。可用 0.1mol/L 高锰酸钾的酸性溶液或 1mol/L 氢氧化铜溶液作吸收液。

（2）当溶液呈灰绿色，不冒气泡时，可以认为反应基本完全。

(3) 所制得的硫酸亚铁溶液和硫酸亚铁铵溶液均应保持较强的酸性，以防止 Fe^{2+} 被氧化和水解。

(4) 加入硫酸铵后，应搅拌使其溶解后再往下进行。加热应在水浴上进行，防止失去结晶水。

五、思考题

(1) 实验中前后两次水浴加热的目的有何不同？

(2) 计算硫酸亚铁铵的产率时，以 $FeSO_4$ 的量为准是否正确，为什么？

(3) 为什么在检验产品中的 Fe^{3+} 含量时，要用不含 O_2 的蒸馏水溶解样品？

(4) 减压过滤得到硫酸亚铁铵晶体后，如何除去晶体表面上附着的水分？

(5) 能否将最后产物直接放在表面皿加热干燥，为什么？

(6) 实验中采取了什么措施防止 Fe^{2+} 被氧化，如你的产品含 Fe^{3+} 较多请分析原因。

实验5　三草酸合铁（Ⅲ）酸钾的制备及组成测定

一、实验目的

(1) 用自制的硫酸亚铁铵制备三草酸合铁（Ⅲ）酸钾，加深对Fe(Ⅱ)、Fe(Ⅲ)化合物的性质的了解。

(2) 掌握合成 $K_3[Fe(C_2O_4)_3]\cdot 3H_2O$ 的基本原理和操作技术。

(3) 了解过氧化氢的性质及作为氧化剂的优点。

二、实验原理

三草酸根合铁（Ⅲ）酸钾 $K_3[Fe(C_2O_4)_3]\cdot 3H_2O$ 是一种绿色的单斜晶体，溶于水而不溶于乙醇，受光照易分解。本实验制备纯的三草酸合铁（Ⅲ）酸钾晶体，首先用硫酸亚铁铵与草酸反应制备出草酸亚铁：

$$(NH_4)_2Fe(SO_4)_2\cdot 6H_2O + H_2C_2O_4 =\!=\!=$$
$$FeC_2O_4\cdot 2H_2O(s) + (NH_4)_2SO_4 + H_2SO_4 + 4H_2O$$

草酸亚铁在草酸钾和草酸的存在下，被过氧化氢氧化为草酸高铁配合物：

$$2FeC_2O_4 \cdot 2H_2O + H_2O_2 + 3K_2C_2O_4 + H_2C_2O_4 \xlongequal{} 2K_3[Fe(C_2O_4)_3] \cdot 3H_2O + H_2O$$

加入乙醇后，便析出三草酸合铁（Ⅲ）酸钾晶体（绿色）。

本实验通过化学分析确定配离子的组成。用 $KMnO_4$ 标准溶液在酸性介质中滴定测得草酸根的含量。Fe^{3+} 含量可先用过量锌粉将其还原为 Fe^{2+}，然后再用 $KMnO_4$ 标准溶液滴定而测得，其反应式为：

$$5C_2O_4^{2-} + 2MnO_4^- + 16H^+ \xlongequal{} 10CO_2(g) + 2Mn^{2+} + 8H_2O$$

$$5Fe^{2+} + MnO_4^- + 8H^+ \xlongequal{} 5Fe^{3+} + Mn^{2+} + 4H_2O$$

三、仪器、药品和材料

仪器：托盘天平，分析天平，抽滤装置，烧杯（100mL），温度计（273～373K），表面皿，移液管（25mL）锥形瓶（250mL），滴定管，漏斗，电炉。

液体药品：H_2SO_4（1mol/L、3mol/L），$H_2C_2O_4$（饱和），$K_2C_2O_4$（饱和），H_2O_2（3%），乙醇（95%），$KMnO_4$（0.02mol/L），乙醇-丙酮混合液（1＋1）。

固体药品：$(NH_4)_2Fe(SO_4)_2 \cdot 6H_2O$（自制），Zn 粉。

材料：滤纸。

四、实验内容

（一）草酸亚铁的制备

在200mL 烧杯中加入 5.0g 自制的 $(NH_4)_2Fe(SO_4)_2 \cdot 6H_2O$ 固体、15mL 蒸馏水和几滴 H_2SO_4（3mol/L），加热溶解后再加入 25mL $H_2C_2O_4$溶液（饱和），加热至沸，搅拌片刻，防止飞溅，停止加热，静置。待黄色晶体 $FeC_2O_4 \cdot 2H_2O$ 沉降后倾析弃去上层清液，加入 20～30mL 蒸馏水，搅拌并温热，静置，弃去上层清液。

（二）三草酸合铁（Ⅲ）酸钾的制备

在上述沉淀中加入 10mL $K_2C_2O_4$ 溶液（饱和），水浴加热至 313K。用滴管慢慢加入 20mL H_2O_2（3%）[附注1]，恒温在 313K 左右

(此时会有氢氧化铁沉淀)，边加边搅拌，然后将溶液加热至沸，并分两次加入8mL $H_2C_2O_4$溶液（饱和）——第一次加5mL，第二次慢慢加3mL（沉淀应溶解，溶液转为绿色）[附注2]，趁热过滤。滤液中加入10mL乙醇（95%），可以看到烧杯底部有晶体析出，温热溶液使析出的晶体再溶解后用表面皿盖好烧杯，静置，自然冷却（或避光静置过夜），晶体完全析出后，用乙醇-丙酮的混合液10mL淋洒滤饼，抽滤，称重，计算产率。

（三）三草酸合铁酸钾组成的测定

（1）$C_2O_4^{2-}$的测定。分别称取0.15～0.20g（称准至0.1mg）自制的三草酸根合铁（Ⅲ）酸钾晶体于两锥形瓶中，各加入30mL蒸馏水和10mL H_2SO_4(3mol/L)溶液溶解。

在其中的一个锥形瓶中先滴加约10mL $KMnO_4$标准溶液(0.02mol/L)，加热至溶液褪色再继续用$KMnO_4$标准溶液滴定温热溶液至粉红色（0.5min内不褪色）[附注3]。记录$KMnO_4$标准溶液的用量。保留滴定后的溶液，用作Fe^{3+}离子的测定。计算$K_3[Fe(C_2O_4)_3]\cdot 3H_2O$中草酸根的质量分数，并换算成物质的量。

（2）Fe^{3+}离子的测定。将上述滴定后的溶液加热近沸，加入半药匙Zn粉，直至溶液的黄色消失。用短颈漏斗趁热将溶液过滤于另一锥形瓶中，再加5mL蒸馏水通过漏斗洗涤残渣一次，洗涤液与滤液合并收集于同一锥形瓶中。最后用$KMnO_4$标准溶液滴定至溶液呈粉红色。记录$KMnO_4$标准溶液的用量，计算$K_3[Fe(C_2O_4)_3]$中铁的质量分数，并换算成物质的量。

用另一份样品重复上述测定。

结论：在1mol产品中含$C_2O_4^{2-}$____mol，Fe^{3+}____mol，该物质的化学式为______。根据实验数据，计算$K_3[Fe(C_2O_4)_3]\cdot 3H_2O$中$Fe^{3+}$的配位数，确定配离子的组成[附注4]。

（四）附注

（1）水浴313K下加热，慢慢滴加H_2O_2，以防止H_2O_2分解。

（2）在配位过程中，$H_2C_2O_4$应逐滴加入，并保持在沸点附近，使过量草酸分解。

（3）$KMnO_4$ 滴定时，升温以加快滴定反应速率，但温度不能超过 358K，否则草酸易分解。

（4）本实验未测定配合物晶体中的结晶水。

五、思考题

（1）影响三草酸合铁（Ⅲ）酸钾产量的主要因素有哪些？

（2）能否用 $FeSO_4$ 代替硫酸亚铁铵来合成 $K_3[Fe(C_2O_4)_3]$，在实验中可用 HNO_3 代替 H_2O_2 作氧化剂，写出用 HNO_3 作氧化剂的主要反应式。你认为用哪个作氧化剂较好，为什么？

（3）制备 $FeC_2O_4 \cdot 2H_2O$ 沉淀时为什么要加热煮沸？

（4）用过氧化氢氧化时为什么要用稀释后过氧化氢溶液？

（5）用过氧化氢氧化时为什么要保温在 313K 左右？

（6）为什么要用滴管慢慢加入过氧化氢溶液？

（7）在制备目标产物的实验中，最后能否用蒸干溶液的方法来提高产率，为什么？

（8）三草酸合铁（Ⅲ）酸钾见光易分解，应如何保存？

实验 6　硫酸铝钾（明矾）的制备及其单晶的培养

一、实验目的

（1）了解从 Al 制备硫酸铝钾的原理及过程。

（2）进一步认识 Al 及 $Al(OH)_3$ 的两性。

（3）熟练掌握称量，抽滤等基本操作。

（4）学习从溶液中培养晶体的原理和方法。

二、实验原理

硫酸铝同碱金属的硫酸盐（K_2SO_4）生成硫酸铝钾复盐 $KAl(SO_4)_2 \cdot 12H_2O$（俗称明矾）。它是一种无色晶体。易溶于水并水解生成 $Al(OH)_3$ 胶状沉淀，具有强的吸附性能。它是工业上重要的铝盐。可作为净水剂，媒染剂，造纸填充剂。

本实验利用金属铝溶于氢氧化钠溶液，生成可溶性的四羟基铝酸钠：

$$2Al + 2NaOH + 6H_2O = 2NaAl(OH)_4 + 3H_2(g)$$

金属铝中其他杂质则不溶，随后用 H_2SO_4 调节此溶液的 pH 值为 8~9，即有 $Al(OH)_3$ 沉淀产生，分离后在沉淀中加入 H_2SO_4 至使 $Al(OH)_3$ 转化为 $Al_2(SO_4)_3$：

$$2Al(OH)_3 + 3H_2SO_4 \xlongequal{} Al_2(SO_4)_3 + 6H_2O$$

在 $Al_2(SO_4)_3$ 溶液中加入等摩尔量的 K_2SO_4，即可制得硫酸铝钾。

$$Al_2(SO_4)_3 + K_2SO_4 + 12H_2O \xlongequal{} 2KAl(SO_4)_2 \cdot 12H_2O$$

K_2SO_4、$Al_2(SO_4)_3 \cdot 18H_2O$ 与 $KAl(SO_4)_2 \cdot 12H_2O$ 在不同温度下的溶解度见表5-4。

表5-4 K_2SO_4、$Al_2(SO_4)_3 \cdot 18H_2O$ 与 $KAl(SO_4)_2 \cdot 12H_2O$ 在不同温度下的溶解度 （g/100g 水）

物质	溶解度										
	273K	283K	293K	303K	313K	323K	333K	343K	353K	363K	373K
K_2SO_4	7.35	9.22	11.11	12.97	14.76	16.56	18.17	19.75	21.4	22.4	24.1
$Al_2(SO_4)_3 \cdot 18H_2O$	31.2	33.5	36.4	40.4	45.7	52.2	59.2	66.2	73.1	86.8	89.0
$KAl(SO_4)_2 \cdot 12H_2O$	3.0	4.0	5.9	8.4	11.7	17.0	24.8	40.0	71.0	109.0	154.0

三、仪器、药品和材料

仪器：烧杯，托盘天平，抽滤瓶，布氏漏斗。

液体药品：H_2SO_4（3mol/L、1+1）。

固体药品：K_2SO_4，NaOH。

材料：Al 屑。

四、实验内容

（一） $Al(OH)_3$ 的生成

称取4.5g NaOH 固体，置于250mL 烧杯中，加入60mL 蒸馏水溶解。称2g 铝屑，分批放入溶液中（反应激烈，防止溅出，应在通风橱内进行），至不再有气泡产生，说明反应完毕，然后再加入蒸馏水，使体积约为80mL，趁热抽滤。将滤液转入250mL 烧杯中，加热至沸，在不断搅拌下，滴加 H_2SO_4（3mol/L），使溶液的 pH 值为 8~

9，继续搅拌煮沸数分钟，然后抽滤，并用沸水洗涤沉淀[附注1]，直至洗涤液 pH 值降至 7 左右，抽干。

（二）$Al_2(SO_4)_3$的制备

将制得的 $Al(OH)_3$沉淀转入烧杯中，加入约 16mL $H_2SO_4(1+1)$，并不断搅拌，小火加热使沉淀溶解，得 $Al_2(SO_4)_3$溶液。

（三）明矾的制备

将 $Al_2(SO_4)_3$溶液与 6.5g K_2SO_4配成的饱和溶液相混合。搅拌均匀，充分冷却后[附注2]，减压抽滤，尽量抽干，产品称重，计算产率。保留产品，用于制备 $KAl(SO_4)_2 \cdot 12H_2O$ 大晶体。

（四）明矾单晶的培养

$KAl(SO_4)_2 \cdot 12H_2O$ 为正八面晶形。从水溶液中培养某种盐的大晶体，一般可先制得籽晶（较透明的小晶体），然后把籽晶植入饱和溶液中培养。籽晶的生长受溶液的饱和度、温度、湿度及时间等因素影响，必须控制好一定条件，使饱和溶液缓慢蒸发，才能获得大晶体。

（1）籽晶的生长和选择。根据 $KAl(SO_4)_2 \cdot 12H_2O$ 的溶解度，称取 10g 明矾，加入适量水，加热溶解，然后放在不易振动的地方，烧杯上架一玻璃棒，然后在烧杯口上盖上一块滤纸，以免灰尘落下，放置一天，杯底会有小晶体析出，从中挑选出晶型完整的籽晶待用，同时过滤溶液，留待后用。

（2）晶体的生长：

1）把取出籽晶后的溶液加热，使烧杯底部的小晶体溶解，并持续加热一小段时间。

2）将溶液冷却至 303 ~ 313K，若溶液析出晶体，过滤晶体，再重新加热，没有饱和则需加入 $KAl(SO_4)_2 \cdot 12H_2O$ 再加热，直至把溶液配成 303 ~ 313K 的饱和溶液。注意：每次把母液配成 303 ~ 313K 的饱和溶液，有利于籽晶快速长大，不至于晶体在室温升高时溶解。

3）把籽晶轻轻吊在饱和液并处于溶液中间（图 5-2）。

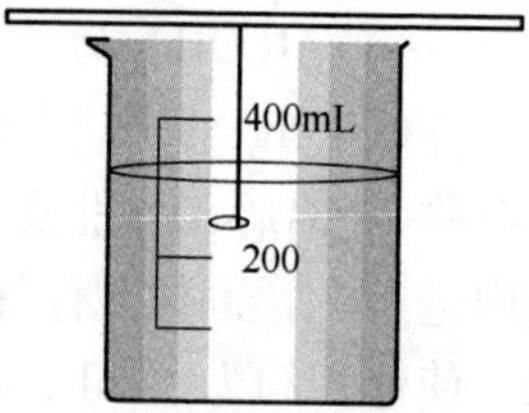

图 5-2　晶体的生长

4）多次重复 1）、2）、3）步骤，直至得到无色、透明、八面体形状的硫酸铝钾大晶体。注意：溶液饱和度太大产生不规则小晶体附在原晶种之上，晶体不透明；饱和度太低，成长缓慢或溶解。

（五）附注

(1) 用热水洗涤氢氧化铝沉淀一定要彻底，以免后面产品不纯。

(2) 制得的明矾溶液一定要自然冷却得到结晶，而不能骤冷。

五、思考题

(1) Al屑中的杂质是如何除去的？

(2) 为什么要称6.5g K_2SO_4与$Al_2(SO_4)_3$溶液相混合？

(3) 如何制得$KAl(SO_4)_2 \cdot 12H_2O$大晶体？

(4) 如何把籽晶植入饱和溶液？

(5) 若在饱和溶液中，籽晶长出一些小晶体或烧杯底部出现少量晶体时，对大晶体的培养有何影响，应如何处理？

实验7　三氯化六氨合钴（Ⅲ）的制备及配离子电荷测定

一、实验目的

(1) 了解三氯化六氨合钴的制备原理。

(2) 了解钴（Ⅱ）、钴（Ⅲ）化合物的性质，加深理解配合物的形成对三价钴稳定性的影响。

(3) 了解电导法测定配离子电荷的原理和方法。

二、实验原理

根据标准电极电势，在酸性介质中二价钴盐比三价钴盐稳定，而在它们的配合物中，大多数的三价钴配合物比二价钴配合物稳定，所以常采用空气或过氧化氢氧化钴（Ⅱ）配合物来制备钴（Ⅲ）配合物。

氯化钴（Ⅲ）的氨合物有许多种。主要有三氯化六氨合钴（Ⅲ）$[Co(NH_3)_6]Cl_3$（橙黄色晶体），三氯化一水五氨合钴（Ⅲ）$[Co(NH_3)_5H_2O]Cl_3$（砖红色晶体），二氯化一氯五氨合钴（Ⅲ）$[Co(NH_3)_5Cl]Cl_2$（紫红色晶体）等。它们的制备条件各不相同。例如，在有活性炭存在时制得的主要产物是三氯化六氨合钴

（Ⅲ）。本实验温度控制不好，很可能有紫红色或砖红色产物出现。$[Co(NH_3)_6]Cl_3$ 可溶于水不溶于乙醇，293K 时，$[Co(NH_3)_6]Cl_3$ 在水中的溶解度为 0.26mol/L，$K_{不稳} = 2.2 \times 10^{-34}$。

本实验用活性炭作催化剂，用过氧化氢作氧化剂，氯化亚钴溶液与过量氨和氯化铵作用制备三氯化六氨合钴（Ⅲ）。其总反应式为：

$$2CoCl_2 + 2NH_4Cl + 10NH_3 + H_2O_2 = 2[Co(NH_3)_6]Cl_3 + 2H_2O$$

三氯化六氨合钴（Ⅲ）溶解于酸性溶液中，通过过滤可以将混在产品中的大量活性炭除去，然后在高浓度盐酸中使三氯化六氨合钴结晶。

三氯化六氨合钴（Ⅲ）为橙黄色单斜晶体。固态的 $[Co(NH_3)_6]Cl_3$ 在 488K 转变为 $[Co(NH_3)_5Cl]Cl_2$，高于 523K 则被还原为 $CoCl_2$。在强碱作用下（冷时）或强酸的作用下基本不被分解，只有在沸热条件下才被强碱分解：

$$2[Co(NH_3)_6]Cl_3 + 6NaOH \xlongequal{沸热} 2Co(OH)_3 + 12NH_3 + 6NaCl$$

电导法是测定配离子电荷的一种常用方法。对完全解离的配合物，在极稀溶液中解离出一定数目的离子，测定它们的摩尔电导率 Λ_m，取其上、下限的平均值。由此数值范围来确定其离子数，从而可确定配离子的电荷数。对解离为配离子和一价离子的配合物，在 298K 时，测定浓度为 1.00×10^{-3} mol/L 溶液的摩尔电导率，其实验规律为：

离子数	2	3	4	5
摩尔电导率/$S \cdot m^2 \cdot mol^{-1}$	0.0100	0.0250	0.0400	0.0500

三、仪器、药品和材料

仪器：托盘天平，温度计，抽滤装置，电导率仪，容量瓶（100mL），锥形瓶（100mL）。

液体药品：HCl(6mol/L、浓)，H_2O_2(6%)，氨水（浓）。

固体药品：$CoCl_2 \cdot 6H_2O$，NH_4Cl，KI。

材料：活性炭，冰。

四、实验内容

在100mL锥形瓶中加入6g研细的氯化亚钴$CoCl \cdot 6H_2O$，4g氯化铵和7mL蒸馏水。加热溶解后加入0.3g活性炭。冷却，加14mL浓氨水，冷却至283K以下，缓慢加入14mL H_2O_2(6%)，水浴加热至333K左右并恒温20min（适当摇动锥形瓶）[附注1]。取出，先用自来水冷却，后用冰水冷却。抽滤，将沉淀溶解于含有2mL浓盐酸的50mL沸水中，趁热过滤[附注2]。在滤液中慢慢加入7mL浓盐酸，并冷却，过滤，洗涤（用什么试剂），抽干，在真空干燥器中干燥或在378K以下烘干，称重，计算产率。

配离子电荷的测定：配制100mL 1.0×10^{-3}mol/L $[Co(NH_3)_6]Cl_3$，用电导率仪测定溶液的电导率K。摩尔电导率与电导率之间有如下关系：

$$\Lambda_m = K \times 1000/c$$

式中，c为电解质溶液的物质的量浓度。由上式算出配离子的摩尔电导率Λ_m，由Λ_m的数值范围来确定其离子数，从而可确定配离子的电荷数。

附注

（1）维持20min是提高反应速率，保证反应完全。$[Co(NH_3)_6]^{2+}$是外轨型配合物，$[Co(NH_3)_6]^{3+}$是内轨型配合物，要把外轨向内轨转型，导致速率比较慢，要持续较长时间。但不能加热至沸腾，因为温度不同，产物不同。

（2）在除去活性炭时，一定要趁热抽滤，以防产物结晶析出。如果因加热使溶液量减少过多，可适当加入少量水，以使产物在温度较高时能完全溶解。

五、思考题

（1）制备过程中加入氯化铵的目的？

（2）制备三氯化六氨合钴过程中加H_2O_2和浓盐酸各起什么作用，要注意什么问题？

（3）要使$[Co(NH_3)_6]Cl_3$合成产率高，你认为哪些步骤是比较关键的，为什么？

实验 8 微型实验法制备十二钨磷酸

一、实验目的

学习微型实验法制备十二钨磷酸的原理和方法。

二、实验原理

钨和钼等元素在化学性质上的显著特点之一是在一定条件下易自聚或与其他元素聚合，形成多酸或多酸盐。由同种含氧酸根离子缩合形成的称为同多阴离子，其酸称为同多酸，由不同种含氧酸根离子缩合形成的称为杂多阴离子，其酸称为杂多酸。1862 年 J. Berzerius 合成了第一个杂多酸盐 12-钼磷酸铵（$(NH_4)_3PMo_{12}O_{40} \cdot nH_2O$）。1934 年英国化学家 J. F. Keggin 采用 X 射线粉末衍射方法，成功地测定了十二钨磷酸的分子结构（图 5-3），$[PW_{12}O_{40}]^{3-}$ 是一类具有 Keggin 结构的杂多化合物的典型代表物之一。到目前为止，已经发现近 70 种元素可以参与到多酸化合物组成中来。多酸在催化化学、药物化学、功能材料等诸多方面的应用研究都取得了突破性的成果。我国已是国际上五个多酸研究中心（美国、中国、俄罗斯、法国和日本）的国家之一。

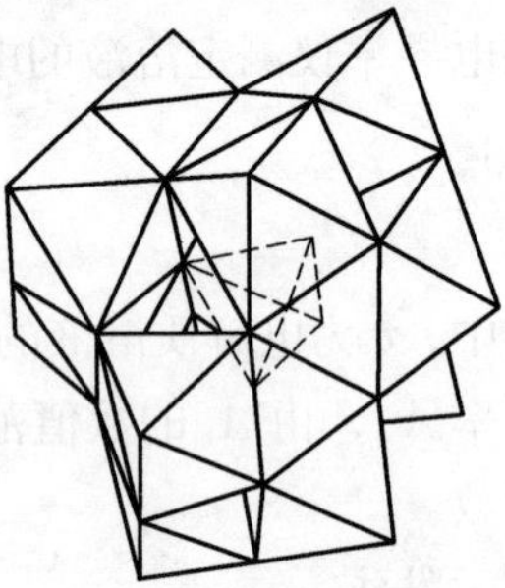

图 5-3 十二钨磷酸分子结构

钨、磷等元素的简单含氧化合物在溶液中经过酸化缩合便可生成十二钨磷酸阴离子：

$$12WO_4^{2-} + HPO_4^{2-} + 23H^+ \rightleftharpoons [PW_{12}O_{40}]^{3-} + 12H_2O$$

在反应过程中，H^+ 离子与 WO_4^{2-} 离子中的氧结合生成 H_2O，从而使得钨原子之间通过共享氧原子的配位形成多核簇状结构的杂多阴离子。该阴离子与抗衡阳离子 H^+ 离子结合，则得到相应的杂多酸 $H_3PW_{12}O_{40} \cdot xH_2O$。

三、仪器、药品和材料

仪器：分液漏斗，蒸发皿，移液管，水浴锅，烧杯。

液体药品：HCl(6mol/L、浓)，乙醚，H_2O_2（3%），溴水。

固体药品：二水合钨酸钠，磷酸氢二钠。

四、微型实验内容

（一）十二钨磷酸钠溶液的制备

取5g钨酸钠和0.8g磷酸氢二钠溶于20mL热水（333～343K）中，继续加热，同时边搅拌边用移液管加入5mL浓盐酸，继续加热30s，此刻溶液略呈淡黄色。冷却至313K[附注1]。

（二）酸化、乙醚萃取制取十二钨磷酸

将烧杯中的溶液转移到分液漏斗中，待溶液降至室温后，向分液漏斗中先加入7mL乙醚，再加入2mL HCl(6mol/L)，振荡15min，静止后，分出下层油状物[附注2]，放入蒸发皿中。

将蒸发皿放在装有沸水的烧杯上，水浴蒸发乙醚，直至液体表面有晶膜出现为止。取下蒸发皿放在通风处干燥、冷却，待乙醚完全挥发后，得淡黄色十二钨磷酸固体，约3.2g。

若在蒸发时，液体变蓝，可加入少量H_2O_2(3%)，使蓝色褪去。

（三）附注

（1）采取乙醚萃取制备十二钨磷酸是一经典的方法。但实验成本高、污染大、不安全等问题，使得实验效果受到极大影响。利用微型实验能够很好地解决这一问题。在微型实验中，乙醚用量减少；蒸发时，弥漫于实验室空气中的乙醚量就少，这样既保护了教学环境，又增加了实验的安全性。同时，由于实验药量减少，大大提高了实验经费的使用效率，同时也提高了产率。

（2）经乙醚萃取后液体分三层，上层是溶有少量杂多酸的醚，中间是氯化钠、盐酸和其他物质的水溶液，下层是油状的杂多酸醚合物。

五、思考题

（1）十二钨磷酸具有较强氧化性，与橡胶、纸张、塑料等有机物质接触，甚至与空气中灰尘接触时，均易被还原为“杂多蓝”，因此，在制备过程中，要注意哪些问题？

（2）通过实验，总结微型实验进行十二钨磷酸制备的优点。

实验 9 五水硫酸铜的制备及结晶水的测定

一、实验目的

（1）了解由不活泼金属与酸作用制备盐的方法。

（2）学会由重结晶法提纯物质。

（3）进一步熟悉无机制备中加热、过滤、重结晶等基本操作。

（4）了解热重分析的基本过程。

二、实验原理

$CuSO_4 \cdot 5H_2O$，易溶于水，难溶于乙醇，在干燥空气中缓慢风化，将其加热至503K，可失去全部结晶水而成为白色的无水 $CuSO_4$。$CuSO_4 \cdot 5H_2O$ 用途广泛，是制取铜盐的主要原料。

铜是不活泼金属，不能直接和稀硫酸发生反应制备硫酸铜，必须加入氧化剂。在浓硝酸和稀硫酸的混合液中，浓硝酸将铜氧化成 Cu^{2+}，Cu^{2+} 与 SO_4^{2-} 结合得到硫酸铜：

$$Cu + 2HNO_3 + H_2SO_4 = CuSO_4 + 2NO_2 + 2H_2O$$

该反应中有大量 NO_2 气体生成，而 NO_2 是一种有刺激性，且毒性较大的气体，因此这种实验方法绿色化程度较低。

显然 H_2O_2 配合 H_2SO_4 来制备 $CuSO_4$ 的方法较为理想，其反应式为：

$$Cu + H_2O_2 + H_2SO_4 = CuSO_4 + 2H_2O$$

未反应的铜屑（不溶性杂质）用倾析法除去。由于硫酸铜的溶解度随温度升高而增大（表 5-5），可用重结晶法提纯。在粗产品硫酸铜中，加适量水，加热浓缩成饱和溶液，趁热过滤除去不溶性杂质。滤液冷却，析出硫酸铜，过滤，与可溶性杂质分离，得到纯的硫酸铜。

表 5-5 五水硫酸铜不同温度下在水中溶解度

温度/K	273	293	313	333	353	373
溶解度/g·(100g 水)$^{-1}$	23.1	32.0	44.6	61.8	83.8	114.0

$CuSO_4 \cdot 5H_2O$ 晶体在不同温度下的逐步脱水：

$$CuSO_4 \cdot 5H_2O \xrightarrow[\triangle]{} CuSO_4 \cdot 3H_2O + 2H_2O(g)$$

$$CuSO_4 \cdot 3H_2O \xrightarrow[\triangle]{} CuSO_4 \cdot H_2O + 2H_2O(g)$$

$$CuSO_4 \cdot H_2O \xrightarrow[\triangle]{} CuSO_4 + H_2O(g)$$

结晶水数目的测定：通过对产品进行热重分析，可测定其所含结晶水的数目，并可得知其受热失水情况。

三、仪器、药品和材料

仪器：托盘天平，温度计，烧杯（250mL），蒸发皿，分析天平，热天平。

液体药品：H_2SO_4(1 +3)，H_2O_2(30%)，Na_2CO_3(1mol/L)。

材料：铜屑，滤纸。

四、实验步骤

（一）五水硫酸铜的制备

称取 4.5g 铜屑放于 250mL 烧杯中，加入 20mL Na_2CO_3（1mol/L）溶液，加热煮沸。以除去铜表面的油污。用倾析法除去碱液，用水洗净铜屑。往盛有铜屑的烧杯中加入 20mL H_2SO_4(1 +3)，缓慢滴加 H_2O_2（30%），反应温度最好保持在313～323K。由于该反应为放热反应。温度过高 H_2O_2剧烈分解，会使溶液溢出，温度过低，反应速率缓慢。因此，反应过程温度过高要用冷水冷却，待铜屑反应完全后，加热煮沸 2min，用倾析法将溶液转移到蒸发皿中，留下不溶性杂质，水浴加热，浓缩至表面有晶膜出现，取下蒸发皿，冷却至室温，抽滤、称重。

粗产品以 1g 加入 1.2mL 水的比例，加热溶于水，趁热过滤；滤液冷却、过滤、晾干，得到纯净的硫酸铜晶体。称重，计算产率。

（二）产品的热重分析与结晶水数目的测定

按照使用热天平的操作步骤对产品进行热重分析。操作条件为：样品质量 10～20mg，设定升温温度 523K，升温速率 278K/min。测定完成后，处理数据，绘制热重曲线，得出水合硫酸铜分几步失水，每步的失水温度，样品总计失水的质量，产品所含结晶水的百分数，每摩尔水合硫酸铜含多少摩尔结晶水，确定水合硫酸铜的化学式。再计算每步失掉几个结晶水，最后查阅 $CuSO_4 \cdot 5H_2O$ 的结构，结合热重分析结果，说明水合硫酸铜 5 个结晶水热稳定性不同的原因。

五、思考题

(1) 蒸发浓缩溶液可以用直接加热也可以用水浴加热的方法，如何进行选择?

(2) 是否所有的物质都可以用重结晶方法提纯?

(3) 通过查阅资料，列举几种提高大学化学实验绿色化程度的方法。

实验 10 硝酸钾的制备与提纯

一、实验目的

(1) 学习利用温度对物质溶解度影响的不同和复分解反应制备盐类。

(2) 熟悉溶解、减压抽滤操作，练习用重结晶法提纯物质。

二、实验原理

复分解法是制备无机盐类的常用方法。不溶性盐利用复分解法很容易制得，但是可溶性盐则需要根据温度对反应中几种盐类溶解度的不同影响来处理。

本实验是利用 $NaNO_3$ 和 KCl 通过复分解反应来制取 KNO_3 的，其反应为:

$$NaNO_3 + KCl = KNO_3 + NaCl$$

从表 5-6 中列出的 4 种盐类在不同温度下的溶解度（g/100g 水）可以看出，氯化钠的溶解度随温度变化极小，KNO_3 的溶解度却随着温度的升高而加快。在高温下，4 种盐中以 NaCl 的溶解度最小。因此，只要把一定量的 $NaNO_3$ 和 KCl 混合溶液加热浓缩，当浓缩到 NaCl 过饱和时溶液中就有 NaCl 析出，随着溶液的继续蒸发浓缩，析出的 NaCl 量也越来越多，上述反应也就朝右方进行，溶液中 KNO_3 和 NaCl 含量的比值不断增大。当溶液浓缩到一定程度后，停止浓缩，将溶液趁热过滤，分离去除所析出的 NaCl 晶体，滤液冷却至室温，溶液中便有大量的KNO_3晶体析出。其中所共析的少量NaCl等杂质可在重结晶中与KNO_3晶体分离除去。

表5-6　几种盐类在不同温度下的溶解度　（g/100g水）

盐类	溶解度						
	273K	283K	293K	303K	313K	323K	333K
NaCl	35.7	35.8	36.0	36.3	36.8	38.4	39.8
$NaNO_3$	73	80	88	96	114	148	180
KCl	27.6	31.0	34.0	37.0	42.6	51.1	56.7
KNO_3	13.3	20.9	31.6	45.8	83.5	169	246

产物KNO_3中杂质NaCl的含量可利用$AgNO_3$与氯化物生成AgCl白色沉淀的反应来检验。

三、仪器、药品和材料

仪器：托盘天平，烧杯3个，量筒（50mL），表面皿，布氏漏斗，吸滤瓶，抽滤装置，短颈漏斗，铜质保温漏斗套，铁三脚架，石棉网，铁架台（带铁圈），玻璃棒。

液体药品：$AgNO_3$(0.1mol/L)。

固体药品：$NaNO_3$，KCl。

材料：定性滤纸。

四、实验内容

（一）硝酸钾的制备

用表面皿在托盘天平上称取$NaNO_3$ 21g、KCl 18.5g，放入烧杯中，加入35mL蒸馏水，加热至沸，使固体溶解[附注1]，记下烧杯中液面的位置。继续加热蒸发，并不断搅拌，有晶体析出（为什么），待溶液蒸发至原来2/3时，便可停止加热，趁热用热滤漏斗进行过滤[附注2]。将滤液冷却至室温，滤液中便有晶体析出（为什么）。用减压过滤的方法分离并抽干此晶体，即得粗晶体，将其转移到一干燥洁净的滤纸上，上面再盖一滤纸，吸干晶体表面的水分后转移到已称重的洁净的表面皿中，用托盘天平称量，计算粗产品的产率。

（二）重结晶法提纯KNO_3

将粗产品放在50mL烧杯中(留0.5g做纯度对比检验用)，按KNO_3：

H_2O = 2∶1(质量比)的比例,将粗产品溶于蒸馏水中,并搅拌之,用小火加热,直至晶体全部溶解为止,然后冷却溶液至室温,待大量晶体析出后减压过滤,晶体用滤纸吸干,放在表面皿上称重(外观如何)。

(三) 产品纯度的检验

按照下法检验重结晶后 KNO_3 的纯度,与粗产品的纯度作比较。

称取 KNO_3 产品 0.5g(剩余产品回收)放入盛有 20mL 蒸馏水的小烧杯中溶解后取出 1mL,稀释至 100mL,取稀释液 1mL 放在试管中,加 1~2 滴 $AgNO_3$(0.1mol/L)溶液,观察有无白色氯化银沉淀产生。重结晶后的产品溶液应为澄清。若重结晶后的产品中仍然检验出含氯离子,则产品应再次重结晶。

(四) 附注

(1) 制备硝酸钾实验可设计一个在试管中利用 $NaNO_3$ 和 KCl 通过转化法制备 KNO_3 的微型实验。该实验试剂用量仅为常量实验的 1/10,反应装置简单,反应时间短,产率达 75% 以上,产品质量合格。

(2) 此步过滤一定要趁热快速减压抽滤,这就要求将布氏漏斗在沸水中或烘箱中预热。

五、思考题

(1) 何谓重结晶,本实验都涉及哪些基本操作,应注意什么?

(2) 用 KCl 和 $NaNO_3$ 来制备 KNO_3 的原理是什么?

(3) 粗产品 KNO_3 中混有什么杂质,应如何提纯?

(4) 实验中为何要趁热过滤除去 NaCl 晶体?

(5) 本实验的关键步骤有哪些,应如何提高 KNO_3 的产率?

(6) 用氯离子作为衡量产品纯度的依据是什么?

(7) 硝酸钾的制备中,为什么要控制“蒸发至原来体积的2/3”?

(8) 能否将除去氯化钠后的滤液直接冷却制取硝酸钾?

实验 11 甲酸铜的制备

一、实验目的

(1) 了解制备某些金属有机酸盐的原理和方法。

（2）继续巩固固液分离、沉淀洗涤、蒸发、结晶等基本操作。

二、实验原理

某些金属的有机酸盐，例如，甲酸镁、甲酸铜、醋酸钴、醋酸锌等，可用相应的碳酸盐或碱式碳酸盐或氧化物与甲酸或醋酸作用来制备。这些低碳的金属有机酸盐分解温度低，而且容易得到很纯的金属氧化物。制备具有超导性能的钇钡铜（$YBa_2Cu_3O_x$）化合物的其中一种方法，是由甲酸与一定配比的 $BaCO_3$、Y_2O_3 和 $Cu(OH)_2 \cdot CuCO_3$ 混合物作用，生成甲酸盐共晶体，经热分解得到混合的氧化物微粉，再压成片在氧气氛下高温烧结，冷却吸氧和相变氧迁移有序化后制得。

本实验用硫酸铜和碳酸氢钠作用制备碱式碳酸铜：

$$2CuSO_4 + 4NaHCO_3 =\!=\!=$$
$$Cu(OH)_2 \cdot CuCO_3(s) + 3CO_2(g) + 2Na_2SO_4 + H_2O$$

然后再与甲酸反应制得蓝色四水甲酸铜：

$$Cu(OH)_2 \cdot CuCO_3 + 4HCOOH + 5H_2O =\!=\!=$$
$$2Cu(HCOO)_2 \cdot 4H_2O + CO_2(g)$$

而无水的甲酸铜为白色。

三、仪器、药品和材料

仪器：托盘天平，研钵，温度计。

液体药品：HCOOH（C. P.）。

固体药品：$CuSO_4 \cdot 5H_2O$，$NaHCO_3$。

四、实验内容

（一）碱式碳酸铜的制备

称取 12.5g $CuSO_4 \cdot 5H_2O$ 和 9.5g $NaHCO_3$ 于研钵中，磨细和混合均匀。在快速搅拌下将混合物分多次小量缓慢加入到 100mL 近沸的蒸馏水中（此时停止加热）。混合物加完后，再加热近沸数分钟。静置澄清后，用倾析法洗涤沉淀至溶液无 SO_4^{2-}。抽滤至干，称重。

（二）甲酸铜的制备

将前面制得的产品放入烧杯内，加入约 20mL 蒸馏水，加热搅拌至 323K 左右，逐滴加入适量甲酸至沉淀完全溶解（所需甲酸量自行计算)，趁热过滤。滤液在通风橱下蒸发至原体积的1/3左右。冷至室温，减压过滤，用少量乙醇洗涤晶体2次，抽滤至干，得$Cu(HCOO)_2 \cdot 4H_2O$产品，称重，计算产率。

五、思考题

(1) 在制备碱式碳酸铜过程中，如果温度太高对产物有何影响?

(2) 固液分离时，什么情况下用倾析法，什么情况下用常压过滤或减压过滤?

(3) 简述固液分离的几种方法以及它们的适用条件?

实验12 氯化钠的提纯

一、实验目的

(1) 通过沉淀反应，了解提纯氯化钠的方法。

(2) 练习过滤、蒸发、结晶、干燥等基本操作。

二、实验原理

粗食盐中含有不溶性杂质（如泥沙）和可溶性杂质（主要是Ca^{2+}、Mg^{2+}、K^+和SO_4^{2-}）。不溶性杂质，可用溶解和过滤的方法除去。可溶性杂质可用下列方法除去：在粗食盐溶液中加入稍微过量的$BaCl_2$溶液，即可将SO_4^{2-}转化为难溶解的$BaSO_4$沉淀而除去：

$$Ba^{2+} + SO_4^{2-} \xlongequal{} BaSO_4(s)$$

将溶液过滤，除去$BaSO_4$沉淀，再加入NaOH和Na_2CO_3溶液，由于发生下列反应：

$$Mg^{2+} + 2OH^- \xlongequal{} Mg(OH)_2(s)$$

$$Ca^{2+} + CO_3^{2-} \xlongequal{} CaCO_3(s)$$

$$Ba^{2+} + CO_3^{2-} \xlongequal{} BaCO_3(s)$$

食盐溶液中的杂质Mg^{2+}、Ca^{2+}以及沉淀SO_4^{2-}时加入的过量Ba^{2+}转化为难溶的$Mg(OH)_2$、$CaCO_3$、$BaCO_3$沉淀，并通过过滤的方法除去。过量的NaOH和Na_2CO_3可以用纯盐酸中和除去。少量可溶性的杂质（如KCl）由于含量很少，在蒸发浓缩和结晶过程中仍留在溶液中，不会和NaCl同时结晶出来。

三、仪器、药品和材料

仪器：托盘天平，普通漏斗，烧杯，蒸发皿，布氏漏斗，抽滤装置。

液体药品：$BaCl_2$(1mol/L)，NaOH(2mol/L)，Na_2CO_3(1mol/L)，HCl(2mol/L)，$(NH_4)_2C_2O_4$(0.5mol/L)，镁试剂。

固体药品：粗食盐。

材料：pH试纸。

四、实验内容

(一) 粗食盐的提纯

(1) 在托盘天平上称取8g粗食盐，放入小烧杯中，加30mL蒸馏水，用玻璃棒搅动，并加热使其溶解。至溶液沸腾时，在搅动下一滴一滴加入$BaCl_2$ (1mol/L) 溶液至沉淀完全（约2mL），继续加热，使$BaSO_4$颗粒长大易于沉淀和过滤。为了检验沉淀是否完全，可将烧杯从石棉网上取下，待沉淀沉降后，在上层清液中加入1~2滴$BaCl_2$溶液，观察澄清液中是否还有浑浊现象，如果无浑浊现象，说明SO_4^{2-}已完全沉淀。如果仍有浑浊现象，则需继续滴加$BaCl_2$溶液，直到上层清液在加入一滴$BaCl_2$后，不再产生浑浊现象为止。沉淀完全后，继续加热5min，以使沉淀颗粒长大而易于沉降，用普通漏斗过滤。

(2) 在滤液中加入1mL NaOH(2mol/L)和3mL Na_2CO_3(1mol/L)溶液加热至沸。待沉淀沉降后，在上层清液中滴加Na_2CO_3(1mol/L)溶液至不再产生沉淀为止，用普通漏斗过滤。

(3) 在滤液中还滴加入HCl(2mol/L)，并用玻璃棒蘸取滤液在pH试纸上试验，直到溶液呈微酸性为止（pH≈6）。

(4) 将溶液倒入蒸发皿中，用小火加热蒸发，浓缩至稀粥状的稠液为止，但切不可将溶液蒸发至干。

(5) 冷却后，用布氏漏斗过滤，尽量将结晶抽干。将结晶移入蒸发皿中，在石棉网上用小火加热干燥。

(6) 称出产品的质量，并计算产率。

(二) 产品纯度的检验

取少量（约1g）提纯前和提纯后的食盐。分别用5mL蒸馏水溶解，然后各盛于3支试管中，组成三组，对照检验它们的纯度。

（1）SO_4^{2-}的检验。在第一组溶液中，分别加入2滴$BaCl_2$(1mol/L)溶液，比较沉淀产生的情况，在提纯的食盐溶液中应该无沉淀产生。

（2）Ca^{2+}的检验。在第二组溶液中，各加入2滴$(NH_4)_2C_2O_4$(0.5mol/L)溶液，在提纯的食盐溶液中应无白色难溶的CaC_2O_4沉淀产生。

（3）Mg^{2+}的检验。在第三组溶液中，各加入2~3滴NaOH(1mol/L)溶液，使溶液呈碱性（用pH试纸试验），再各加入2~3滴"镁试剂"，在提纯的食盐溶液中应无天蓝色沉淀产生。镁试剂是一种有机染料，它在酸性溶液中呈黄色，在碱性溶液中呈红色或紫色，但被$Mg(OH)_2$沉淀吸附后，则呈天蓝色，因此可以用来检验Mg^{2+}的存在。

五、思考题

（1）怎样除去粗食盐中的杂质Mg^{2+}、Ca^{2+}、K^+和SO_4^{2-}等离子？

（2）怎样除去过量的沉淀剂$BaCl_2$、NaOH、Na_2CO_3？

（3）提纯后的食盐溶液浓缩时为什么不能蒸干？

（4）怎样检验产品纯度？

实验13 硫代硫酸钠的制备和纯度检验

一、实验目的

（1）了解硫代硫酸钠的制备原理和方法。

（2）进一步掌握蒸发、浓缩、结晶、减压过滤等基本操作。

二、实验原理

硫代硫酸钠（$Na_2S_2O_3 \cdot 5H_2O$）是一种常见的化工原料和试剂，商品名为海波，俗称大苏打，无色透明晶体，易溶于水。硫代硫酸钠晶体在空气中稳定，水溶液呈碱性；在中性、碱性介质中能稳定存在，是中强还原剂；在酸性介质中不稳定，易分解成单质硫、二氧化硫。

亚硫酸钠溶液和硫粉作用可制得硫代硫酸钠。反应式为：

$$Na_2SO_3 + S \xlongequal{\quad} Na_2S_2O_3$$

反应完毕，过滤得到 $Na_2S_2O_3$ 溶液，然后浓缩蒸发，冷却，即可得 $Na_2S_2O_3 \cdot 5H_2O$ 晶体。

用碘滴定法测定硫代硫酸钠的纯度，即：

$$I_2 + 2Na_2S_2O_3 \xlongequal{} 2NaI + Na_2S_4O_6$$

三、仪器、药品和材料

仪器：托盘天平，烧杯，量筒，玻璃棒，洗瓶，酒精灯，研钵，铁架台，铁圈，布氏漏斗，热水漏斗，吸滤瓶，试管，石棉网。

液体药品：乙醇（95%），淀粉（0.2%），酚酞（1%），HAc-NaAc 缓冲溶液，I_2 标准溶液（0.1mol/L）。

固体药品：Na_2SO_3，硫粉。

材料：滤纸。

四、实验内容

（一）硫代硫酸钠的制备

称取 2g 硫粉，放入 100mL 洁净烧杯中，加 1mL 乙醇使其润湿，再称 6g Na_2SO_3 固体置于烧杯中，加入 30mL 蒸馏水，加热并不断搅拌，待溶液沸腾后改用小火加热，不断地用玻璃棒搅拌，保持沸腾状态 1h 左右，直至仅剩少许硫粉悬浮于溶液中[附注1]。趁热过滤，将滤液转移到蒸发皿中进行浓缩，直至溶液中有一些晶体析出（或溶液呈微黄色浑浊）时，立即停止加热[附注2]，冷却，使 $Na_2S_2O_3 \cdot 5H_2O$ 结晶析出[附注3]。减压过滤，并用少量乙醇洗涤晶体，尽量抽干，将晶体放入烘箱中，在 313K 下干燥 40～60min。称量，计算产率。

（二）产品纯度的检验

称取 0.5g（准确到 0.0001g）硫代硫酸钠试样，用少量蒸馏水溶解，加入 10mL HAc-NaAc 缓冲溶液，以保持溶液的弱酸性。然后用 I_2 标准溶液滴定，以淀粉为指示剂，滴定到溶液呈蓝色且 1min 内不褪即为终点。按下式计算硫代硫酸钠的纯度，以质量分数 w 表示：

$$w = \frac{2(V/1000) \times c \times M}{m} \times 100\%$$

式中 V——滴定时所消耗的碘标准溶液的体积数，mL；

c——碘标准溶液的浓度，mol/L；

M——硫代硫酸钠（$Na_2S_2O_3 \cdot 5H_2O$）的摩尔质量，g/mol；

m——试样的质量，g。

（三）附注

（1）反应过程中可适当补加蒸馏水，保持溶液体积不少于20mL。

（2）不可蒸干。

（3）若冷却较长时间后无晶体析出，可用玻璃棒轻轻摩擦蒸发皿内壁或投放一粒 $Na_2S_2O_3 \cdot 5H_2O$ 晶体以促使晶体析出。

五、思考题

（1）减压过滤后，为什么要用乙醇洗涤？

（2）蒸发浓缩时，为何不能蒸干溶液？

（3）纯度检验时，为什么要加入 HAc-NaAc 缓冲溶液保持溶液呈弱酸性？

第6章　综合应用和设计实验

实验1　吉布斯自由能变与化学反应方向（综合应用实验）

一、实验目的

通过研究某些化学反应的自由能变化与反应方向，加深学生对热力学基本原理的理解。

二、实验原理

当化学反应在等温、等压、不做非体积功条件下进行时，可直接用吉布斯自由能判据判断反应的方向：

$\Delta G<0$　　自发过程，反应正向进行；

$\Delta G=0$　　平衡状态；

$\Delta G>0$　　非自发过程，反应逆向进行。

本实验是通过计算一系列化学反应自由能的变化来判断反应能否自发进行，并由实验进一步加以验证。

三、仪器、药品和材料

仪器:烧瓶(250mL),烧杯,试管,托盘天平,酒精灯,表面皿。

液体药品：$NH_3 \cdot H_2O$(1mol/L)，HNO_3（浓），Na_2CO_3(1mol/L)，Na_2NO_2(1mol/L)，$FeCl_3$(1mol/L)，溴水，含碘废液。

固体药品：$Cu(OH)_2$, Na_2SO_3, $CuSO_4 \cdot 5H_2O$。

材料：细沙。

四、实验内容

（一）反应的自由能变化与反应方向

查阅有关$\Delta_f G_m^{\ominus}$数值，判断下列反应在标准状态下能否发生？然后进行试验，写出有关实验结论并作解释。

(1) $Cu(OH)_2(s)+4NH_3 \cdot H_2O(aq) \rightarrow [Cu(NH_3)_4]^{2+}(aq)+2OH^-(aq)+4H_2O(aq)$

(2) $[Cu(NH_3)_4]^{2+}(aq) + CO_3^{2-}(aq) \rightarrow CuCO_3(s) + 4NH_3(g)$

(3) $Br_2(aq) + NO_2^-(aq) + H_2O(l) \rightarrow 2Br^-(aq) + NO_3^-(aq) + 2H^+(aq)$

(4) $2Br^-(aq) + 2Fe^{3+}(aq) \rightarrow Br_2(aq) + 2Fe^{2+}(aq)$

（二）从含碘废液中提取单质碘

(1) 根据含碘废液中 I^- 含量（用 Na_2SO_3 还原后标定——可由实验室提供），计算出处理一定量废液（如 300mL）使 I^- 沉淀为 CuI 所需的 Na_2SO_3 和 $CuSO_4 \cdot 5H_2O$ 理论量。

(2) 将 Na_2SO_3 溶于上述废液中，并将 $CuSO_4$ 配成饱和溶液，在不断搅拌下滴加到废液中，加热至 243K 左右，待沉淀完全后，静置，倾去清液，最后使沉淀体积约保持在 20mL 左右并将其转移到适当的烧杯中。

(3) 在烧杯上盖上表面皿，逐滴加入计算量的浓 HNO_3（通风橱内进行），搅拌，当 I_2 析出后，静置，令 I_2 沉降，倾去清液，用少量水洗涤 I_2 晶体。

(4) I_2 的升华可用图 6-1 装置。将装有冷水的圆底烧瓶置于烧杯上，烧杯放在砂盘上缓慢加热至 373K 左右，在烧瓶底部就会析出碘晶体。升华结束后，可收集 I_2 并称量。

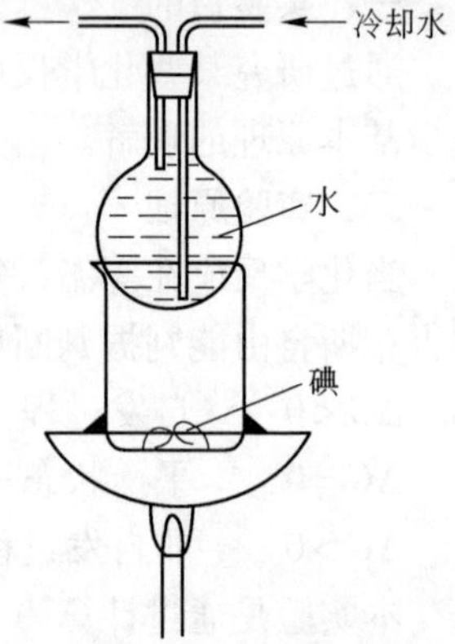

图 6-1　升华装置

五、思考题

(1) 任何化学反应在常压条件下，如果低温时能自发进行高温下是否也必然能自发进行?

(2) 在进行化学反应实验过程中，如观察不到气体的生成、沉淀的产生或溶液颜色的改变，能否认为该反应就没有发生?

(3) 写出从含碘废液中提取单质碘的反应方程式。

实验 2　电化学及其应用（综合应用实验）

一、实验目的

(1) 学习电解、电镀的原理和操作技能。

（2）了解金属腐蚀的基本原理及防止腐蚀的方法。

二、实验原理

（一）电解

电流通过电解质溶液时，在电极上引起的化学变化称为电解。电解时电极电势的高低、离子浓度的大小、电极材料等因素都可以影响两极上的电解产物。

如果电解的是熔融盐，电极采用铂或石墨等惰性电极，则电极产物只能是熔融盐的正、负离子分别在阴、阳两极上进行还原和氧化后所得的产物。

如果电解的是盐类的水溶液，电解液中除了盐类离子外还有 H^+ 和 OH^- 离子存在，电解时，在阳极上进行氧化反应的首先是析出电势代数值较小的还原态物质；在阴极上进行还原反应的首先是析出电势代数值较大的氧化态物质。

（二）电镀

电镀是将被镀件作阴极，通过电解将所需金属覆盖在被镀件表面的过程。电镀是为了提高被镀件的抗蚀性、耐磨性和装饰性；赋予被镀件一些特殊性能，如在塑料、陶瓷上镀镍、铜，使塑料、陶瓷等非金属具有导电、导热和可焊性。

电镀时常用含有镀层金属离子的电解质作镀液，以镀件为阴极，镀层金属作阳极。

（三）电化学腐蚀及其防止

电化学腐蚀是由于金属在电解质溶液中发生与原电池相似的电化学过程而引起的。腐蚀电池中较活泼的金属作为阳极（即负极）而被氧化；而阴极（即正极）仅起传递电子作用，本身不被腐蚀。

由溶解于电解质溶液中的氧分子得电子而引起的腐蚀称为吸氧腐蚀。在金属表面水膜中各部位溶解氧分布不均匀而引起的金属腐蚀称为差异充气腐蚀（即氧浓差腐蚀）。实际上也是一种吸氧腐蚀。

在腐蚀性介质中，加入少量能防止或延缓腐蚀过程的物质称为缓蚀剂。

阴极保护法有牺牲阳极法和外加电流法。后者是将欲保护金属与外加电源的负极相连，使其成为阴极。

三、仪器、药品和材料

仪器：直流电源，U 形管，电流计，伏特计，滑线变阻器，表面皿，温度计，烧杯（250mL、100mL），小试管，酒精灯，铁架台，玻璃棒，镊子，橡皮塞。

液体药品：HCl（0.1mol/L、浓），HNO_3（2mol/L、浓），H_2SO_4（浓），NaOH（1mol/L），$NH_3 \cdot H_2O$（浓），NaCl（1mol/L、饱和），$K_3[Fe(CN)_6]$（0.1mol/L），NH_4Cl(250~300g/L)，$ZnCl_2$(25~35g/L)，H_3BO_3(15~25g/L)，硫脲（1~2g/L，100g/L），聚乙二醇（2~3g/L），酚酞（1%），品红试剂（0.1%）。

固体药品：冰醋酸，铬酐，锌片，锌粒，铁钉（6cm），炭棒，铜线，铁芯（或铜芯），塑套导线。

材料：细砂纸，导线，pH 试纸，淀粉碘化钾试纸。

四、实验内容

（一）水与食盐水的电解

（1）水的电解。取两段 9cm 长的铁芯（或铜芯）塑套导线，两端各削去 1cm 长的塑料绝缘外套，并在 1.5cm 略多一点处弯成弯钩，使其成“ᔕ”形，作为电极，将其对称地挂在 250mL 烧杯的两壁上（图 6-2）。在烧杯中加入约 120mL 的 NaOH（1mol/L）溶液（加 NaOH 是为了提高水的导电能力，如把它换成稀硫酸也可以）。另取两支试管装满 NaOH（1mol/L）溶液。试管口用橡皮塞塞住，小心地把试管倒过来，用镊子拔去橡皮塞并分别扣在两个电极上。在烧杯中滴入两滴酚酞溶液，然后接通 12V 直流电。数分钟后，观察阴极区溶液颜色的变化，并观察两支试管中产生的气体的体积比。待试管内气体收集满后，切断电源，用镊子在液面下将两试管用橡皮塞塞住，取出检验各是什么气体。写出电解反应方程式。

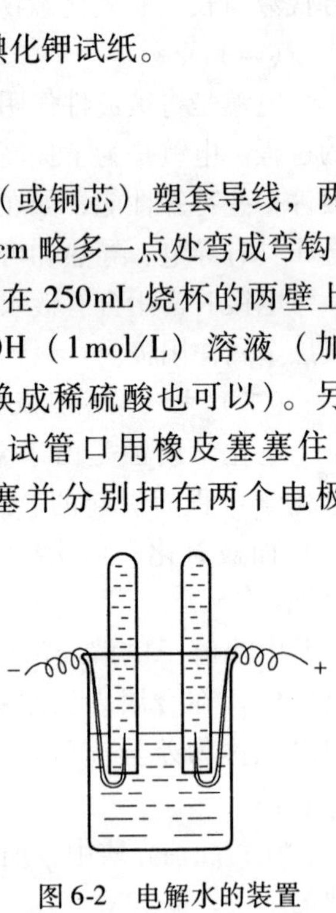

图 6-2 电解水的装置

（2）电解食盐水。将饱和食盐水装入

U形管中（图6-3），使其液面处于U形管支管下1cm处，再将U形管固定在铁架台上。以铁钉为阴极，炭棒为阳极（为了更好地观察气泡的生成和逸出，可将炭棒伸入溶液的一端削细磨尖），将它们插入U形管，在阴极液面滴入2滴酚酞溶液，阳极液面滴入2滴品红溶液，然后将阴阳两极分别接直流电源的负极和正极。调整电压为12V，接通电源，进行电解。观察阴、阳极附近溶液的现象。几分钟后，用湿润的淀粉碘化钾试纸放在阳极一边的管口，观察有什么现象？写出电解饱和食盐水的反应方程式。阴极所生成的气体是什么气体？

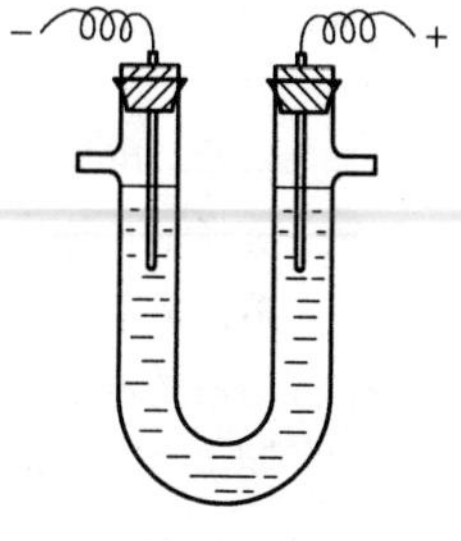

图6-3　电解食盐的装置

（二）电镀锌

以铁钉为镀件（它在电解槽中作阴极还是作阳极？接直流电源的正极还是负极?），锌片为另一个电极，100mL烧杯作电解槽进行电镀。铁件镀锌的工艺过程为：镀件（铁钉）→表面打磨→除油→除锈→硝酸浸泡→水洗→电镀→水洗→钝化→水洗→干燥→成品。

（1）镀件处理。在电镀以前应先将镀件的表面除尽油污和氧化层，使镀上的锌层能良好地附着在基体金属上。先用细纱纸将镀件上的氧化物磨掉，然后用粗布擦光，再经下列三个步骤处理：

1）烧碱除油。将镀件放在温度为353K以上的NaOH溶液（1molg/L）中浸泡约10min，然后将镀件取出，用水冲洗干净。

2）盐酸除锈。将除去油污的镀件放入温度为293～318K的浓盐酸中浸泡约10min，然后将镀件取出，用水冲洗干净。

3）硝酸浸泡。将上面的镀件放入室温下的硝酸溶液（3+100）中浸泡3～5s至镀件上黑色斑点完全除去，使其显露出洁净光亮的金属表面。

镀件经过以上处理后，再经冲洗，即可放入电解槽内进行电镀。

（2）电镀。镀锌电解液的配方（物料用量）及镀锌工艺条件如下：

氯化铵	250～300g/L
氯化锌	25～35g/L

硼酸	15 ~ 25g/L
硫脲	1 ~ 2g/L
聚乙二醇	2 ~ 3g/L
洗涤剂	0.05 ~ 1g/L
溶液的 pH 值	4.5 ~ 6.5
溶液的温度	288 ~ 303K
阴极电流密度	1 ~ 2A/dm^2

若配得的溶液 pH 值过高，可加适量的冰醋酸；pH 值过低，则加适量的氨水。

在烧杯中注入约 4/5 容积的镀锌电解液，接好线路。仔细检查线路连接无误、接触良好后，打开电源开关进行电镀，调节滑线变阻器使电流密度控制在 1 ~ 2A/dm^2。电解时间约 0.5h。停止电镀后，将锌极从电镀液中取出，并用水冲洗，避免腐蚀。

（3）钝化。钝化的目的是为了使镀层上的金属生成紧密细致的氧化物薄膜，以保护镀层，使其耐腐蚀，且外观美观。钝化液按以下方法配制：

在 100mL 的 HNO_3（2mol/L）溶液中溶入铬酐 25g、浓硫酸 1 ~ 2mL，摇匀即可。

将水冲洗过的镀件在室温下放入钝化液中浸泡 5 ~ 7s，取出后用水冲洗干净，晾干即可。这样钝化过的镀件除具有白色金属光亮表面外，还隐约闪现出彩色，因此，这个步骤称为虹彩钝化。

（三）电化学腐蚀与防腐的实验

（1）原电池腐蚀：

1）往表面皿（其下衬一张白纸）上滴 1 滴自己配制的腐蚀液（配制方法：往试管中加入 1mL NaCl(1mol/L) 溶液、1 滴 $K_3[Fe(CN)_6]$(0.1mol/L) 和 1 滴酚酞溶液（1%）。保留此溶液供下面实验（2）使用，再加入少量蒸馏水，搅拌均匀。然后取两枚小铁钉，在一枚铁钉中间部位紧绕一根铜线，另一枚铁钉中间部位紧裹一根薄的锌条。将它们离开一定距离放置于表面皿上，并浸没在上述溶液中。经过一段时间后观察有何现象发生。

2）往盛有 HCl(0.1mol/L) 溶液的试管中，加入 1 粒纯锌粒，观察有何现象。插入一根粗铜丝，并与锌粒接触。观察前后现象有何不同，简单解释之。

（2）差异充气腐蚀。往已用砂纸擦光的铁片上滴上1～2滴自己配制的腐蚀液，观察实验现象。静置20～30min后，再仔细观察液滴不同部位所产生的颜色（为什么）。

（3）防止金属腐蚀的方法：

1）缓蚀剂法。往2支试管中各放入1枚无锈或已经去锈的铁钉，并往其中的1支试管中加入数滴硫脲（100g/L）溶液，然后各加入HCl(0.1mol/L)和几滴$K_3[Fe(CN)_6]$(0.1mol/L)溶液（2支试管中各溶液的用量应相同）。观察、比较2支试管中的现象有何不同（为什么）。

2）阴极保护法。在小烧杯中加入30mL NaCl（1mol/L）溶液（事先加盐酸酸化），插入两支用砂纸打光除去铁锈的铁钉，将欲保护的那支铁钉接直流电源的负极，起辅助电极作用的那支铁钉接直流电源的正极。调节电压至1.5V左右，接通电源，并在阳极附近滴入数滴$K_3[Fe(CN)_6]$(0.1mol/L)溶液。观察有何现象？这说明了什么？

五、思考题

（1）电池、电解池各是什么装置，两者有何区别？

（2）金属发生电化学腐蚀的原因是什么，如何防止？

（3）应如何使用低压直流电源和滑线变阻器，使用过程中应注意什么？

（4）在电镀过程中为什么要控制电流密度，如何控制电流密度？

实验3　高岭土中杂质铁的除去与增白（综合应用实验）

一、实验目的

（1）学习固相矿物中杂质的去除方法。

（2）掌握利用调节溶液酸度控制物质的氧化还原的方法。

（3）掌握光度分析法测定铁的含量。

（4）了解粉末材料白度的测定方法。

二、实验原理

(一) 杂质铁的去除原理

天然高岭土因含少量铁、锰等杂质使其白度降低，影响其使用，通常高岭土的增白有两种方法：

(1) 氧化法。将 Fe、Mn 等杂质氧化为高价形成可溶性的含氧酸盐进入溶液而除去。

(2) 还原法。酸性条件下，将 Fe、Mn 等杂质还原为低氧化态可溶于水的离子而除去。

本实验采用还原法，以连二亚硫酸钠为还原剂。在酸性介质中，其还原反应为：

$$2SO_4^{2-} + 8H^+ + 6e^- = S_2O_4^{2-} + 4H_2O$$

电极电势为：

$$\varphi(SO_4^{2-}/S_2O_4^{2-}) = \varphi^\ominus(SO_4^{2-}/S_2O_4^{2-}) + \frac{RT}{nF}\ln\frac{c^2(SO_4^{2-})\cdot c^8(H^+)}{c(S_2O_4^{2-})}$$

如果设 $c(SO_4^{2-}) = c(S_2O_4^{2-}) = 1.0\text{mol/L}$，$T = 298\text{K}$ 时，则上式为：

$$\varphi(SO_4^{2-}/S_2O_4^{2-}) = 0.2 - 0.0934\text{pH}$$

由此可知，电对 $SO_4^{2-}/S_2O_4^{2-}$ 的电极电势随溶液的 pH 值降低而升高。

当溶液的酸度足够高时，氧化反应电对 Fe^{3+}/Fe^{2+} 的电极电势与 pH 值无关，

即：$\varphi(Fe^{3+}/Fe^{2+}) = \varphi^\ominus(Fe^{3+}/Fe^{2+}) = 0.771\text{V}$

但是当溶液 pH 值逐渐升高时，由于 Fe^{3+} 将发生水解，此时 Fe^{3+}/Fe^{2+} 电对转为 $Fe(OH)_3/Fe^{2+}$，其电极电势为：

$$\varphi[Fe(OH)_3/Fe^{2+}] = \varphi^\ominus(Fe^{3+}/Fe^{2+}) + \frac{RT}{nF}\ln\frac{K_{sp}^\ominus[Fe(OH)_3]}{c(Fe^{2+})\cdot c^3(OH^-)}$$

当 $c(Fe^{2+}) = 1.0\text{mol/L}$，$T = 298\text{K}$ 时，则 $\varphi[Fe(OH)_3/Fe^{2+}] = 1.04 - 0.177\text{pH}$

如溶液 pH 值再进一步升高到 Fe^{2+} 也发生水解，此时：

$$\varphi[Fe(OH)_3]/[Fe(OH)_2]$$

$$=\varphi^{\ominus}(Fe^{3+}/Fe^{2+})+\frac{RT}{nF}\left\{\ln\frac{K_{sp}^{\ominus}[Fe(OH)_3]}{K_{sp}^{\ominus}[Fe(OH)_2]}+\ln\frac{1}{c(OH^-)}\right\}$$

$$=0.35-0.059pH$$

由以上公式可以得到电极电势与溶液pH值关系曲线。

由电极电势与溶液pH值的关系可看出，Fe(Ⅲ)/Fe(Ⅱ)电对与$SO_4^{2-}/S_2O_4^{2-}$电对的电极电势差值并不是固定的。当pH值等于1.53时达最大值。当pH值等于6.45时达最小值；当pH值大于6.45时，因生成$Fe(OH)_2$无法进行过滤除去。所以，当用连二亚硫酸盐作还原剂时，反应介质酸度应在pH值为1.53~6.45。酸度过小，两者电极电势差小，反应速率慢且进行不完全。酸度过大，消耗酸量大，并降低了连二亚硫酸盐的稳定性，易分解放出SO_2，溶液pH值控制在3左右为最佳。

（二）高岭土除铁量的测定原理

高岭土中铁含量较高，所以选择了灵敏度较低的NH_4SCN作显色剂来测定铁。

在酸性条件下，Fe^{3+}与一定过量SCN^-反应，生成血红色的$Fe(SCN)_3$配合物，在波长480nm测定吸光度，通过标准曲线即可求算出铁的含量。

三、仪器、药品和材料

仪器：托盘天平，常规玻璃仪器，电热恒温水浴，电动搅拌器，分光光度计，ZBD白度仪。

液体药品：H_2SO_4（1mol/L、20%），H_3PO_4（1mol/L），NH_4SCN（2mol/L），H_2O_2（3%），HNO_3（1+1），Fe^{3+}（0.1mol/L），葡萄糖溶液（4g/L）。

固体药品：高岭土，$Na_2S_2O_4$。

四、实验内容

（一）高岭土除铁增白

称取20g高岭土原粉，置于250mL烧杯中，加80mL蒸馏水，5mL H_2SO_4（1mol/L），2.5mL H_3PO_4（1mol/L），5mL葡萄糖（4.0g/L）

溶液，搅拌，水浴加热至353K。

称取0.8g $Na_2S_2O_4$，溶于20mL蒸馏水中，缓慢滴加到上述高岭土悬浮液中（滴加时间为15min）。继续保温、搅拌45min后，减压过滤，并用少量水洗涤滤饼，滤饼置于烘箱中于393～403K烘干，过滤的母液及洗涤液冷却后，转移到250mL容量瓶中，稀释至刻度，备用。

（二）高岭土溶出铁总量测定

（1）工作曲线的绘制。分别取0.0mL、0.5mL、1.0mL、1.5mL、2.0mL、2.5mL的Fe^{3+}标准溶液于6个50mL的容量瓶中，然后在每个容量瓶中再分别加入1mL HNO_3(1+1)、1mL H_2SO_4(20%)和10mL NH_4SCN(2mol/L)溶液，用蒸馏水稀释至刻度，摇均匀。放置10min后，用1cm比色皿，以空白溶液作参比，在480nm处测量吸光度。然后以标准铁溶液的毫升数为横坐标，以吸光度为纵坐标绘制工作曲线。

（2）高岭土中除铁量的测定。吸取滤液1.00mL于100mL烧杯中，加入2mL H_2O_2（3%），2mL HNO_3(1+1)，在电炉上加热2～3min（使Fe^{2+}氧化成Fe^{3+}并除去过量H_2O_2）冷却后，定量转入50mL容量瓶中，再加入1mL H_2SO_4(20%)和10mL NH_4SCN(2mol/L)溶液，用蒸馏水稀释至刻度，摇匀，放置10min后，以空白溶液作参比，在480nm处测量吸光度。利用工作曲线计算出每克高岭土中除Fe量。

1g高岭土中除铁的毫克数为：

$$\frac{V \times \rho_{Fe} \times 250.0}{W}$$

式中，V为相当铁标准溶液毫升数，mL；ρ_{Fe}为铁标准溶液质量浓度，mg/mL；W为高岭土总量，g。

（三）高岭土白度的测定

（1）ZBD白度仪的调节。打开白度仪和检流计电源开关，预热20min。将标准白度板放置于样品测试台上，调节白度旋钮使其示值与标准白度板一致，按下测量按钮，按粗、细、精顺序调节光电流旋钮至检流计示值为零，关闭测量按钮。

（2）样品白度测定。将烘干的样品在研钵中研细后放入样品盒中，并用玻璃片将样品压紧、压平，将此样品盒放在测试台上，按下测量按钮，调节白度旋钮使检流计示值为零，此时白度旋钮的示值，即为样品白度值。

用上述同样的方法，测量高岭土原粉的白度值，比较增白效果。

五、思考题

（1）还原法除去高岭土中铁杂质时，溶液的pH值控制在什么范围？

（2）用NH_4SCN光度法测铁时，为什么要加入H_2O_2？

（3）测定高岭土白度时，为何样品要研细、压平？

实验4　水的纯化及其纯度测定（综合应用实验）

一、实验目的

（1）了解用离子交换法制取纯水的原理和方法。

（2）学习电导率仪的使用方法。

（3）掌握水中无机杂质离子的定性鉴定方法。

二、实验原理

天然水中含有各种杂质、泥沙、无机盐、有机物等。水中无机盐杂质主要是Na、Ca、Mg的酸式碳酸盐、硫酸盐和氯化物。工农业生产、科学研究和生活用水等对水中杂质含量都有一定的要求，净化水的方法也不相同，常用的有蒸馏法、电渗法和离子交换法。

离子交换法是目前广泛采用的制备纯水的方法之一。离子交换法是利用离子交换树脂与其他物质的离子进行选择性的离子交换反应，除去水中杂质离子。

离子交换树脂是一种人工合成的高分子化合物，其主要组成部分是交联成网状的立体的高分子骨架；另一部分是连在其骨架上的许多可以被交换的活性基团。树脂的骨架特别稳定，它不受酸、碱、有机溶剂和一般弱氧化剂的作用。当它与水接触时，能吸附并交换溶解在水中的阳离子和阴离子。根据能交换的离子种类不同，离子交换树脂可分为阳离子交换树脂和阴离子交换树脂两大类。每种树脂都有型号不同的几种类型，它们的性能略有区别，可根据用途来选择所需树脂。

阳离子交换树脂含有酸性的活性基团，如磺酸基—SO_3H，羧基—COOH 和酚羟基—OH，酸性基团上的 H^+ 可以和水溶液中的其他阳离子进行交换（称为 H 型）。因为磺酸是强酸，所以含磺酸基的树脂又称为强酸性阳离子交换树脂，可用 R—SO_3H 表示，其中 R 代表树脂中网状骨架部分。R—COOH 和 R—OH 均为弱酸性阳离子交换树脂。

阴离子交换树脂含有碱性的活性基团，如含有季胺基—$N(CH_3)_3^+$ 的强碱性阴离子交换树脂 R—$N(CH_3)_3^+OH^-$，含有叔胺基—$N(CH_3)_2$、仲胺基—$NH(CH_3)$、氨基—NH_2 的弱碱性阴离子交换树脂 R—$NH(CH_3)_2^+OH^-$、R—$NH_2(CH_3)^+OH^-$ 和 R—$NH_3^+OH^-$，它们所含的 OH^- 均可与水溶液中的其他阴离子进行交换（称为 OH 型）。

纯化水时，通常都使用强酸性阳离子交换树脂和强碱性阴离子交换树脂，并预先将它们分别处理成 H 型和 OH 型。交换过程通常是在离子交换柱中进行的。自来水先经过阳离子树脂交换柱，水中的阳离子（Na^+、Ca^{2+}、Mg^{2+} 等）与树脂上的 H^+ 进行交换：

$$R—SO_3^-H^+ + Na^+ \rightleftharpoons RSO_3^-Na^+ + H^+$$

$$2R—SO_3^-H^+ + Ca^{2+} \rightleftharpoons (RSO_3^-)_2Ca^{2+} + 2H^+$$

$$2R—SO_3^-H^+ + Mg^{2+} \rightleftharpoons (RSO_3^-)_2Mg^{2+} + 2H^+$$

交换后，树脂变成“钠型”、“钙型”或“镁型”，水具有弱酸性。然后再将水通过阴离子树脂交换柱，水中的杂质阴离子（Cl^-、SO_4^{2-}、HCO_3^- 等）与树脂上的 OH^- 进行交换：

$$RN(CH_3)_3^+OH^- + Cl^- \rightleftharpoons RN(CH_3)_3^+Cl^- + OH^-$$

$$2RN(CH_3)_3^+OH^- + SO_4^{2-} \rightleftharpoons [RN(CH_3)_3^+]_2SO_4^{2-} + 2OH^-$$

交换后，树脂变成“氯型”等，交换下来的 OH^- 和 H^+ 中和：

$$H^+ + OH^- \rightleftharpoons H_2O$$

从而将水中的可溶性离子全部去掉。

交换后水质的纯度高低与所用树脂的量多少以及流经树脂时水的流速等因素有关。一般树脂量越多，流速越慢，得到的水的纯度就越高。

离子交换过程是可逆的。交换反应主要向哪个方向进行，与水中两种离子（如 H^+ 与 Na^+，OH^- 与 Cl^-）的浓度有关。当水中杂质离子较多，而树脂上的活性基团上的离子都是 H^+ 或 OH^- 时，则水中的杂质离子被交换占主导地位；但如果水中杂质离子减少而树脂上活性基团又大量被杂质离子占领时，则水中的 H^+ 和 OH^- 反而会把杂质离子从树脂上交换下来。由于交换反应的这种可逆性，所以只用阳离子交换柱和阴离子交换柱串联起来处理后的水，仍然会含有少量的杂质离子。为提高水质，可使水再通过一个由阴、阳离子交换树脂均匀混合的“混合柱”，其作用相当于串联了很多个阳离子交换柱与阴离子交换柱，而且在交换柱层的任何部位的水都是中性的，从而减少了逆反应的可能性。

树脂使用一定时间后，活性基团上的 H^+、OH^- 分别被水中的阳、阴离子所交换，从而失去了原先的交换能力，我们称之为“失效”。利用交换反应的可逆性使树脂重新复原，恢复其交换能力，这过程称之为“洗脱”或“再生”。

阳离子交换树脂的再生是加入适当浓度的酸，其反应为：

$$RSO_3^- Na^+ + H^+ \rightleftharpoons RSO_3^- H^+ + Na^+$$

阴离子交换树脂的再生是加入适当浓度的碱，其反应为：

$$RN(CH_3)_3^+ Cl^- + OH^- \rightleftharpoons RN(CH_3)_3^+ OH^- + Cl^-$$

经再生后的树脂可以重新使用。混合离子交换树脂用饱和食盐水充分浸泡，由于密度不同的原因，阴离子树脂浮在上面，阳离子树脂沉在下面。从而将其分离，然后再分别进行再生。

三、仪器、药品和材料

仪器：离子交换柱，小试管，烧杯，电导率仪。

药品：732 号强酸性阳离子交换树脂，717 号强碱性阴离子交换树脂，HCl(2mol/L)，$NaOH$ (2mol/L、6mol/L)，HNO_3(2mol/L)，$BaCl_2$

(0.1mol/L)，$AgNO_3$(0.1mol/L)，$NH_3 \cdot H_2O$(6mol/L)，镁指示剂，钙指示剂，HAc(2mol/L)，$(NH_4)_2C_2O_4$（饱和）。

材料：霍夫曼夹，橡胶管，玻璃纤维等。

四、实验内容

（一）树脂的预处理

阳离子交换树脂的预处理：用自来水冲洗树脂至水为无色后，改用纯水浸泡4~8h，再用HCl（2mol/L）浸泡4h。倾去HCl溶液，用纯水洗至pH值为3~4。纯水浸泡备用。

阴离子交换树脂的预处理：将树脂如同上法漂洗和浸泡后，改用NaOH（2mol/L）浸泡4h。倾去NaOH溶液，用纯水洗至pH值为8~9。纯水浸泡备用。

（二）装柱

实验用的离子交换柱是用玻璃管制成，管下端拉成尖嘴，接上橡皮管，用霍夫曼夹子控制水的流速。

交换柱的树脂层中不能有气泡，否则会造成水或溶液断路和树脂层的紊乱。因此，在装柱和操作过程中，必须使树脂一直浸泡在水或溶液中。柱中的液体流出时，树脂上方应保持一定高度的液层，切勿使液层下降到树脂面以下，否则，再加液体时，树脂层就会出现气泡。

装树脂时，先用少量玻璃纤维松散地塞在柱子的底部，以防树脂漏出。将柱的出液口夹住，向柱中注入少量蒸馏水。将所需离子交换树脂先放在烧杯中，再用滴管将树脂连同水一起慢慢加入柱中。

按图6-4所示，将离子交换柱装好并串联起来。

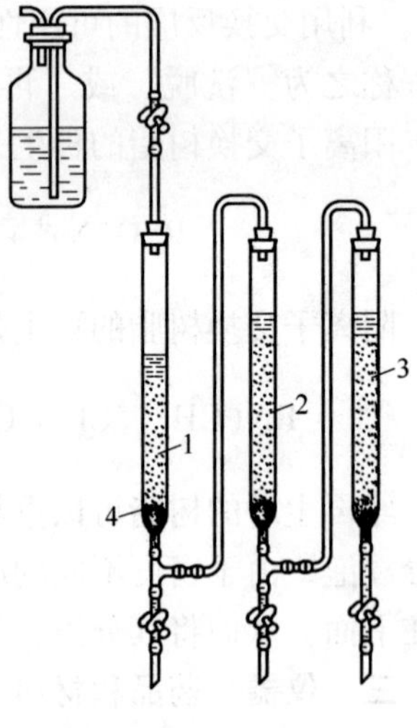

图6-4 树脂交换装置

1—阳离子交换柱；2—阴离子交换柱；3—混合离子交换柱；4—玻璃纤维

阳离子交换柱装入约1/2体积的树脂，阴离子交换柱装入约2/3体积的树脂，装混合离子交换柱时，应先将阴、阳离子交换树脂按体积比为 2∶1 混合均匀后，再装入约 2/3 体积的树脂。

在装柱和连接过程中，应注意树脂层和两柱间的连接管内不得留有气泡，以免液体流动不能通畅。

多取的树脂不要倒回原瓶，应分别倒入各种树脂回收瓶。

（三）纯水制备

依次使自来水水样流经阳离子树脂交换柱、阴离子树脂交换柱和混合离子树脂交换柱，控制流速约为 2～3s 1 滴。弃去前面所接收的约 20mL 后开始接收水样，作水质检验，直至检验合格为止。用过的离子交换树脂还可以再生后使用[附注1]。

（四）水质检验[附注2]

按装置从后向前的顺序，依次接收流经阳离子、阴离子及混合离子交换柱流出水，流经阳离子、阴离子交换柱流出水，流经阳离子交换柱流出水，以及自来水 4 个水样，进行下面的测试。

（1）测定 4 个水样的电导率；

（2）检验 4 个水样中的 Ca^{2+}、Mg^{2+}、Cl^- 和 SO_4^{2-}。

（五）附注

1. 树脂的再生

树脂再生装置如图 6-5 所示。

阳（阴）离子交换树脂用 HCl（2mol/L）（NaOH 2mol/L）溶液进行再生，所用酸（碱）溶液的体积约为需再生树脂体积的 6～10 倍。

当树脂上方的水面接近树脂面时，将酸（碱）液滴入树脂柱中，并以每秒约 1 滴的流速让酸（碱）液滴入树脂。酸（碱）液流经树脂层的时间应不少于 20min，可用夹子 2 控制酸（碱）液的流速，用夹子 1 控制树脂上液层的高度。注意在操作中切勿使液面低于树脂层。如此用酸（碱）液淋洗，直到交换柱中流出液不含 Na^+（或 Cl^-）为止（如何检验）。然后用蒸馏水洗涤树脂，直至流出液至近中性为止。

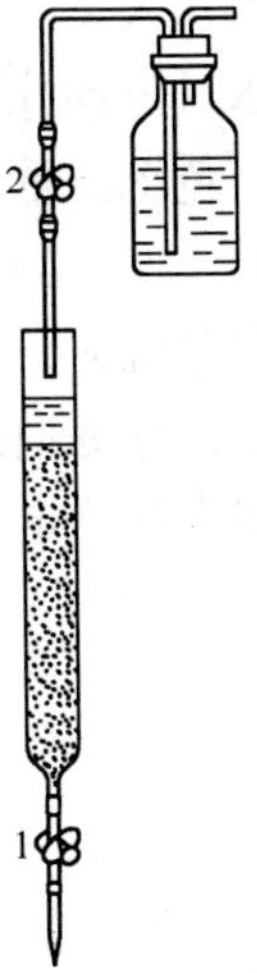

图 6-5　树脂再生装置

1—出液控制夹；
2—进液控制夹

2. 水质检验

（1）物理检验。用电导率仪测得电导率可间接表示水的纯度，水中杂质离子越少，水的电导率就越小。水样电导率参考值见表6-1。

表6-1　水样电导率参考值

水　样	自来水	蒸馏水	去离子水	高纯水
电导率/$\mu S \cdot cm^{-1}$	50 ~ 500	1.0 ~ 50	0.8 ~ 4	0.055

（2）化学检验：

1）Ca^{2+}。

①取2滴水样放入小试管中，加入1滴NaOH(6mol/L)和1滴钙指示剂，溶液显红色，表示有Ca^{2+}。

②取2滴水样放入小试管中，加入2滴HAc(2mol/L)和3 ~ 4滴饱和（$(NH_4)_2C_2O_4$溶液，产生白色沉淀，表示有Ca^{2+}。

2）Mg^{2+}。取2滴水样放入小试管中，加1滴NaOH(6mol/L)和1滴镁指示剂，有天蓝色沉淀，表示有Mg^{2+}。

3）Cl^-。取2滴水样放入小试管中，加入2滴HNO_3(2mol/L)酸化，再加入2滴$AgNO_3$(0.1mol/L)，有白色沉淀，在沉淀上加5 ~ 8滴氨水（6mol/L）溶液，搅动，沉淀溶解，再加HNO_3（6mol/L）酸化，白色沉淀重又出现，表示有Cl^-存在。

4）SO_4^{2-}。取2滴水样放入小试管中，加入2滴$BaCl_2$(1mol/L)，如有白色沉淀，表示有SO_4^{2-}存在。

五、数据记录与处理

将水样测定及检验结果填入表6-2中。

表6-2　各种水样的测定及检验结果

水　样	电导率 /$\mu S \cdot cm^{-1}$	Ca^{2+}	Mg^{2+}	Cl^-	SO_4^{2-}
去离子水					
流经阳、阴离子交换柱流出水					
流经阳离子交换柱流出水					
自来水					

根据实验检测结果作出结论。

六、思考题

（1）离子交换法纯化水的原理是什么？

（2）为什么经阳离子交换树脂处理后的自来水，电导率比原来大？

（3）用电导率仪测定水纯度的根据是什么？

（4）混合离子交换树脂使用后，怎样将其分离？

实验 5　基本离子的鉴定（设计实验）

一、实验目的

（1）学会运用所学知识自行设计实验方案。

（2）掌握常用试剂的鉴定方法。

（3）检验学生的实验操作能力。

二、实验要求

运用已学过的基本知识、基本理论和实验方法，通过查阅资料，独立设计出完整的实验方案，包括实验原理、步骤、仪器、试剂用量、实验条件等，经指导老师审阅后，独立地完成实验，并写出实验报告。

三、实验内容

用下面 13 种无色溶液作试剂：盐酸、双氧水、氢氧化钠、氨水、碘化钾、硫化钠、碳酸钠、亚硫酸钠、氯化钡、硫酸铝、氯化亚锡、硝酸银、硝酸锌。把它们一一鉴别出来（可用高锰酸钾、pH 试纸）。

四、实验指导

（1）酸、碱、盐化合物都有一定的酸度范围。

（2）很多试剂可与高锰酸钾发生氧化还原反应，得到不同的产物。

（3）试剂间也会发生沉淀及生成配合物等反应。

一些主要的化学反应：

$$2KMnO_4 + 6KI + 4H_2O = 2MnO_2(s) + 3I_2 + 8KOH$$

$$2KMnO_4 + 5SnCl_2 + 16HCl = 2MnCl_2 + 8H_2O + 5SnCl_4 + 2KCl$$

$$2KMnO_4 + 3H_2O_2 = 2MnO_2(s) + 3O_2(g) + 2H_2O + 2KOH$$

$$2KMnO_4 + 3Na_2SO_3 + H_2O = 2MnO_2(s) + 3Na_2SO_4 + 2KOH$$

$$2KMnO_4 + 3Na_2S + 4H_2O = 2MnO_2(s) + 6NaOH + 2KOH + 3S(s)$$

五、思考题

（1）今有一瓶含有 Fe^{3+}、Cr^{3+} 和 Ni^{2+} 离子的混合液，如何将它们分离出来，请设计分离示意图。

（2）实验室中如何配制氯化亚锡溶液？

（3）硫代硫酸钠溶液与硝酸银溶液反应时，为何有时为硫化银沉淀，有时又为 $[Ag(S_2O_3)_2]^{3-}$ 配离子？

实验6　卤素元素（设计实验）

一、实验目的

（1）掌握卤素单质的氧化性和卤素离子的还原性。

（2）掌握卤素含氧酸盐的氧化性。

（3）了解卤素歧化反应的条件。

（4）掌握卤化物的性质。

二、实验要求

按给定试剂及实验内容设计出实验方案，经指导老师同意后，即可进行实验。在实验报告中说明操作步骤、现象，并写出主要的离子方程式。

三、实验内容

根据下列药品及材料，设计实验方案。

药品：HNO_3（浓），H_2SO_4（1mol/L、3mol/L、浓），HCl（浓），NaOH(6mol/L)，$NH_3 \cdot H_2O$（浓），NaF(0.1mol/L)，NaCl(0.1mol/L)，$AgNO_3$（0.1mol/L），KI（0.1mol/L），KBr（0.1mol/L），$FeCl_3$（0.1mol/L），$KBrO_3$（饱和），$KClO_3$（饱和），NaClO（饱和），KIO_3（饱和、0.05mol/L），$MnSO_4$（0.2mol/L），$Na_2S_2O_3$（0.1mol/L、0.05mol/L），Na_2CO_3（2mol/L），$Cr_2(SO_4)_3$（0.1mol/L），氯水，溴水，碘水，CCl_4，品红溶液（0.1%）。

材料：淀粉-碘化钾试纸，醋酸铅试纸，pH 试纸。

（1）溴和碘单质在水中及四氯化碳中的溶解性：

1）比较溴和碘在水中和 CCl_4 中的溶解性。

2）比较碘在水中和在 KI 溶液中的溶解性。

（2）卤素的氧化性：

1）拟出实验方案，比较卤素氧化性的变化规律。

2）试验碘与硫代硫酸钠的反应。

3）把氯水逐滴加入碘化钾溶液中有何现象发生，氯水过量又怎样？

（3）卤素离子的还原性。选用两种氧化剂，拟出实验方案，依次比较卤素离子还原性的变化规律（选择适宜的试剂来进一步检查反应产物）。

（4）卤素含氧酸盐的氧化性：

1）设计两个实验以说明 NaClO 的氧化性。

2）设计两个实验以说明 $KClO_3$的氧化性。

3）选用两种还原剂，设计实验以说明 $KBrO_3$的氧化性。

4）选用两种还原剂，设计实验以说明 KIO_3的氧化性。

（5）卤素的歧化反应：

1）试验氯水和碘水分别与 NaOH 溶液的反应，再酸化之有何变化？

2）试验溴水与 Na_2CO_3溶液的反应，再酸化之有何变化？

（6）卤化物的性质：

1）NaF、NaCl、KBr、KI 溶液与 $AgNO_3$溶液作用，观察沉淀及颜色。

2）用浓 $NH_3 \cdot H_2O$ 及 $Na_2S_2O_3$ 溶液试验卤化银沉淀的溶解难易。

四、实验指导

（1）卤素单质都有毒性，毒性随相对原子质量增大而降低，而液溴造成的伤害比氯气大，使用时应注意。

（2）做性质实验或溶解实验时，加入的试剂应由少到多，浓度由稀到浓，注意观察过程的现象变化。

五、思考题

（1）如何区别 NaClO 和 $KClO_3$溶液？

（2）试验 $KClO_3$的氧化性时，为什么常用固体的 $KClO_3$或饱和 $KClO_3$溶液？

(3) 实验室如何制备少量的 HCl、HBr 和 HI 气体?

(4) $KClO_3$在中性介质中能否与 KI 反应，酸性介质又怎样?

实验7 硫酸铜的提纯（设计实验）

一、实验目的

(1) 了解粗硫酸铜提纯的原理及方法，产品纯度检验的原理及方法。

(2) 掌握过滤、蒸发、结晶等基本操作。

二、实验要求

利用已学知识和查阅文献，独立设计实验方案（包括实验原理、步骤等)，并经指导老师审阅后再进行实验。

三、实验内容

使用 H_2SO_4（1mol/L）、$NH_3 \cdot H_2O$(6mol/L)、HCl（2mol/L）、KNCS(1mol/L)、H_2O_2（3%）等试剂，提纯粗硫酸铜晶体，并鉴定提纯后的硫酸铜的纯度。

四、实验指导

(1) 粗硫酸铜晶体中含有不溶性杂质和可溶性杂质 Fe^{2+}、Fe^{3+} 等，不溶性杂质可通过硫酸铜晶体溶于水后过滤除去。杂质离子 Fe^{2+} 常用氧化剂 H_2O_2 氧化成 Fe^{3+}，然后调节溶液的 pH 值，使 pH 值近似为4，使 Fe^{3+} 水解成为 $Fe(OH)_3$ 沉淀而除去。

(2) 硫酸铜纯度的鉴定:

1) 称取 1g 提纯前和提纯后的硫酸铜晶体，溶解后用 H_2SO_4（1mol/L）酸化，加 H_2O_2（3%）煮沸片刻，使 Fe^{2+} 氧化成 Fe^{3+}，并除去过量的 H_2O_2。

2) 待溶液冷却后加 $NH_3 \cdot H_2O$（6mol/L)，使 Fe^{3+} 转化成 $Fe(OH)_3$，过滤，用 HCl（2mol/L）溶解后，用 KNCS（1mol/L）作显色剂，比较两种溶液血红色的深浅，评定产品纯度。

五、思考题

(1) 粗硫酸铜中可溶性和不溶性杂质如何除去?

(2) 粗硫酸铜中 Fe^{2+} 为什么要氧化成 Fe^{3+} 再除去?

（3）用计算来说明为什么除 Fe^{3+} 时 pH 值要控制在4左右，过高、过低有什么不好？

（4）在进行普通过滤与抽滤操作时，应注意哪些问题？

实验8　碱式碳酸铜的制备（设计实验）

一、实验目的

（1）通过寻求制备碱式碳酸铜的最佳反应条件，学习如何确定实验条件。

（2）练习过滤、干燥等操作。

二、实验要求

（1）通过查阅资料，由学生自行列出所需仪器、药品、材料清单。

（2）设计出探索反应物合理配料比及合适的反应温度的实验方案，经指导老师同意后，即可进行实验。

三、实验内容

（1）反应物溶液的配制。配制 $CuSO_4$（0.5mol/L）溶液和 Na_2CO_3（0.5mol/L）溶液各100mL。

（2）制备反应条件的探索：

1）$CuSO_4$ 和 Na_2CO_3 溶液的合适配比。

2）反应温度的探索。

（3）碱式碳酸铜制备。

四、实验指导

（一）碱式碳酸铜

碱式碳酸铜 $Cu_2(OH)_2CO_3$ 为天然孔雀石的主要成分，呈暗绿色或淡蓝绿色，加热至473K即分解，在水中的溶解度很小，新制备的试样在沸水中很容易分解。

（二）$CuSO_4$ 和 Na_2CO_3 溶液的合适配比

在4支试管内均加入2.0mL $CuSO_4$（0.5mol/L）溶液，再分别取 Na_2CO_3（0.5mol/L）溶液1.6mL、2.0mL、2.4mL及2.8mL依次加入另外4支编号的试管中。将8支试管放在348K的恒温水浴中，几分钟后，依次将 $CuSO_4$ 溶液分别倒入 Na_2CO_3 溶液中，振荡试管，比较各试管中沉淀生成的速率、沉淀的数量及颜色，从中得出两种反应物溶液以何种比例相混合为最佳。

（三）反应温度的探索

在3支试管中，各加入2.0mL $CuSO_4$(0.5mol/L)溶液，另取3支试管，各加入由上述实验得到的合适用量的 Na_2CO_3(0.5mol/L)溶液。从这两列试管中各取1支，将它们分别置于室温、323K、373K的恒温水浴中，数分钟后将 $CuSO_4$ 溶液倒入 Na_2CO_3 溶液中，振荡并观察现象，由实验结果确定制备反应的合适温度。

（四）碱式碳酸铜制备

取60mL $CuSO_4$(0.5mol/L)溶液，根据上面实验确定的反应物合适比例及适宜温度制取碱式碳酸铜。待沉淀完全后，抽滤，用蒸馏水洗涤沉淀数次，直到沉淀中不含 SO_4^{2-} 为止，吸干。将所得产品在烘箱中于373K烘干，待冷至室温后称量，并计算产率。

五、思考题

（1）反应温度对本实验有何影响？

（2）反应在何种温度下进行会出现褐色产物，这种褐色物质是什么？

（3）除反应物的配比和反应的温度对本实验的结果有影响外，反应物的种类、反应进行的时间等因素是否对产物的质量也会有影响？

实验9 席夫碱及其过渡元素配合物的制备（设计实验）

一、实验目的

（1）掌握制备配合物的一种方法。

（2）掌握沉淀、溶解、结晶、过滤、洗涤干燥等基本实验操作。

（3）培养收集、分析、运用资料和独立设计并完成实验的能力。

二、实验要求

（1）通过查阅有关资料，设计出合理的半微量或微型实验方案。

（2）实验方案经老师审阅后，即可进行实验。

（3）实验结束后，以小论文的形式写出实验报告。参考格式为：一、前言；二、实验方法；三、结果与讨论；四、参考文献。

三、实验内容

（1）制备 0.5 ~2g 的 Co-salen。

（2）制备 0.5 ~2g 的 Cu-salen。

四、实验指导

（1）人们为了研究生物体内蛋白质与过渡金属离子配合物所产生的生命活动，常合成一些结构类似但又简单的配合物，从对这些模拟化合物的研究中可以观察到类似的生命现象。合成 Co-salen 或 Cu-salen就是这项研究工作的一部分。Salen 是水杨醛（邻羟基苯甲醛）与乙二胺缩合形成的产物——席夫碱，通常将醛类与有机胺类缩合的产物统称为席夫碱。

（2）合成的基本反应为：

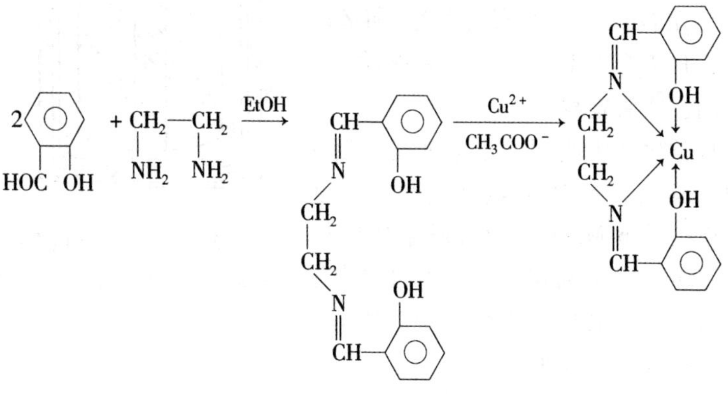

五、思考题

（1）席夫碱是什么？

（2）什么 pH 值条件下有利于席夫碱的生成？

实验 10　废干电池的综合应用（设计实验）

一、实验目的

（1）熟悉实验室提取、制备、提纯、分析无机物的方法与技能。

（2）了解废弃物中有效成分的回收与利用方法。

（3）学习实验方案的设计。

二、实验要求

（1）选择下列三项中的一项做实验。

（2）设计实验方案，经指导老师同意后，即可进行实验。

三、实验内容

（1）从黑色混合物的滤液中提取、纯化 NH_4Cl，并作产品定性检验，证实有 NH_4^+、Cl^- 存在，同时测定产品中 NH_4Cl 的含量。

（2）从黑色混合物的滤渣中提取、精制 MnO_2，并验证 MnO_2 的催化作用，同时试验 MnO_2 与盐酸、MnO_2 与 $KMnO_4$ 的作用。

（3）由锌壳制备 $ZnSO_4 \cdot 7H_2O$，并作产品定性检验，证实有 SO_4^{2-} 和 Zn^{2+} 存在，且不含有 Fe^{3+}、Cu^{2+} 等杂质。

四、实验指导

日常生活中使用的干电池是锌锰干电池。其负极是作为电池壳体的锌电极，正极是被 MnO_2（为增强导电能力，填充有炭粉）包围着的石墨电极，电解质是氯化锌及氯化铵的糊状物，其结构如图 6-6 所示，电池反应为：

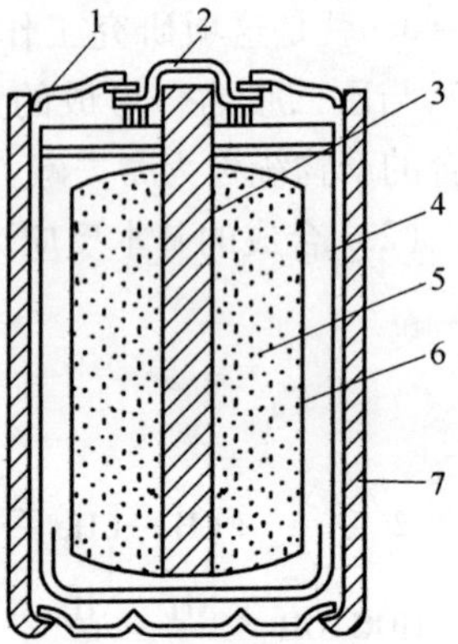

图 6-6　锌锰电池构造图

1—火漆；2—黄铜盖；3—石墨棒；4—锌筒；5—去极剂；6—电解液+淀粉；7—厚纸壳

$$Zn + 2NH_4Cl + 2MnO_2 \xlongequal{} Zn(NH_3)_2Cl_2 + 2MnOOH$$

在使用过程中，二氧化锰只起氧化作用，锌皮消耗最多，氯化铵作为电解质没有消耗，炭粉是填料。因而回收处理废干电池可以获得多种物质，如铜、锌、二氧化锰、氯化铵和炭棒等，实为变废为宝的一种可利用资源。

回收时，剥去电池外层包装纸，用螺丝刀撬去顶盖，用小刀挖去顶盖下面的沥青，就可用钳子慢慢拔出炭棒，可留作电解食盐水的电极用。用剪刀（或钢锯片）把废电池外壳剥开，即可取出里面黑色的物质，它为二氧化锰、炭粉、氯化铵、氯化锌等的混合物。把这些黑色混合物倒入烧杯中，加入蒸馏水（按每节大电池加50mL水计算），搅拌，溶解，过滤，滤液用以提取氯化铵，滤渣用以制备MnO_2及锰的化合物。电池的锌壳，可用以制备锌盐。

（一）提取氯化铵

已知滤液的主要成分为$ZnCl_2$及NH_4Cl，两者在不同温度下的溶解度见表6-3。

表6-3　$ZnCl_2$及NH_4Cl不同温度下的溶解度　（g/100g水）

物质	273K	283K	293K	303K	313K	333K	353K	363K	373K
NH_4Cl	29.4	33.2	37.2	31.4	45.8	55.3	65.6	71.2	77.3
$ZnCl_2$	342	363	395	437	452	488	541	—	614

氯化铵在373K时开始显著的挥发，611K时离解，623K时升华。NH_4Cl中NH_4^+的含量分析用甲醛法。

氯化铵与甲醛作用生成六次甲基四胺和盐酸，后者用氢氧化钠标准溶液滴定，便可求出产品中氯化铵的质量分数。有关反应的化学方程式为：

$$4NH_4Cl + 6HCHO = (CH_2)_6N_4 + 4HCl + 6H_2O$$

（二）提取MnO_2

黑色混合物滤渣中含有二氧化锰、炭粉和其他少量有机物。用水冲洗，滤出干固体，灼烧以除去炭粉和其他有机物。

粗二氧化锰中尚含有一些低价锰和少量其他金属氧化物，应设法除去以获得精制二氧化锰。纯二氧化锰密度为5.03g/L，808K时分解为O_2和Mn_2O_3，不溶于水、硝酸、稀H_2SO_4中。

（三）$ZnSO_4 \cdot 7H_2O$ 的制备

将洁净的碎锌片以适量的酸溶解。溶液中有 Fe^{3+}、Cu^{2+} 杂质时，设法除去。$ZnSO_4 \cdot 7H_2O$ 极易溶于水，不溶于乙醇。373K 开始失水，在水中水解呈酸性。

五、思考题

（1）什么是干电池，干电池有哪些种类？

（2）如何提纯氯化铵？

（3）如何用所回收的材料设计一原电池装置？

实验 11　印刷电路腐蚀废液回收铜和氯化亚铁（设计实验）

一、实验目的

（1）了解从腐蚀废液中回收铜和氯化亚铁的原理。

（2）进一步熟悉铜、铁化合物的性质及检验方法。

（3）学习实验方案的设计。

二、实验要求

（1）由学生自行列出所需仪器、药品、材料清单。

（2）查阅有关资料，设计出回收铜和氯化亚铁的实验方案，经指导老师同意后，即可进行实验。

三、实验内容

（1）取腐蚀废液[含 $FeCl_3$（2～2.5mol/L）、$FeCl_2$（2～2.5mol/L）、$CuCl_2$（1～1.3mol/L）]50mL 回收铜和氯化亚铁。

（2）回收的氯化亚铁作纯度检查（检 Fe^{3+}、Cu^{2+}）。

四、实验指导

（1）在印刷电路板的制造中，铜板的腐蚀是一道重要工序，用于印刷电路板的腐蚀液又称烂板液，通常是 $FeCl_3$、HCl、H_2O_2 的混合液。腐蚀过程中发生如下反应：

$$Cu + 2FeCl_3 = 2FeCl_2 + CuCl_2$$

$$Cu + H_2O_2 + 2HCl = CuCl_2 + 2H_2O$$

$$2FeCl_2 + H_2O_2 + 2HCl = 2FeCl_3 + 2H_2O$$

腐蚀后的废液含有大量的 $CuCl_2$、$FeCl_2$ 和 $FeCl_3$，若直接排放将污染环境。

（2）铜和氯化亚铁的回收：用铁粉将铜置换出来，回收金属铜，留在溶液中的氯化亚铁，通过蒸发、浓缩、结晶，以 $FeCl_2 \cdot 4H_2O$ 晶体析出。

五、思考题

（1）本实验回收铜和氯化亚铁的过程，利用了哪些化学性质，写出有关化学方程式，并说明原理?

（2）经放置的废三氯化铁腐蚀液，常常浑浊不清，为什么，如何处理?

（3）$FeCl_2 \cdot 4H_2O$ 纯度检查不合格则应怎样处理才能提高纯度?

第 7 章 仿真实验

实验 1 阿伏加德罗常数的测定

一、实验目的

(1) 了解电解法测定阿伏加德罗常数的原理和方法。

(2) 学习电解操作的要点与方法。

二、教学软件

南开大学研制．无机化学计算机模拟实验．北京：高等教育出版社，2006。

三、基本原理

阿伏加德罗常数（N_A）是化学中一个十分重要的物理常数，有许多种测定方法。本实验是采用电解的方法进行测定。

如果用两块已知质量的铜片分别作电解池的阴极和阳极，以硫酸铜溶液作电解质进行电解，则有如下反应：

阴极反应： $Cu^{2+} + 2e^- \longrightarrow Cu(s)$

阳极反应： $Cu \longrightarrow Cu^{2+} + 2e^-$

电解时，如电流强度为 I(A)，则在时间 t(s) 内通过的总的电量 Q(C)

$$Q = It$$

设在阴极上铜片增加的质量为 m(g)，则阴极上每增加 1g 质量铜所需要的电量 Q 为 It/m(C/g)，因为铜的摩尔质量为 63.5g/mol，所以电解得到的 1mol 铜所需要的电量 Q 为：

$$(It/m) \times 63.5$$

已知一个一价离子所带的电量 Q（即一个电子带的电量）是 1.60×10^{-19}C，一个二价离子（Cu^{2+}）所带的电量 Q 便是 $2 \times 1.60 \times 10^{-19}$C，则 1mol 铜所含的原子数目为：

$$N_A = It \times 63.5/(m \times 2 \times 1.60 \times 10^{-19})$$

四、实验内容

（1）在 Windows 操作界面上单击“开始”进入“程序”菜单，找到并单击“无机化学模拟实验”，即进入无机化学模拟实验主界面，如图 7-1 所示。

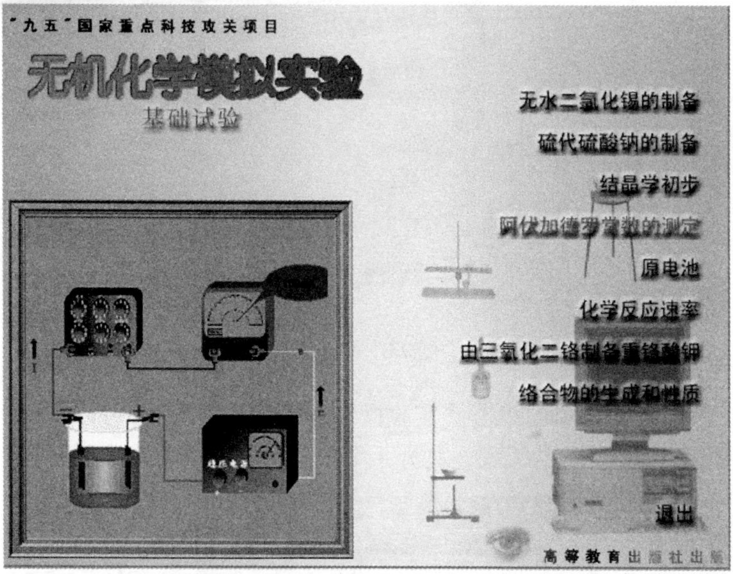

图 7-1　无机化学模拟实验主界面

（2）单击“阿伏加德罗常数的测定”，将出现阿伏加德罗常数的测定主菜单，如图 7-2 所示。

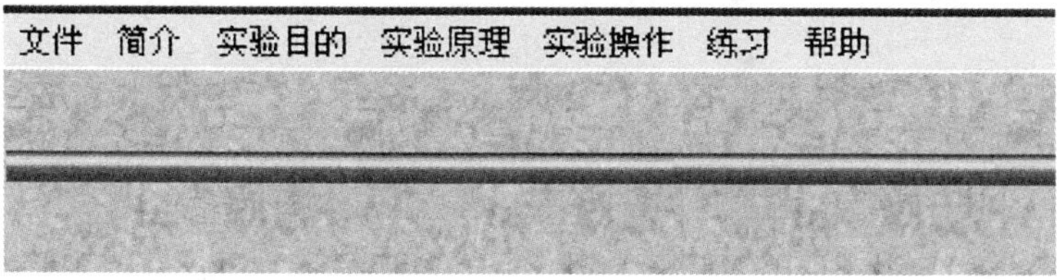

图 7-2　阿伏加德罗常数的测定主菜单

（3）在主菜单中单击“简介 1”、“简介 2”、“实验目的”、“实验原理”可以浏览相应内容，如图 7-3 所示。

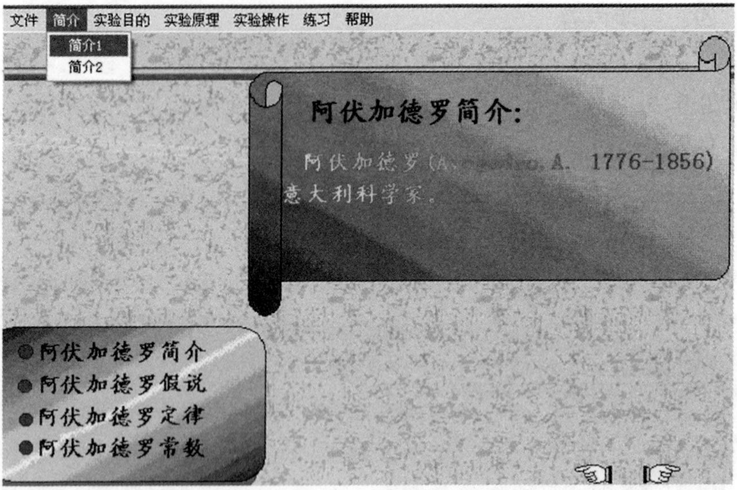

图 7-3　简介 1

（4）在主菜单中单击“实验操作—实验流程图”，可以看到实验分为如图 7-4 所示的流程，共分 4 个阶段：实验准备—装片过程—连

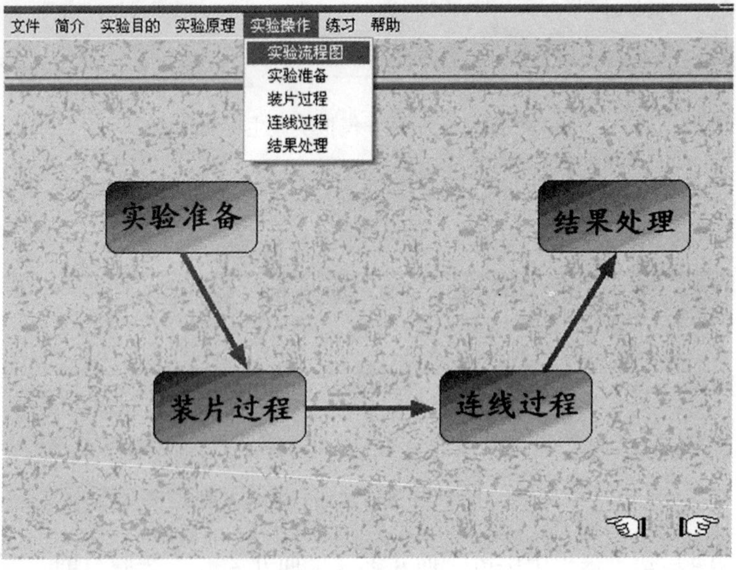

图 7-4　实验流程

线过程—结果处理。

（5）点击向前图标或主菜单“实验操作”中各项目即进入各实验阶段。如单击“连线过程”即进入图 7-5 所示界面。根据画面提示，用鼠标分别单击或左键按住要操作的仪器拖动至目的地，完成各项操作过程。

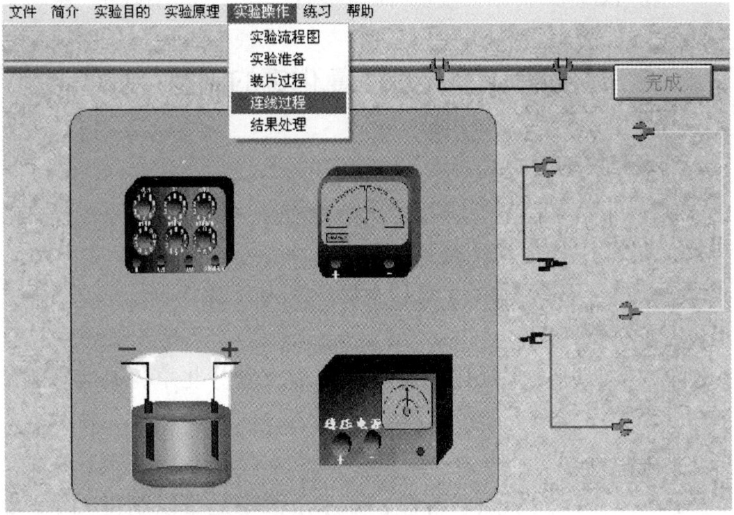

图 7-5　连线过程

五、思考题

（1）铜片的装片过程中，哪三项是应该注意的（　　）。

1）垂直相对摆放且相距 1.5cm；

2）铜片浸入溶液的 2/3；

3）铜片应打磨干净；

4）阴阳极铜片大小相对不受限制。

A. 1　2　3　　　B. 1　3　4

C. 2　3　4　　　D. 1　2　4

（2）若铜片中含有少量的 Ag，计算若以阴极为准，则计算结果阿伏加德罗常数将（　　）。

A. 偏大　　　B. 偏小　　　C. 不受影响

（3）如果对实验结束后的铜片进行擦洗，则计算得到的阿氏常数将（ ）。

A. 偏大 B. 偏小 C. 不受影响

（4）在线路组装中，我们仅提供了一种方案，实际上可采用的方案有（ ）。

A. 仅1种 B. 任意多种 C. 不确定

实验2 无水二氯化锡的制备

一、实验目的

（1）学习易水解无水盐的一种制备方法。

（2）加强对锡（Ⅱ）特性的认识。

（3）熟练掌握蒸发、过滤和干燥等的基本操作。

二、教学软件

南开大学研制. 无机化学计算机模拟实验. 北京：高等教育出版社，2006。

三、实验原理

鉴于二氯化锡的强烈水解性，在水溶液中是难以制得无水二氯化锡的，本实验采用金属锡与浓盐酸反应生成 $SnCl_2 \cdot 2H_2O$，再利用醋酸酐的强脱水性将 $SnCl_2 \cdot 2H_2O$ 中的水全部脱去而制成无水产品，其反应式为：

$$Sn + 2HCl + 2H_2O \longrightarrow SnCl_2 \cdot 2H_2O + H_2(g)$$

$$SnCl_2 \cdot 2H_2O + 2(CH_3CO)_2O \longrightarrow SnCl_2 + 4CH_3COOH$$

四、实验步骤

（1）在Windows操作界面上单击“开始”进入“程序”菜单，找到并单击“无机化学模拟实验”，即进入无机化学模拟实验主界面。

（2）单击“无水二氯化锡的制备”实验，将出现图7-6所示的主菜单。

（3）在主菜单中单击“仪器装置图”，或单击画面中“仪器装

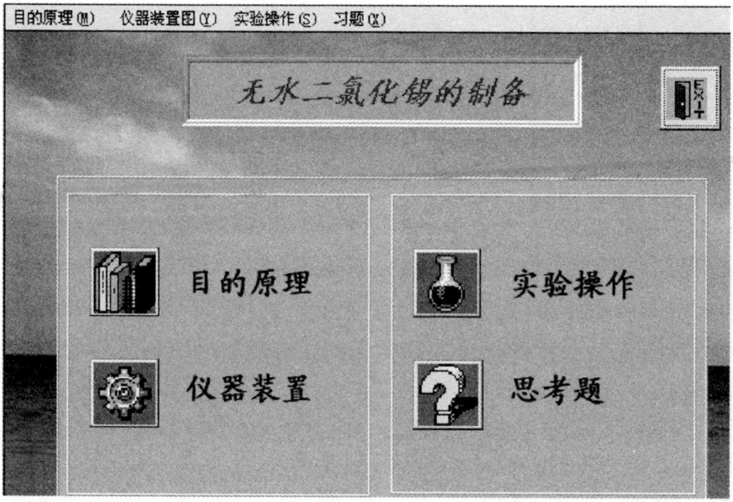

图7-6　无水二氯化锡的制备实验主菜单

置”左边的图标，将出现图7-7所示的仪器装置图。

（4）在返回的主菜单中单击“实验操作”或单击画面中“实验操作”左边的图标，将出现如图7-8所示的实验流程。

（5）在画面中单击“开始”或各项目图标，根据画面提示，单击或按住鼠标左键拖动可以进行仪器组装（图7-9）、加热、过滤、

图7-7　仪器装置

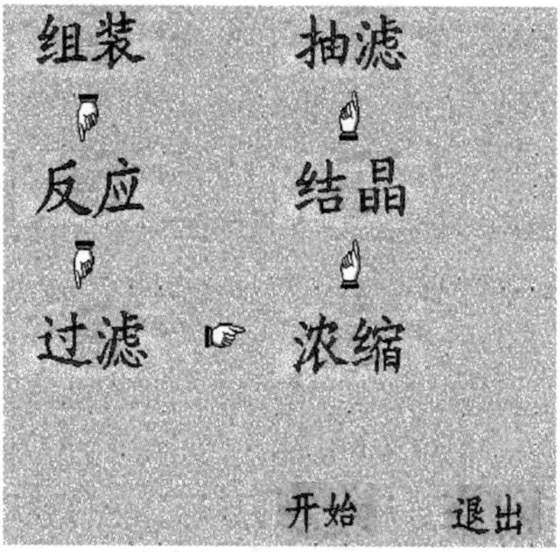

图7-8　实验流程

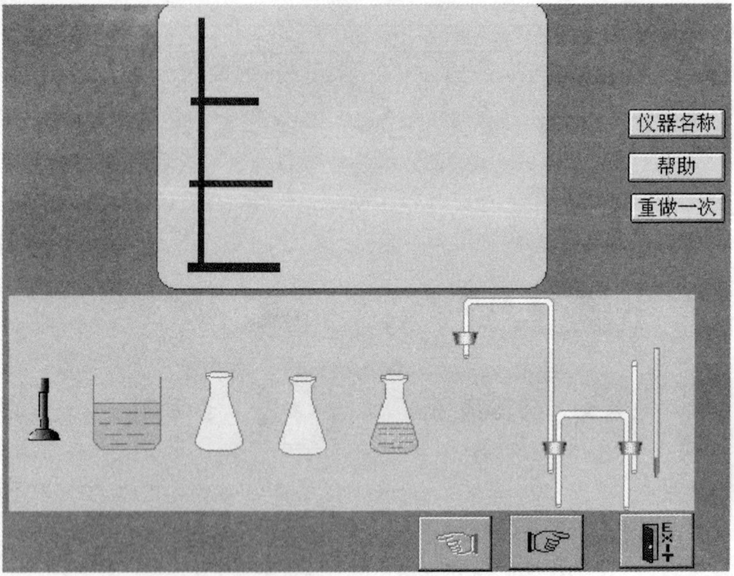

图 7-9　仪器的组装

抽滤、浓缩、结晶等有关操作。

五、思考题

(1) 在反应过程中，反应瓶 3 上面的通气玻璃管是否可用明火检验，为什么？

(2) 本实验中常压过滤或减压过滤时为什么要求漏斗和滤纸都要干的？

(3) 为什么在浓缩液中加入浓醋酐时，要边搅拌边缓慢加入？

(4) 通过实验对无水无机盐的制备方法有何认识？

实验 3　配合物的生成和性质

一、实验目的

(1) 加深对配合物特征的理解。

(2) 比较配离子的相对稳定性，了解配合平衡与水合异构体、沉淀反应以及氧化还原反应的关系。

二、教学软件

南开大学研制．无机化学计算机模拟实验．北京：高等教育出版社，2006。

三、实验原理

配合物组成一般可分为内界和外界两部分，中心离子和配位体组成配合物的内界，其余离子处于外界。例如在$[Cu(NH_3)_4]SO_4$中Cu^{2+}与NH_3组成内界，SO_4^{2-}处于外界。

$CuSO_4$溶液中存在着Cu^{2+}和SO_4^{2-}离子，它们能与NaOH和$BaCl_2$作用生成$Cu(OH)_2$沉淀和$BaSO_4$沉淀。

$[Cu(NH_3)_4]SO_4$在溶液中完全解离为$[Cu(NH_3)_4]^{2+}$和SO_4^{2-}：

$$[Cu(NH_3)_4]SO_4 = [Cu(NH_3)_4]^{2+} + SO_4^{2-}$$

所以它们能与$BaCl_2$作用生成$BaSO_4$沉淀,但$[Cu(NH_3)_4]^{2+}$在溶液中的解离度很小：

$$[Cu(NH_3)_4]^{2+} \rightleftharpoons Cu^{2+} + 4NH_3$$

因此，溶液中的Cu^{2+}极少，不能与NaOH作用生成$Cu(OH)_2$沉淀。

一个金属离子形成配合物后，一系列性质都会发生改变，例如氧化性、还原性、颜色、溶解度等等都有所不同。

四、实验步骤

（1）在Windows操作界面上单击“开始”进入“程序”菜单，找到并单击“无机化学模拟实验”，即进入无机化学模拟实验主界面。

（2）在主界面上单击“配合物的生成和性质”，出现画面后再单击，将出现图7-10所示的界面。

共有5个实验供选择：

实验一　有关配合物的生成及配离子和简单离子的区别

实验二　配合平衡与水合异构体

实验三　配离子的颜色变化与介质的影响

实验四　配合平衡与沉淀反应

实验五　配合平衡与氧化还原反应

下面以实验一为例：

（3）单击界面中“1”，出现如图7-11所示的“有关配合物的生成及配离子和简单离子的区别”实验主菜单。

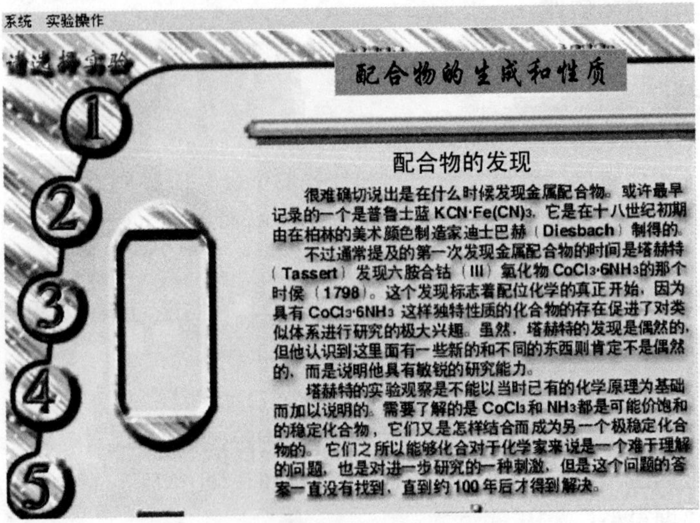

图 7-10　配合物的生成和性质

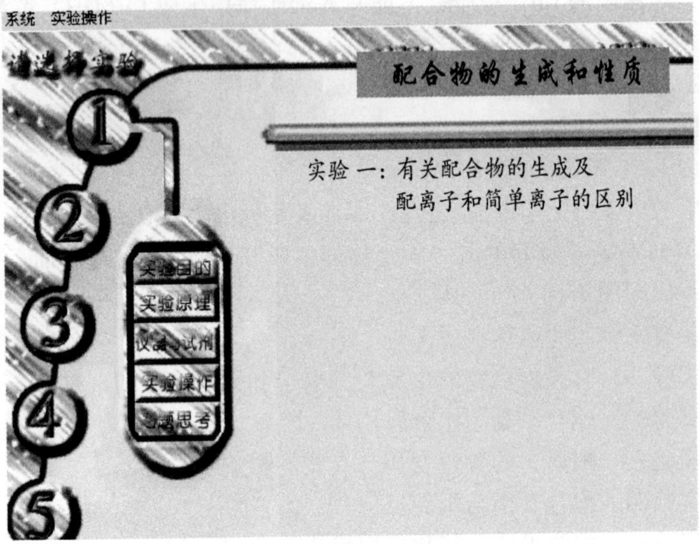

图 7-11　有关配合物的生成及配离子和简单离子的区别主菜单

（4）单击主菜单中的各选项可以了解“实验目的”、“实验原理”、“仪器与试剂”如图 7-12 所示。

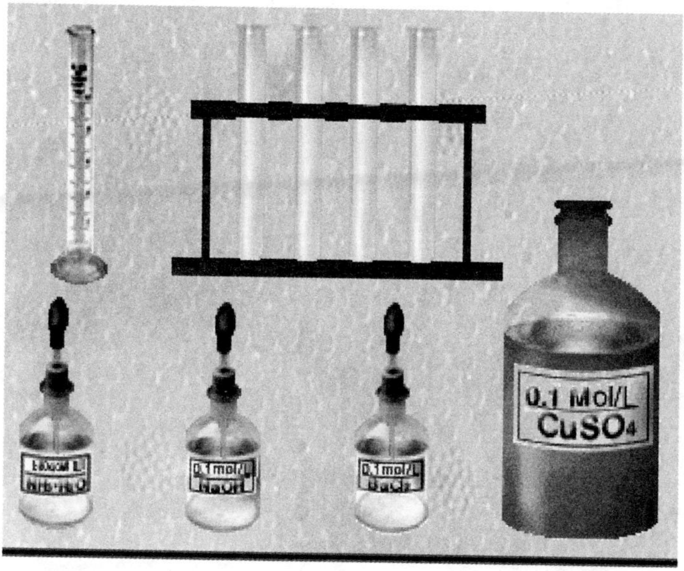

图7-12　仪器与试剂

(5) 在主菜单中单击“实验操作”，再单击画面正下方的“实验内容”，将出现实验仪器和材料、实验步骤。

实验步骤

(1) 往4支试管中各加入10mL $CuSO_4$(0.1mol/L)溶液。

(2) 往第1支试管中加入几滴NaOH(0.1mol/L)溶液，即有浅蓝色的$Cu(OH)_2$沉淀。

(3) 往第2支试管中加入几滴$BaCl_2$(0.1mol/L)溶液，产生白色沉淀。

(4) 往第3支试管中加入$NH_3 \cdot H_2O$(8mol/L)，直至溶液变成深蓝色为止。然后再加入几滴$BaCl_2$(0.1mol/L)溶液，立即生成白色$BaSO_4$沉淀。

(5) 往第4支试管中加入$NH_3 \cdot H_2O$(8mol/L)，直至溶液变成深蓝色为止。这就是$[Cu(NH_3)_4]SO_4$溶液，再加入几滴NaOH(0.1mol/L)溶液，并无沉淀生成，说明溶液中Cu^{2+}离子浓度很小，不能与NaOH产生$Cu(OH)_2$沉淀。

（6）单击“实验开始”，按提示单击或拖动进行实验操作，直至完成。操作过程中要特别注意观察实验现象，如图 7-13 所示。

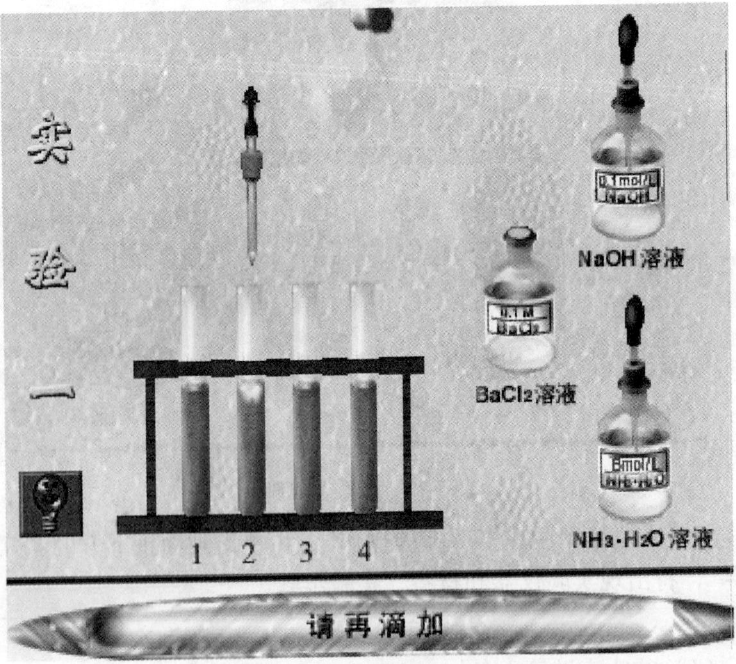

图 7-13　实验操作

五、思考题

（1）在 $CuSO_4$ 溶液中，逐滴加入 $NH_3 \cdot H_2O$（8mol/L）。最初溶液中生成浅蓝色沉淀，当连续加入过量氨水时，沉淀完全溶解。请写出反应方程式。

（2）在蓝紫色的 $[Co(SCN)_4]^{2-}$ 溶液加入少量蒸馏水，使溶液呈紫色，在此溶液中加入适量的丙酮溶液后，溶液呈什么颜色？

第三部分　附　　录

附录1　化学实验常用仪器介绍

仪器名称	规　格	用　途	注意事项
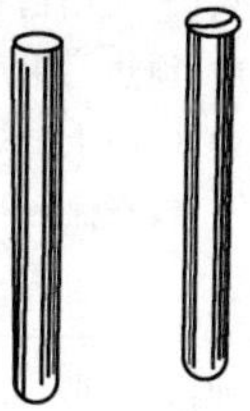 普通试管 test - tube 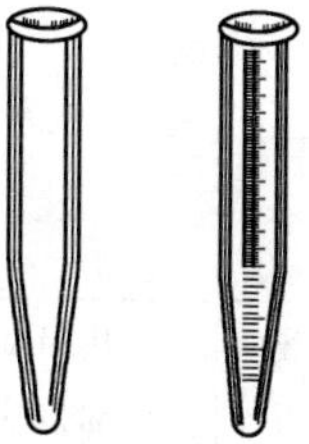 离心试管 centrifugal test - tube	玻璃质，分为硬质试管、软质试管；普通试管、离心试管。 无刻度的普通试管以管口外径（mm）×管长（mm）表示；离心试管以容量（mL）表示	用作少量试剂的反应容器，便于操作和观察；也可用于少量气体的收集。 离心试管主要用于沉淀分离	普通试管可直接用火加热；硬质试管可加热至高温。加热时应用试管夹夹持。加热后不能骤冷。 离心试管只能用水浴加热
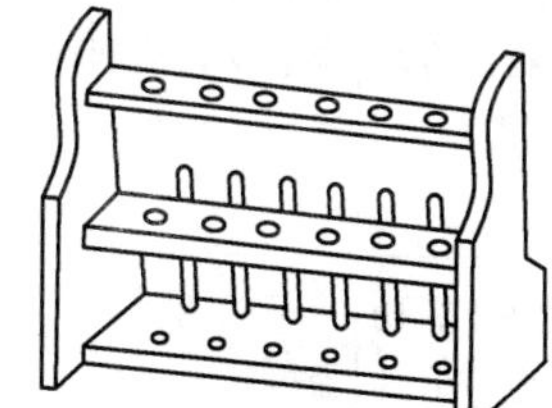 试管架 test - tube rack	有木质、铝质和塑料质地等。大小、形状、规格各异	盛放试管	加热后的试管应以试管夹夹好悬放在试管架上

续附录 1

仪器名称	规 格	用 途	注意事项
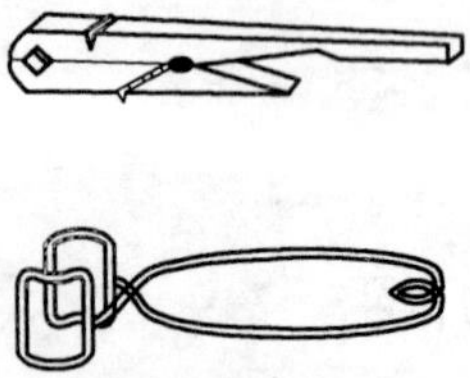 试管夹 test－tube clamp	由木质或金属丝、塑料制成，形状各不相同	夹持试管	防止烧损和锈蚀
 坩埚钳 crucible tongs	金属（铁、铜）制品；规格长短不一；习惯以长度（cm、寸）表示	夹持坩埚加热，或者向热源（电炉、马弗炉等）中取、放坩埚	使用前钳尖应预热，用后钳尖应向上放在桌面或石棉网上
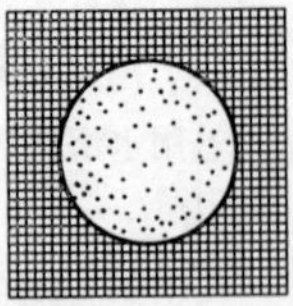 石棉网 asbestos center gauze	由铁丝编成，中间涂有石棉；规格以铁丝网边长（cm）表示	加热时垫在被加热仪器与热源之间，以确保受热物体均匀受热	用前检查石棉是否完好，石棉脱落的不能够继续使用，不能与水接触或卷折
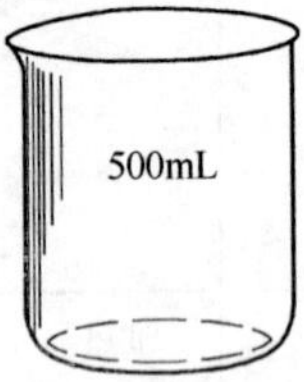 烧杯 beaker	玻璃质、塑料质。分为普通型、高型；有、无刻度。规格以容量（mL）表示	用作配制溶液的容器或简易水浴加热时的盛水器具； 也用作较大量反应物的反应容器，便于反应物混合均匀	加热时应放置在石棉网上，使受热均匀；刚加热结束后不能直接置于桌面上，应垫以石棉网放置
 表面皿 watch glass	玻璃质，规格以口径（cm）表示	盖在烧杯上，防止液体迸溅或其他用途	不能用火直接加热

续附录1

仪器名称	规　格	用　途	注意事项
 蒸发皿 evaporating basin	瓷质使用居多，也有玻璃、石英或金属制品。其规格以口径（cm）或容量（mL）表示	蒸发、浓缩液体时用；随着液体性质的不同而选择不同质地的蒸发皿	能耐高温但不宜骤冷；蒸发溶液时一般放在石棉网上；也可直接用火加热
 坩埚 crucible	有聚四氟乙烯、石英、镍、铁、铂及玛瑙坩埚等。以容量（mL）表示其规格大小	灼烧固体用；随固体物质性质的不同而选择合适的坩埚	可直接灼烧至高温；灼热的坩埚应置于石棉网上
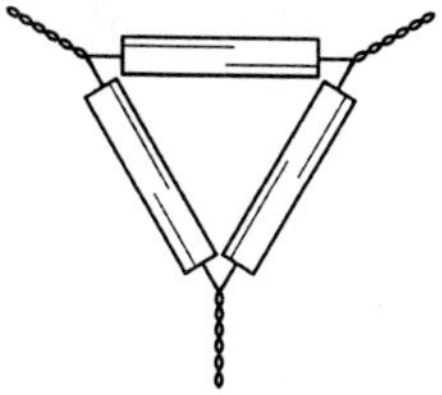 泥三角 wire triangle	用铁丝弯成，中间套以瓷管。根据需要选择不同大小的泥三角	灼烧坩埚时放置坩埚用	铁丝已经断裂的不能使用；烧热的泥三角不能直接放置在桌面上
 毛刷 hair brush	以大小和用途表示，如试管刷、移液管刷等	洗刷玻璃器皿	使用前检查顶部竖毛是否完整，避免顶端铁丝戳坏玻璃仪器
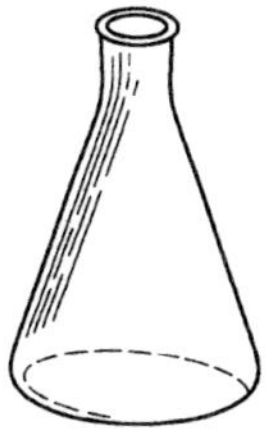 锥形烧瓶 eomcal flask	玻璃质，规格以容量（mL）表示	反应容器，振荡方便，多用于滴定操作	加热时应放置在石棉网上，使受热均匀；刚加热结束后不能直接置于桌面上，应垫以石棉网放置

续附录 1

仪器名称	规 格	用 途	注意事项
 容量瓶 volumetric flask	玻璃质，规格以刻度以下的容积（mL）表示	用作配制准确浓度的溶液时使用	不能加热，不能用毛刷刷洗；容量瓶的磨口瓶塞与瓶配套使用，不能互换
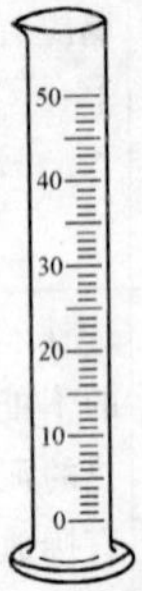 量筒 measuring cylinder	玻璃质，有量筒和量杯（上口大下部小的称为量杯）之分；规格以刻度所能量取液体的最大容积（mL）表示	用于度量一定体积的液体	不能加热；不能量热的液体；不能用作反应容器
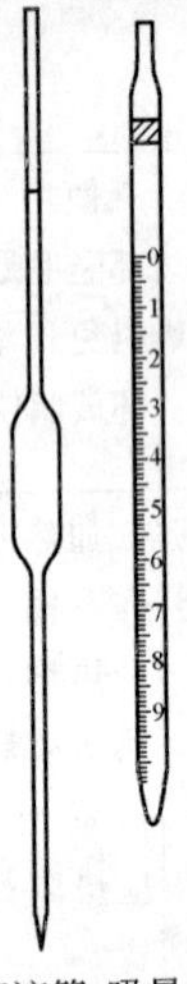 移液管 吸量管 pipette	玻璃质，单刻度的称为移液管，有分刻度的称为吸量管；规格以刻度最大标度（mL）表示	用于精确移取一定体积的液体	不能加热；用完后应洗净，放在吸管架（板）上，避免沾污

续附录1

仪器名称	规　格	用　途	注意事项
  酸式滴定管 acidic buret　碱式滴定管 basic buret	玻璃质，分为酸式和碱式滴定管两种；管身颜色为棕色或无色；规格以刻度最大标度（mL）表示	多用于滴定，有时用于量取准确体积的液体	不能加热及量取热的液体；不能用毛刷刷洗管内壁；酸、碱管不能互换使用；酸式滴定管与酸式滴定管的玻璃活塞配套使用，不能互换
 称量瓶 weighing bottle	玻璃质，分高型和矮型；其规格以外径（mm）×瓶高（mm）表示	需要准确称取一定量的固体样品时使用	不能直接用火加热；瓶盖与瓶配套使用，不能互换
 药勺 spatula	由牛角、塑料、不锈钢制成，规格长短不一	取用固体药品、样品时使用，视所取药品、样品量的多少选用药勺	不能用于取用灼热的药品（样品），用后应洗净擦干备用
 研钵 mortar	由陶瓷、玻璃、石英、玛瑙或金属制成。以口径（mm）表示其大小	用于研磨固体物质及其混合物；按固体物质的性质和硬度、用途选用合适的研钵	不能用火直接加热；只能研磨不能敲击；不能研磨易爆物质

续附录 1

仪器名称	规格	用途	注意事项
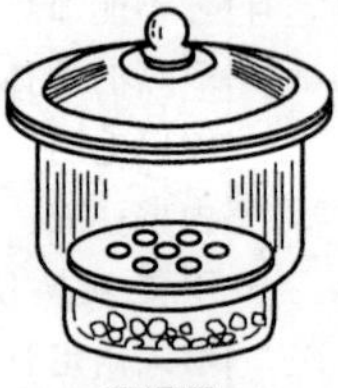 干燥器 desiccator	玻璃质，分普通干燥器和真空干燥器两种；规格以上口内径（mm）表示	内放干燥剂，用作样品的干燥和保存	小心盖子滑动而打坏；灼烧过的样品应稍冷后才能放入，并在冷却过程中要每隔一定时间开一开盖子，以调节内压
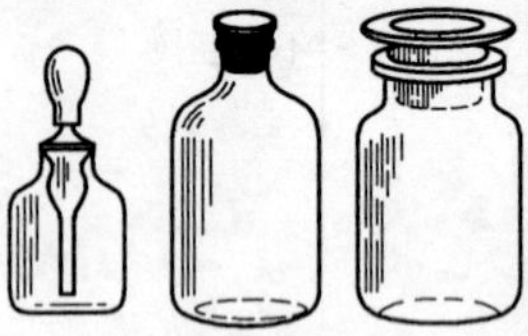 滴瓶　细口瓶　广口瓶 reagent bottle	玻璃质，带磨口塞或者滴管，有无色和棕色之分；规格以容量（mL）表示	滴瓶、细口瓶用于盛放液体药品；广口瓶用于盛放固体药品	不能直接加热，瓶塞不能互换；盛放碱液时要用橡皮塞，防止瓶塞与瓶因腐蚀而粘牢
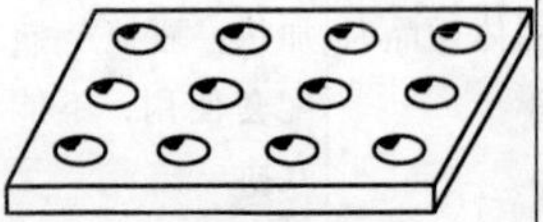 点滴板 spot plate	瓷质或者透明玻璃质；瓷质的分黑釉和白釉两种；按凹穴的多少分为四穴、六穴、十穴、十二穴等	用作同时进行多个不需分离的少量沉淀反应的容器；根据生成的沉淀以及反应液的颜色选用黑、白或者透明点滴板	不能加热，不能用于含氢氟酸溶液和浓碱液的反应
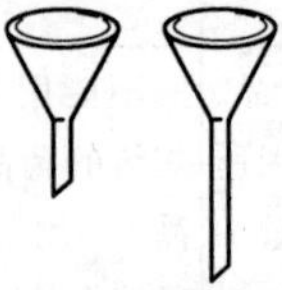 漏斗　长颈漏斗 funnel	玻璃质或搪瓷质，有长颈和短颈之分；规格以斗径（mm）表示	用于过滤操作以及倾注液体；长颈漏斗特别适用于定量分析中的过滤操作	不能用火直接加热
 吸滤瓶和布氏漏斗 filter flask and buchner funnel	布氏漏斗为瓷质，规格以容量（mL）或斗径（cm）表示。 吸滤瓶为玻璃质，规格以容量（mL）表示	二者配套使用，用于无机化学制备实验中晶体或者粗颗粒沉淀的减压过滤	不能用火直接加热

续附录1

仪器名称	规　格	用　途	注意事项
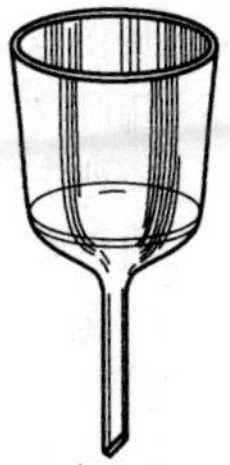 砂芯漏斗 glass sand funnel	砂芯漏斗又称烧结漏斗、细菌漏斗；漏斗为玻璃质，砂芯滤板为烧结陶瓷；其规格以砂芯滤板孔径（μm）和漏斗的容积（mL）表示	用作细颗粒沉淀以至于细菌的分离，也可用于气体洗涤和扩散实验	不能用于含氢氟酸、浓碱液及活性炭等物质体系的分离，以免腐蚀而造成微孔堵塞或沾污；不能用火直接加热；用后应及时洗涤，以防滤渣堵塞滤板孔
 分液漏斗 separating funnel	玻璃质，规格以刻度以下的容量（mL）和形状（梨形、球形、锥形、筒形）表示	用于互不相溶的液-液分离；也可用于少量气体发生器装置中添加液体	不能用火直接加热；磨口漏斗塞子、玻璃活塞与漏斗配套使用，不能互换
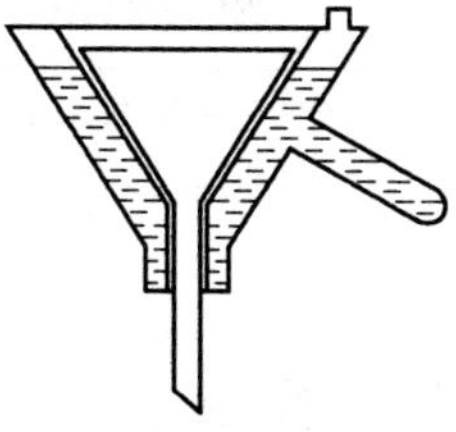 热过滤漏斗(热漏斗) hotted funnel	以口径（mm）表示	热过滤	热过滤法选用的玻璃漏斗，其颈的外露部分要短，切勿未加水就加热，以免焊锡熔化损坏热水漏斗

续附录1

仪器名称	规　格	用　途	注意事项
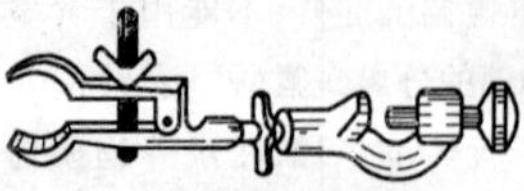 铁夹(烧瓶夹) flask clamp 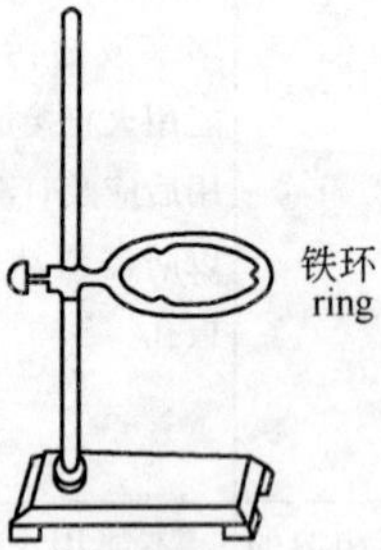 铁架(台) ring stand	铁制品，烧瓶夹也有铜、铝制成的	用于固定或放置反应容器；铁环也可代替漏斗架使用	使用前检查各旋钮应旋紧；使用时仪器的重心应处于铁架台底盘中部
 三角架 tripod	铁制品，有大小高低之分	放置较大或者较重的加热容器，作仪器、器皿的支撑物	放置加热容器（除水浴锅外）应先放石棉网；下面加热灯焰的位置要合适，一般用氧化焰加热
 水浴锅 water bath	铜、铝或者不锈钢制品	用于间接加热。也可用作粗略控温的水浴加热实验	加热时防止锅内缺水，损坏锅体；用完后应将水倒出，洗净擦干，避免腐蚀锅体
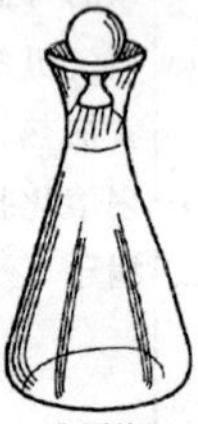 碘量瓶 iodine flask	玻璃质，瓶塞、瓶颈处为磨砂玻璃；以容量（mL）表示不同的规格	主要用作碘的定量反应容器	瓶塞与瓶配套使用

续附录1

仪器名称	规　格	用　途	注意事项
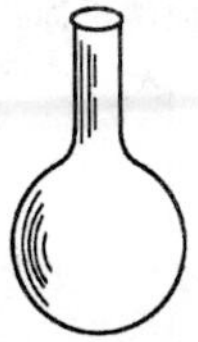 普通圆底烧瓶 round flask  磨口圆底烧瓶 ground-in round flask	玻璃质，有普通型和标准磨口型；规格以容量（mL）表示。磨口的还以磨口标号表示其口径大小，如10、16、19、24等	反应物较多，且需要加热较长时间时常用它做反应容器	加热时应放置在石棉网上；竖放在桌面上时，应垫以合适器具，防止滚动而打坏
 蒸馏烧瓶 distilling flask	玻璃质，规格以容量（mL）表示	多用于液体蒸馏，也可用作少量气体的发生装置	加热时应放置在石棉网上；竖放在桌面上时，应垫以合适器具，防止滚动而打坏
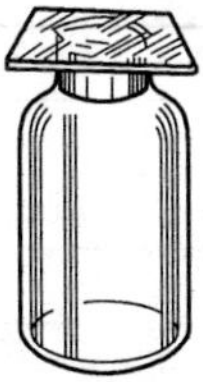 集气瓶 gas-jar	玻璃质，无塞、瓶口面磨砂，并配毛玻璃盖片；以容量（mL）表示其规格	用作气体收集或气体燃烧实验	进行固-气燃烧实验时，瓶底应放少量沙子或水

续附录 1

仪器名称	规　格	用　途	注意事项
 燃烧匙 combustion spoon	铁或铜制品	用于检验物质的可燃性，进行固体燃烧试验	用后应立即清洗干净，擦干药勺

附录 2　常见离子和化合物的颜色

附表 2-1　常见离子的颜色

无色阳离子	Ag^+、K^+、Ca^{2+}、Pb^{2+}、Zn^{2+}、Na^+、NH_4^+、Ba^{2+}、Hg^{2+}、Mg^{2+}、Al^{3+}、Sn^{2+}、Sn^{4+}
有色阳离子	Mn^{2+} 浅玫瑰色，稀溶液无色；$[Fe(H_2O)_6]^{3+}$ 淡紫色，常见 Fe^{3+} 盐溶液为黄色或红棕色；Fe^{2+} 浅绿色，稀溶液无色；Cr^{3+} 绿色或紫色；Co^{2+} 玫瑰色；Ni^{2+} 绿色；Cu^{2+} 浅蓝色
无色阴离子	SO_4^{2-}、PO_4^{3-}、F^-、SCN^-、$C_2O_4^{2-}$、SO_3^{2-}、Cl^-、NO_3^-、S^{2-}、Br^-、NO_2^-、ClO_3^-、CO_3^{2-}、SiO_3^{2-}、I^-、Ac^-、BrO_3^-
有色阴离子	$Cr_2O_7^{2-}$ 橙色；CrO_4^{2-} 黄色；MnO_4^- 紫色；MnO_4^{2-} 绿色；$[Fe(CN)_6]^{4-}$ 黄绿色；$[Fe(CN)_6]^{3-}$ 黄棕色

附表 2-2　常见化合物的颜色

黑　色	CuO、FeO、Fe_3O_4、MnO_2、FeS、CuS、Ag_2S、PbS
蓝　色	$CuSO_4 \cdot 5H_2O$、$Cu(NO_3)_2 \cdot 3H_2O$
绿　色	镍盐、亚铁盐、铬盐、某些铜盐（如 $CuCl_2 \cdot 2H_2O$）、碱式碳酸铜
黄　色	PbO、AgI、铬酸盐（如 $BaCrO_4$、K_2CrO_4）
红　色	Fe_2O_3、Cu_2O、HgO、Pb_3O_4
粉红色	$MnSO_4 \cdot 7H_2O$ 等锰盐
紫　色	高锰酸盐

附录3 常见离子的鉴定方法

附表 3-1 阳离子的鉴定方法

阳离子	鉴定方法	条件与干扰	灵敏度	
			检出限量	最低浓度
Na^+	(1)取 2 滴 Na^+ 试液，加 8 滴醋酸铀酰试剂：$UO_2(Ac)_2+Zn(Ac)_2+HAc$，放置数分钟，用玻璃棒摩擦器壁，淡黄色的晶状沉淀出现，示有 Na^+： $3UO_2^{2+}+Zn^{2+}+Na^++9Ac^-+9H_2O=$ $3UO_2(Ac)_2\cdot Zn(Ac)_2\cdot NaAc\cdot 9H_2O(s)$	(1)在中性或醋酸酸性溶液中进行，强酸强碱均能使试剂分解。需加入大量试剂，用玻璃棒摩擦器壁； (2)大量 K^+ 存在时，可能生成 $KAc\cdot UO_2(Ac)_2$ 的针状结晶。如试液中有大量 K^+ 时用水冲稀 3 倍后试验。Ag^+、Hg^{2+}、Sb^{3+} 有干扰，PO_4^{3-}、AsO_4^{3-} 能使试剂分解，应预先除去	12.5 μg	250μg/g (250ppm)
	(2)Na^+ 试液与等体积的 0.1mol/L $KSb(OH)_6$ 试液混合，用玻璃棒摩擦器壁，放置后产生白色晶形沉淀，示有 Na^+： $Na^++Sb(OH)_6^-=NaSb(OH)_6(s)$ Na^+ 浓度大时，立即有沉淀生成，浓度小时因生成过饱和溶液，很久以后（几小时，甚至过夜）才有结晶附在器壁	(1)在中性或弱碱性溶液中进行，因酸能分解试剂； (2)低温进行，因沉淀的溶解度随温度的升高而加剧； (3)除碱金属以外的金属离子也能与试剂形成沉淀，需预先除去		

续附表 3-1

阳离子	鉴定方法	条件与干扰	灵敏度 检出限量	灵敏度 最低浓度
K^+	（1）取 2 滴 K^+ 试液，加 3 滴六硝基合钴酸钠（$Na_3[Co(NO_2)_6]$）溶液，放置片刻，黄色的 $K_2Na[Co(NO_2)_6]$ 沉淀析出，示有 K^+： $2K^+ + Na^+ + [Co(NO_2)_6]^{3-} = K_2Na[Co(NO_2)_6](s)$	（1）中性微酸性溶液中进行，因酸碱都能分解试剂中的 $[Co(NO_2)_6]^{3-}$； （2）NH_4^+ 与试剂生成橙色沉淀 $(NH_4)_2Na[Co(NO_2)_6]$ 而干扰，但在沸水中加热 1～2min 后 $(NH_4)_2Na[Co(NO_2)_6]$ 完全分解，$K_2Na[Co(NO_2)_6]$ 无变化，故可在 NH_4^+ 浓度大于 K^+ 浓度 100 倍时，鉴定 K^+	4μg	80μg/g（80ppm）
	（2）取 2 滴 K^+ 试液，加 2～3 滴 0.1mol/L 四苯硼酸钠 $Na[B(C_6H_5)_4]$ 溶液，生成白色沉淀，示有 K^+： $K^+ + [B(C_6H_5)_4]^- = K[B(C_6H_5)_4](s)$	（1）在碱性中性或稀酸溶液中进行； （2）NH_4^+ 有类似的反应而干扰，Ag^+、Hg^{2+} 的影响可加 NaCN 消除，当 pH = 5，若有 EDTA 存在时，其他阳离子不干扰	0.5μg	10μg/g（10ppm）
NH_4^+	（1）气室法：用干燥、洁净的表面皿两块（一大、一小），在大的一块表面皿中心放 3 滴 NH_4^+ 试液，再加 3 滴 6mol/L NaOH 溶液，混合均匀。在小的一块表面皿中心黏附一小条潮湿的酚酞试纸，盖在大的表面皿上做成气室。将此气室放在水浴上微热 2min，酚酞试纸变红，示有 NH_4^+	这是 NH_4^+ 的特征反应	0.05μg	1μg/g（1ppm）

续附表 3-1

阳离子	鉴定方法	条件与干扰	灵敏度	
			检出限量	最低浓度
NH_4^+	（2）取1滴 NH_4^+ 试液，放在白滴板的圆孔中，加2滴奈氏试剂（K_2HgI_4 的 NaOH 溶液），生成红棕色沉淀，示有 NH_4^+： $NH_4^+ + 2[HgI_4]^{2-} + 4OH^-$ $= \left[O\langle_{Hg}^{Hg}\rangle NH_2 \right] I(s) + 3H_2O + 7I^-$ 或　$NH_4^+ + OH^- = NH_3 + H_2O$ $NH_3 + 2[HgI_4]^{2-} + OH^-$ $= \left[{}^{I-Hg}_{I-Hg} \rangle NH_2 \right] I(s) + H_2O + 5I^-$ NH_4^+ 浓度低时，没有沉淀产生，但溶液呈黄色或棕色	（1）Fe^{3+}、Co^{2+}、Ni^{2+}、Ag^+、Cr^{3+} 等存在时，与试剂中的 NaOH 生成有色沉淀而干扰，必须预先除去； （2）大量 S^{2-} 的存在，使 $[HgI_4]^{2-}$ 分解析出 HgS(s)。大量 I^- 存在使反应向左进行，沉淀溶解	0.05 μg	1μg/g (1ppm)
Mg^{2+}	（1）取2滴 Mg^{2+} 试液，加2滴 2mol/L NaOH 溶液，1滴镁试剂（Ⅰ），沉淀呈天蓝色，示有 Mg^{2+}： 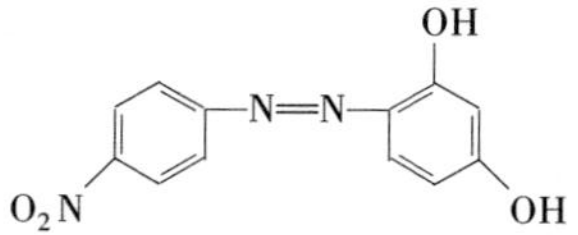 对硝基偶氮间苯二酚俗称镁试剂（Ⅰ），在碱性环境下呈红色或红紫色，被 $Mg(OH)_2$ 吸附后则呈天蓝色	（1）反应必须在碱性溶液中进行，如 $[NH_4^+]$ 过大，由于它降低了 $[OH^-]$，因而妨碍 Mg^{2+} 的检出，故在鉴定前需加碱煮沸，以除去大量的 NH_4^+； （2）Ag^+、Hg_2^{2+}、Hg^{2+}、Cu^{2+}、Co^{2+}、Ni^{2+}、Mn^{2+}、Cr^{3+}、Fe^{3+} 及大量 Ca^{2+} 干扰反应，应预先除去	0.5 μg	10μg/g (10ppm)

续附表 3-1

阳离子	鉴定方法	条件与干扰	灵敏度	
			检出限量	最低浓度
Mg^{2+}	(2)取 4 滴 Mg^{2+} 试液,加 2 滴 6mol/L 氨水,2 滴 2mol/L $(NH_4)_2HPO_4$ 溶液,摩擦试管内壁,生成白色晶形 $MgNH_4PO_4 \cdot 6H_2O$ 沉淀,示有 Mg^{2+}: $Mg^{2+} + HPO_4^{2-} + NH_3 \cdot H_2O + 5H_2O = MgNH_4PO_4 \cdot 6H_2O(s)$	(1)反应需在氨缓冲溶液中进行,要有高浓度的 PO_4^{3-} 和足够量的 NH_4^+; (2)反应的选择性较差,除本组外,其他组很多离子都可能产生干扰	30 μg	10μg/g (10ppm)
Ca^{2+}	(1)取 2 滴 Ca^{2+} 试液,滴加饱和 $(NH_4)_2C_2O_4$ 溶液,有白色的 CaC_2O_4 沉淀形成,示有 Ca^{2+}	(1)反应在 HAc 酸性、中性、碱性中进行; (2)Mg^{2+}、Sr^{2+}、Ba^{2+} 有干扰,但 MgC_2O_4 溶于醋酸,CaC_2O_4 不溶,Sr^{2+}、Ba^{2+} 在鉴定前应除去	1μg	40μg/g (40ppm)
	(2)取 1~2 滴 Ca^{2+} 试液于一滤纸片上,加 1 滴 6mol/L NaOH,1 滴 GBHA。若有 Ca^{2+} 存在时,有红色斑点产生,加 2 滴 Na_2CO_3 溶液不褪,示有 Ca^{2+};乙二醛双缩[2-羟基苯胺]简称 GBHA,与 Ca^{2+} 在 pH 值为 12~12.6 的溶液中生成红色螯合物沉淀: 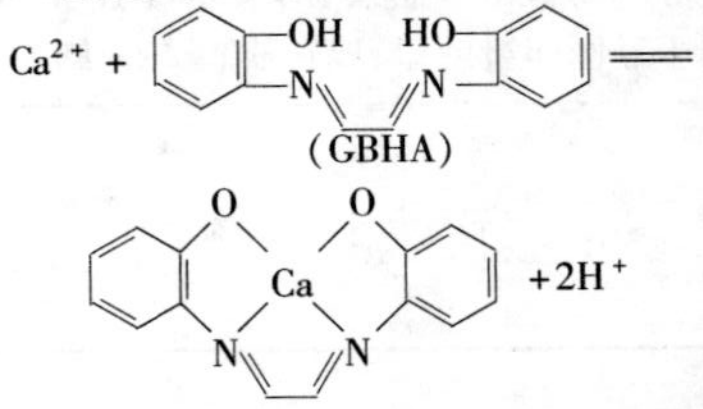	(1)Ba^{2+}、Sr^{2+} 在相同条件下生成橙色、红色沉淀,但加入 Na_2CO_3 后,形成碳酸盐沉淀,螯合物颜色变浅,而钙的螯合物颜色基本不变; (2)Cu^{2+}、Cd^{2+}、Co^{2+}、Ni^{2+}、Mn^{2+}、UO_2^{2+} 等也与试剂生成有色螯合物而干扰,当用氯仿萃取时,只有 Cd^{2+} 的产物和 Ca^{2+} 的产物一起被萃取	0.05 μg	1μg/g (1ppm)

续附表 3-1

阳离子	鉴定方法	条件与干扰	灵敏度	
			检出限量	最低浓度
Ba^{2+}	取 2 滴 Ba^{2+} 试液，加 1 滴 0.1mol/L K_2CrO_4 溶液，有 $BaCrO_4$ 黄色沉淀生成，示有 Ba^{2+}	在 HAc-NH_4Ac 缓冲溶液中进行反应	3.5 μg	70μg/g (70ppm)
Al^{3+}	（1）取 1 滴 Al^{3+} 试液，加 2～3 滴水，加 2 滴 3mol/L NH_4Ac，2 滴铝试剂，搅拌，微热片刻，加 6mol/L 氨水至碱性，红色沉淀不消失，示有 Al^{3+}： 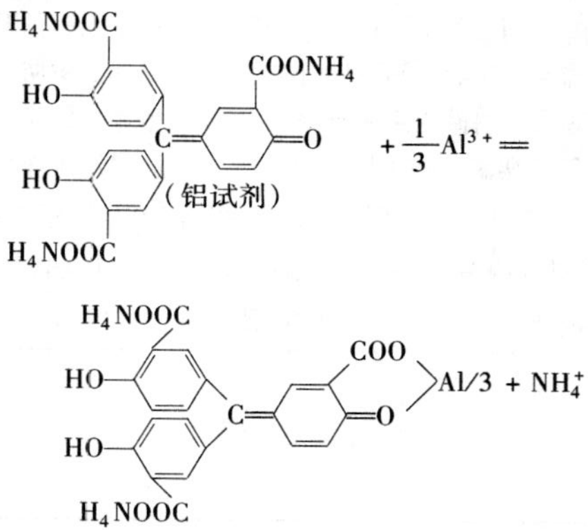	（1）在 HAc-NH_4Ac 的缓冲溶液中进行； （2）Cr^{3+}、Fe^{3+}、Bi^{3+}、Cu^{2+}、Ca^{2+} 等离子在 HAc 缓冲溶液中也能与铝试剂生成红色化合物而干扰，但加入氨水碱化后，Cr^{3+}、Cu^{2+} 的化合物即分解，加入 $(NH_4)_2CO_3$，可使 Ca^{2+} 的化合物生成 $CaCO_3$ 而分解，Fe^{3+}、Bi^{3+}（包括 Cu^{2+}）可预先加 NaOH 形成沉淀而分离	0.1 μg	2μg/g (2ppm)

续附表 3-1

阳离子	鉴定方法	条件与干扰	灵敏度	
			检出限量	最低浓度
Al^{3+}	(2)取1滴Al^{3+}试液,加1mol/L NaOH溶液,使Al^{3+}以AlO_2^-的形式存在,加1滴茜素磺酸钠溶液(茜素S),滴加HAc,直至紫色刚刚消失,过量1滴则有红色沉淀生成,示有Al^{3+}。或取1滴Al^{3+}试液于滤纸上,加1滴茜素磺酸钠,用浓氨水熏至出现桃红色斑,此时立即离开氨瓶。如氨熏时间长,则显茜素S的紫色,可在石棉网上,用手拿滤纸烤一下,则紫色褪去,现出红色: 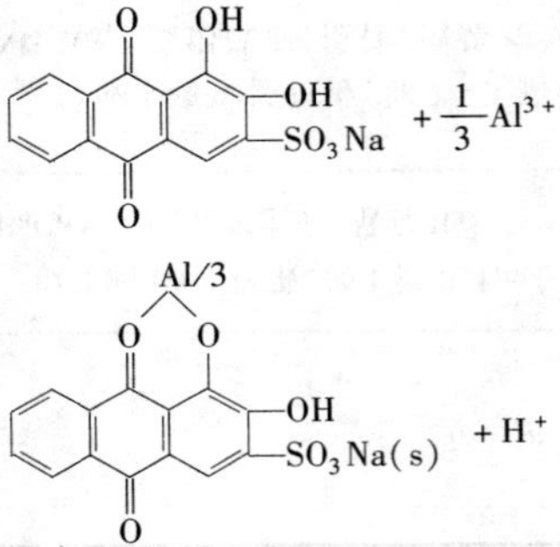 	(1)茜素磺酸钠在氨性或碱性溶液中为紫色,在醋酸溶液中为黄色,在pH值为5~5.5介质中与Al^{3+}生成红色沉淀; (2)Fe^{3+}, Cr^{3+}, Mn^{2+}及大量Cu^{2+}有干扰,用$K_4[Fe(CN)_6]$在纸上分离,由于干扰离子沉淀为难溶亚铁氰酸盐留在斑点的中心,Al^{3+}不被沉淀,扩散到水渍区,分离干扰离子后,于水渍区用茜素磺酸钠鉴定Al^{3+}	0.15 μg	3μg/g (3ppm)

续附表 3-1

阳离子	鉴定方法	条件与干扰	灵敏度	
			检出限量	最低浓度
Cr^{3+}	(1)取3滴Cr^{3+}试液,加6mol/L NaOH溶液直到生成的沉淀溶解,搅动后加4滴3%的H_2O_2,水浴加热,溶液颜色由绿变黄,继续加热直至剩余的H_2O_2分解完,冷却,加6mol/L HAc酸化,加2滴0.1mol/L $Pb(NO_3)_2$溶液,生成黄色$PbCrO_4$沉淀,示有Cr^{3+}: $Cr^{3+} + 4OH^- = CrO_2^- + 2H_2O$ $2CrO_2^- + 3H_2O_2 + 2OH^- = 2CrO(O_2)_2 + 5H_2O$ $Pb^{2+} + CrO_4^{2-} = PbCrO_4$ (s)	(1)在强碱性介质中,H_2O_2将Cr^{3+}氧化为CrO_4^{2-}; (2)形成$PbCrO_4$的反应必须在弱酸性(HAc)溶液中进行		
	(2)按(1)法将Cr^{3+}氧化成CrO_4^{2-},用2mol/L H_2SO_4酸化溶液至pH值为2~3,加入0.5mL戊醇、0.5mL 3% H_2O_2,振荡,有机层显蓝色,示有Cr^{3+}: $Cr_2O_7^{2-} + 4H_2O_2 + 2H^+ = 2H_2CrO_6 + 3H_2O$	(1)pH<1,蓝色的$CrO(O_2)_2$分解; (2)$CrO(O_2)_2$在水中不稳定,故用戊醇萃取,并在冷溶液中进行,其他离子无干扰	2.5 μg	50μg/g (50ppm)
Fe^{3+}	(1)取1滴Fe^{3+}试液放在白滴板上,加1滴$K_4[Fe(CN)_6]$溶液,生成蓝色沉淀,示有Fe^{3+}	(1)$K_4[Fe(CN)_6]$不溶于强酸,但被强碱分解生成氢氧化物,故反应在酸性溶液中进行; (2)其他阳离子与试剂生成的有色化合物的颜色不及Fe^{3+}的鲜明,故可在其他离子存在时鉴定Fe^{3+},如大量存在Cu^{2+}、Co^{2+}、Ni^{2+}等离子,也有干扰,分离后再作鉴定	0.05 μg	1μg/g (1ppm)

续附表 3-1

阳离子	鉴定方法	条件与干扰	灵敏度	
			检出限量	最低浓度
Fe^{3+}	（2）取1滴 Fe^{3+} 试液，加1滴0.5mol/L NH_4SCN 溶液，形成红色溶液示有 Fe^{3+}	（1）在酸性溶液中进行，但不能用 HNO_3； （2）F^-、H_3PO_4、$H_2C_2O_4$、酒石酸、柠檬酸以及含有α或β羟基的有机酸都能与 Fe^{3+} 形成稳定的配合物而干扰。溶液中若有大量汞盐，由于形成 $[Hg(SCN)_4]^{2-}$ 而干扰，钴、镍、铬和铜盐因离子有色，或因与 SCN^- 的反应产物的颜色而降低检出 Fe^{3+} 的灵敏度	0.25 μg	5μg/g (5ppm)
Fe^{2+}	（1）取1滴 Fe^{2+} 试液在白滴板上，加1滴 $K_3[Fe(CN)_6]$ 溶液，出现蓝色沉淀，示有 Fe^{2+}	（1）本法灵敏度、选择性都很高，仅在大量重金属离子存在而 Fe^{2+} 很低时，现象不明显； （2）反应在酸性溶液中进行	0.1 μg	2μg/g (2ppm)
	（2）取1滴 Fe^{2+} 试液，加几滴2.5g/L的邻菲罗啉溶液，生成橘红色的溶液，示有 Fe^{2+}： 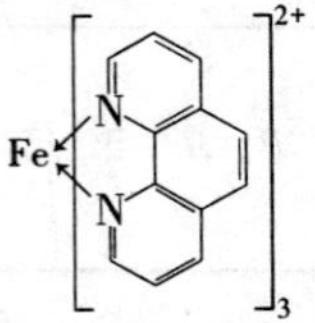	（1）中性或微酸性溶液中进行； （2）Fe^{3+} 生成微橙黄色，不干扰，但在 Fe^{3+}、Co^{2+} 同时存在时不适用。10倍量的 Cu^{2+}、40倍量的 Co^{2+}、140倍量的 $C_2O_4^{2-}$、6倍量的 CN^- 干扰反应； （3）此法比（1）法选择性高； （4）如用1滴 $NaHSO_3$ 先将 Fe^{3+} 还原，即可用此法检出 Fe^{3+}	0.025 μg	0.5μg/g (0.5ppm)

续附表 3-1

阳离子	鉴定方法	条件与干扰	灵敏度 检出限量	灵敏度 最低浓度
Mn^{2+}	取 1 滴 Mn^{2+} 试液，加 10 滴水，5 滴 2mol/L HNO_3 溶液，然后加固体 $NaBiO_3$，搅拌，水浴加热，形成紫色溶液，示有 Mn^{2+}	（1）在 HNO_3 或 H_2SO_4 酸性溶液中进行； （2）本组其他离子无干扰； （3）还原剂（Cl^-、Br^-、I^-、H_2O_2 等）有干扰	0.8 μg	16μg/g (16ppm)
Zn^{2+}	（1）取 2 滴 Zn^{2+} 试液，用 2mol/L HAc 酸化，加等体积 $(NH_4)_2Hg(SCN)_4$ 溶液，摩擦器壁，生成白色沉淀，示有 Zn^{2+}： $Zn^{2+} + Hg(SCN)_4^{2-} = ZnHg(SCN)_4(s)$ 或在极稀的 $CuSO_4$ 溶液（<0.2g/L）中，加 $(NH_4)_2Hg(SCN)_4$ 溶液，加 Zn^{2+} 试液，摩擦器壁，若迅速得到紫色混晶，示有 Zn^{2+}，也可用极稀的 $CoCl_2$（<0.2g/L）溶液代替 Cu^{2+} 溶液，则得蓝色混晶	（1）在中性或微酸性溶液中进行； （2）Cu^{2+} 形成 $CuHg(SCN)_4$ 黄绿色沉淀，少量 Cu^{2+} 存在时，形成铜锌紫色混晶更有利于观察； （3）少量 Co^{2+} 存在时，形成钴锌蓝色混晶，有利于观察； （4）Cu^{2+}、Co^{2+} 含量高时干扰，Fe^{3+} 有干扰	形成铜锌混晶时 0.5 μg	10μg/g (10ppm)
	（2）取 2 滴 Zn^{2+} 试液，调节溶液的 pH = 10，加 4 滴 TAA，加热，生成白色沉淀，沉淀不溶于 HAc，溶于 HCl，示有 Zn^{2+}	铜锡组、银组离子应预先分离，本组其他离子也需分离		

续附表 3-1

阳离子	鉴定方法	条件与干扰	灵敏度 检出限量	灵敏度 最低浓度
Co^{2+}	（1）取 1 ~2 滴 Co^{2+} 试液，加饱和 NH_4SCN 溶液，加 5 ~6 滴戊醇溶液，振荡，静置，有机层呈蓝绿色，示有 Co^{2+}	（1）配合物在水中解离度大，故用浓 NH_4SCN 溶液，并用有机溶剂萃取，增加它的稳定性； （2）Fe^{3+} 有干扰，加 NaF 掩蔽。大量 Cu^{2+} 也干扰。大量 Ni^{2+} 存在时溶液呈浅蓝色，干扰反应	0.5 μg	10μg/g （10ppm）
	（2）取 1 滴 Co^{2+} 试液在白滴板上，加 1 滴钴试剂，有红褐色沉淀生成，示有 Co^{2+}。钴试剂为 α-亚硝基-β-萘酚，有互变异构体，与 Co^{2+} 形成螯合物，Co^{2+} 转变为 Co^{3+} 是由于试剂本身起着氧化剂的作用，也可能发生空气氧化 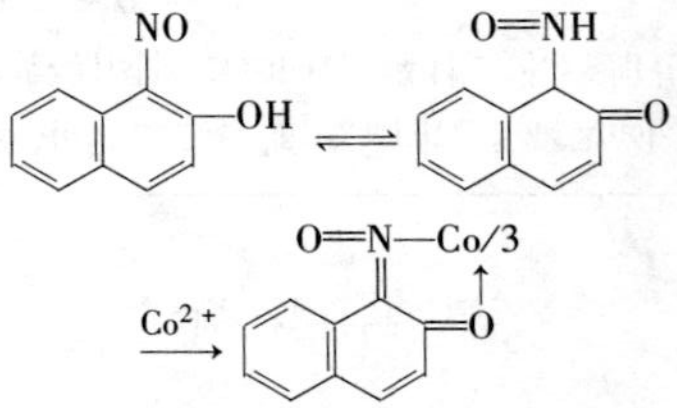	（1）中性或弱酸性溶液中进行，沉淀不溶于强酸； （2）试剂须新鲜配制； （3）Fe^{3+} 与试剂生成棕黑色沉淀，溶于强酸，它的干扰也可加 Na_2HPO_4 掩蔽，Cu^{2+}、Hg^{2+} 及其他金属干扰	0.15 μg	10μg/g （10ppm）

续附表 3-1

阳离子	鉴定方法	条件与干扰	灵敏度	
			检出限量	最低浓度
Ni^{2+}	取 1 滴 Ni^{2+} 试液放在白滴板上，加 1 滴 6mol/L 氨水，加 1 滴丁二酮肟，稍等片刻，在凹槽四周形成红色沉淀示有 Ni^{2+} 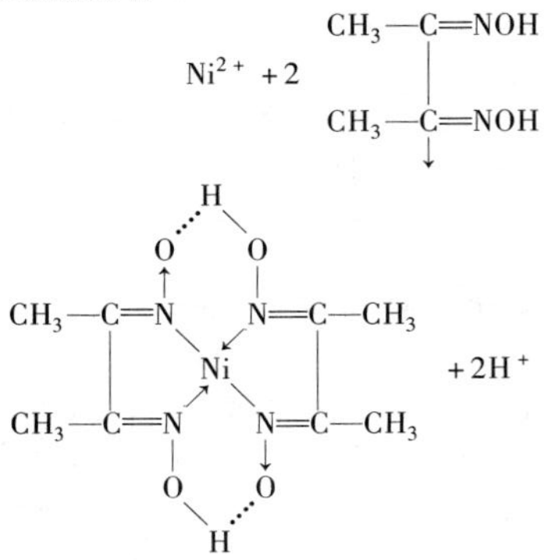	（1）在氨性溶液中进行，但氨不宜太多。沉淀溶于酸、强碱，故合适的酸度 pH 值为 5～10；（2）Fe^{2+}、Pd^{2+}、Cu^{2+}、Co^{2+}、Fe^{3+}、Cr^{3+}、Mn^{2+} 等干扰，可事先把 Fe^{2+} 氧化成 Fe^{3+}，加柠檬酸或酒石酸掩蔽 Fe^{3+} 和其他离子	0.15 μg	3μg/g (3ppm)
Cu^{2+}	（1）取 1 滴 Cu^{2+} 试液，加 1 滴 6mol/L HAc 酸化，加 1 滴 $K_4[Fe(CN)_6]$ 溶液，红棕色沉淀出现，示有 Cu^{2+} $2Cu^{2+} + [Fe(CN)_6]^{4-} = Cu_2[Fe(CN)_6](s)$	（1）在中性或弱酸性溶液中进行。如试液为强酸性，则用 3mol/L NaAc 调至弱酸性后进行。沉淀不溶于稀酸，溶于氨水，生成 $Cu(NH_3)_4^{2+}$，与强碱生成 $Cu(OH)_2$；（2）Fe^{3+} 以及大量的 Co^{2+}、Ni^{2+} 会干扰	0.02 μg	0.4μg/g (0.4ppm)

续附表 3-1

阳离子	鉴 定 方 法	条 件 与 干 扰	灵敏度	
			检出限量	最低浓度
Cu^{2+}	(2) 取 2 滴 Cu^{2+} 试液，加吡啶（C_5H_5N）使溶液显碱性，首先生成 $Cu(OH)_2$ 沉淀，后溶解得 $[Cu(C_5H_5N)_2]^{2+}$ 的深蓝色溶液，加几滴 0.1mol/L NH_4SCN 溶液，生成绿色沉淀，加 0.5mL 氯仿，振荡，得绿色溶液，示有 Cu^{2+}： $Cu^{2+} + 2SCN^- + 2C_5H_5N = [Cu(C_5H_5N)_2(SCN)_2](s)$			250μg/g (250ppm)
Pb^{2+}	取 2 滴 Pb^{2+} 试液，加 2 滴 0.1mol/L K_2CrO_4 溶液，生成黄色沉淀，示有 Pb^{2+}	(1) 在 HAc 溶液中进行，沉淀溶于强酸，溶于碱则生成 PbO_2^{2-}； (2) Ba^{2+}、Bi^{3+}、Hg^{2+}、Ag^+ 等干扰	20 μg	250μg/g (250ppm)
Hg^{2+}	(1) 取 1 滴 Hg^{2+} 试液，加 1mol/L KI 溶液，使生成沉淀后又溶解，加 2 滴 KI-Na_2SO_3 溶液，2～3 滴 Cu^{2+} 溶液，生成橘黄色沉淀，示有 Hg^{2+}： $Hg^{2+} + 4I^- = HgI_4^{2-}$ $2Cu^{2+} + 4I^- = 2CuI(s) + I_2$ $2CuI + HgI_4^{2-} = Cu_2HgI_4 + 2I^-$ 反应生成的 I_2 由 Na_2SO_3 除去	(1) Pd^{2+} 因有下面的反应而干扰：$2CuI + Pd^{2+} = PdI_2 + 2Cu^+$ 产生的 PdI_2 使 CuI 变黑； (2) CuI 是还原剂，须考虑到氧化剂的干扰（Ag^+、Hg_2^{2+}、Au^{3+}、Pt^{IV}、Fe^{3+}、Ce^{IV} 等）。钼酸盐和钨酸盐与 CuI 反应生成低氧化物（钼蓝、钨蓝）而干扰	0.05 μg	1μg/g (1ppm)

续附表 3-1

阳离子	鉴定方法	条件与干扰	灵敏度 检出限量	灵敏度 最低浓度
Hg^{2+}	（2）取 2 滴 Hg^{2+} 试液，滴加 0.5mol/L $SnCl_2$ 溶液，出现白色沉淀，继续加过量 $SnCl_2$，不断搅拌，放置 2～3min，出现灰色沉淀，示有 Hg^{2+}	（1）凡与 Cl^- 能形成沉淀的阳离子应先除去； （2）能与 $SnCl_2$ 起反应的氧化剂应先除去； （3）这一反应同样适用于 Sn^{2+} 的鉴定	5μg	200μg/g（200ppm）
Sn(Ⅳ) Sn^{2+}	（1）取 2～3 滴 Sn(Ⅳ)试液，加镁片 2～3 片，不断搅拌，待反应完全后加 2 滴 6mol/L HCl，微热，此时 Sn(Ⅳ)还原为 Sn^{2+}，鉴定按（2）进行； （2）取 2 滴 Sn^{2+} 试液，加 1 滴 0.1mol/L $HgCl_2$ 溶液，生成白色沉淀，示有 Sn^{2+}	反应的特效性较好	1μg	20μg/g（20ppm）
Ag^+	取 2 滴 Ag^+ 试液，加 2 滴 2mol/L HCl，搅动，水浴加热，离心分离。在沉淀上加 4 滴 6mol/L 氨水，微热，沉淀溶解，再加 6mol/L HNO_3 酸化，白色沉淀重又出现，示有 Ag^+		0.5 μg	10μg/g（10ppm）

附表 3-2 阴离子的鉴定方法

阴离子	鉴定方法	条件与干扰	灵敏度	
			检出限量	最低浓度
SO_4^{2-}	试液用 6mol/L HCl 酸化，加 2 滴 0.5mol/L $BaCl_2$ 溶液，白色沉淀析出，示有 SO_4^{2-}			
SO_3^{2-}	（1）取 1 滴 $ZnSO_4$ 饱和溶液，加 1 滴 $K_4[Fe(CN)_6]$ 于白滴板中，即有白色 $Zn_2[Fe(CN)_6]$ 沉淀产生，继续加入 1 滴 $Na_2[Fe(CN)_5NO]$，1 滴 SO_3^{2-} 试液（中性），则白色沉淀转化为红色 $Zn_2[Fe(CN)_5NOSO_3]$ 沉淀，示有 SO_3^{2-}	（1）酸能使沉淀消失，故酸性溶液必须以氨水中和； （2）S^{2-} 有干扰，必须除去	3.5μg	71μg/g （71ppm）
	（2）在验气装置中进行，取 2～3 滴 SO_3^{2-} 试液，加 3 滴 3mol/L H_2SO_4 溶液，放出的气体可以使 KIO_3 淀粉试纸变蓝，再变无色，示有 SO_3^{2-}	$S_2O_3^{2-}$、S^{2-} 有干扰		
$S_2O_3^{2-}$	（1）取 2 滴试液，加 2 滴 2mol/L HCl 溶液，加热，白色浑浊出现，示有 $S_2O_3^{2-}$		10μg	200μg/g （200ppm）
	（2）取 3 滴 $S_2O_3^{2-}$ 试液，加 3 滴 0.1mol/L $AgNO_3$ 溶液，摇动，白色沉淀迅速变黄、变棕、变黑，示有 $S_2O_3^{2-}$： $2Ag^+ + S_2O_3^{2-} = Ag_2S_2O_3(s)$ $Ag_2S_2O_3 + H_2O = H_2SO_4 + Ag_2S(s)$	（1）S^{2-} 干扰； （2）$Ag_2S_2O_3$ 溶于过量的硫代硫酸盐中	2.5μg $Na_2S_2O_3$	25μg/g （25ppm）

续附表 3-2

阴离子	鉴定方法	条件与干扰	灵敏度	
			检出限量	最低浓度
S^{2-}	（1）取 3 滴 S^{2-} 试液，加稀 H_2SO_4 酸化，用 $Pb(Ac)_2$ 试纸检验放出的气体，试纸变黑，示有 S^{2-}		50μg	500μg/g（500ppm）
	（2）取 1 滴 S^{2-} 试液，放白滴板上，加 1 滴 $Na_2[Fe(CN)_5NO]$ 试剂，溶液变紫色 $Na_4[Fe(CN)_5NOS]$，示有 S^{2-}	在酸性溶液中，$S^{2-} \rightarrow HS^-$ 而不产生颜色，加碱则颜色出现	1μg	20μg/g（20ppm）
CO_3^{2-}	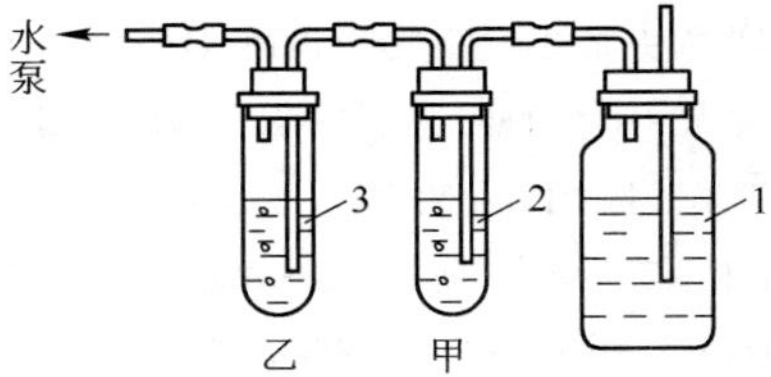 验气装置 1—NaOH溶液；2—试液；3—$Ba(OH)_2$溶液			

续附表 3-2

阴离子	鉴定方法	条件与干扰	灵敏度	
			检出限量	最低浓度
CO_3^{2-}	如图装配仪器，调节抽水泵，使气泡能一个一个进入 NaOH 溶液（每秒钟 2～3 个气泡）。分开乙管上与水泵连接的橡皮管，取 5 滴 CO_3^{2-} 试液、10 滴水放在甲管，并加入 1 滴 3% H_2O_2 溶液，1 滴 3mol/L H_2SO_4。乙管中装入约 1/4 $Ba(OH)_2$ 饱和溶液，迅速把塞子塞紧，把乙管与抽水泵连接起来，使甲管中产生的 CO_2 随空气通入乙管与 $Ba(OH)_2$ 作用，如 $Ba(OH)_2$ 溶液浑浊，示有 CO_3^{2-}	（1）当过量的 CO_2 存在时，$BaCO_3$ 沉淀可能转化为可溶性的酸式碳酸盐； （2）$Ba(OH)_2$ 极易吸收空气中的 CO_2 而变浑浊，故须用澄清溶液，迅速操作，得到较浓厚的沉淀方可判断 CO_3^{2-} 存在，初学者可作空白试验对照； （3）SO_3^{2-}、$S_2O_3^{2-}$ 妨碍鉴定，可预先加入 H_2O_2 或 $KMnO_4$ 等氧化剂，使 SO_3^{2-}、$S_2O_3^{2-}$ 氧化成 SO_4^{2-}，再作鉴定		
PO_4^{3-}	（1）取 3 滴 PO_4^{3-} 试液，加氨水至呈碱性，加入过量镁铵试剂，如果没有立即生成沉淀，用玻璃棒摩擦器壁，放置片刻，析出白色晶状沉淀 $MgNH_4PO_4$，示有 PO_4^{3-}	（1）在 $NH_3 \cdot H_2O\text{-}NH_4Cl$ 缓冲溶液中进行，沉淀能溶于酸，但碱性太强可能生成 $Mg(OH)_2$ 沉淀； （2）AsO_4^{3-} 生成相似的沉淀（$MgNH_4AsO_4$），浓度不太大时不生成		

续附表 3-2

阴离子	鉴定方法	条件与干扰	灵敏度	
			检出限量	最低浓度
PO_4^{3-}	（2）取2滴PO_4^{3-}试液，加入8～10滴钼酸铵试剂，用玻璃棒摩擦器壁，黄色磷钼酸铵生成，示有PO_4^{3-} $PO_4^{3-}+3NH_4^{+}+12MoO_4^{2-}+24H^{+}=(NH_4)_3PO_4\cdot 12MoO_3\cdot 6H_2O(s)+6H_2O$	（1）沉淀溶于过量磷酸盐生成配阴离子，需加入大量过量试剂，沉淀溶于碱及氨水中； （2）还原剂的存在使Mo(Ⅵ)还原成"钼蓝"而使溶液呈深蓝色。大量Cl^-存在会降低灵敏度，可先将试液与浓HNO_3一起蒸发。除去过量Cl^-和还原剂； （3）AsO_4^{3-}有类似的反应。SiO_3^{2-}也与试剂形成黄色的硅钼酸，加酒石酸可消除干扰； （4）与$P_2O_7^{4-}$、PO_3^-的冷溶液无反应，煮沸时由于PO_4^{3-}的生成而生成黄色沉淀	3μg	40μg/g (40ppm)
Cl^-	取2滴Cl^-试液，加6mol/L HNO_3酸化，加0.1mol/L $AgNO_3$至沉淀完全，离心分离。在沉淀上加5～8滴6mol/L氨水溶液，搅动，加热，沉淀溶解，再加6mol/L HNO_3酸化，白色沉淀重又出现，示有Cl^-			

续附表 3-2

阴离子	鉴定方法	条件与干扰	灵敏度	
			检出限量	最低浓度
Br^-	取2滴Br^-试液，加入数滴CCl_4，滴入氯水，振荡，有机层显红棕色或金黄色，示有Br^-	如氯水过量，生成BrCl，使有机层显淡黄色	50μg	50μg/g（50ppm）
I^-	（1）取2滴I^-试液，加入数滴CCl_4，滴加氯水，振荡，有机层显紫色，示有I^-	（1）在弱碱性、中性或酸性溶液中，氯水将$I^- \rightarrow I_2$； （2）过量氯水将$I_2 \rightarrow IO_3^-$，有机层紫色褪去	40μg	40μg/g（40ppm）
	（2） 在I^-试液中，加HAc酸化，加0.1mol/L $NaNO_2$溶液和CCl_4，振荡，有机层显紫色，示有I^-	Cl^-、Br^-对反应不干扰	2.5μg	50μg/g（50ppm）
NO_2^-	（1）取1滴NO_2^-试液，加6mol/L HAc酸化，加1滴对氨基苯磺酸，1滴α-萘胺，溶液显红紫色，示有NO_2^- 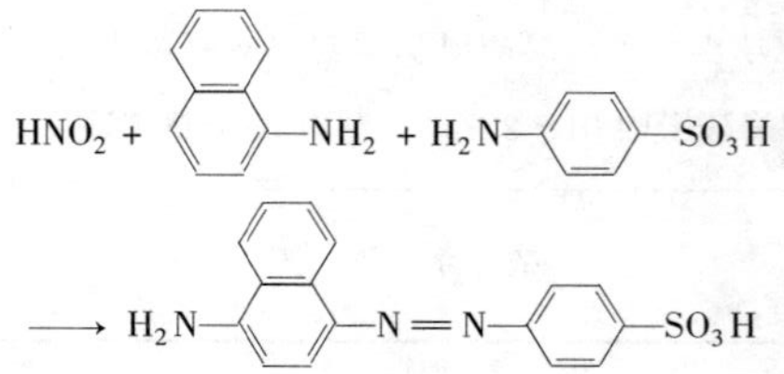 	（1）反应的灵敏度高，选择性好； （2）NO_2^-浓度大时，红紫色很快褪去，生成褐色沉淀或黄色溶液	0.01μg	0.2μg/g（0.2ppm）

续附表 3-2

阴离子	鉴定方法	条件与干扰	灵敏度	
			检出限量	最低浓度
NO_2^-	（2）同I^-的鉴定方法（2）。试液用醋酸酸化，加0.1mol/L KI 和 CCl_4振荡，有机层显红紫色，示有 NO_2^-			
NO_3^-	（1）当 NO_2^- 不存在时，在点滴板上放 2 滴二苯胺的浓 H_2SO_4 溶液，然后加试液 1～2 滴，出现深蓝色，示有 NO_3^-			
	（2）当 NO_2^- 存在时，在 H_2SO_4 存在下用尿素破坏（去除）NO_2^-，然后按（1）的方法鉴定			
	（3）棕色环的形成：在小试管中滴加 10 滴饱和 $FeSO_4$溶液，5 滴 NO_3^- 试液，然后斜持试管，沿着管壁慢慢滴加浓 H_2SO_4，由于浓 H_2SO_4密度比水大，沉到试管下面形成两层，在两层液体接触处（界面）有一棕色环（配合物 $Fe(NO)SO_4$的颜色），示有 NO_3^-： $3Fe^{2+} + NO_3^- + 4H^+ = 3Fe^{3+} + NO + 2H_2O$ $Fe^{2+} + NO + SO_4^{2-} = Fe(NO)SO_4$	NO_2^-、Br^-、I^-、CrO_4^{2-} 有干扰，Br^-、I^-可用 AgAc 除去，CrO_4^{2-} 用 $Ba(Ac)_2$除去，NO_2^- 用尿素除去： $2NO_2^- + CO(NH_2)_2 + 2H^+ = CO_2(g) + 2N_2(g) + 3H_2O$	2.5μg	40μg/g（40ppm）

附录4　常用指示剂

附表4-1　酸碱指示剂（291～298K）

溶液的组成	变色pH值范围	颜色变化	溶液配制方法
甲基紫（第一变色范围）	0.13～0.5	黄～绿	1g/L或0.5g/L的水溶液
苦味酸	0.0～1.3	无色～黄色	1g/L水溶液
甲基绿	0.1～2.0	黄～绿～浅蓝	0.5g/L水溶液
孔雀绿（第一变色范围）	0.13～2.0	黄～浅蓝～绿	1g/L水溶液
甲酚红（第一变色范围）	0.2～1.8	红～黄	0.04g指示剂溶于100mL 50%乙醇中
甲基紫（第二变色范围）	1.0～1.5	绿～蓝	1g/L水溶液
百里酚蓝（麝香草酚蓝）（第一变色范围）	1.2～2.8	红～黄	0.1g指示剂溶于100mL 20%乙醇中
甲基紫（第三变色范围）	2.0～3.0	蓝～紫	1g/L水溶液
茜素黄R（第一变色范围）	1.9～3.3	红～黄	1g/L水溶液
二甲基黄	2.9～4.0	红～黄	0.1g或0.01g指示剂溶于100mL 90%乙醇中
甲基橙	3.1～4.4	红～橙黄	1g/L水溶液
溴酚蓝	3.0～4.6	黄～蓝	0.1g指示剂溶于100mL 20%乙醇中
刚果红	3.0～5.2	蓝紫～红	1g/L水溶液
茜素红S（第一变色范围）	3.7～5.2	黄～紫	1g/L水溶液

续附表 4-1

溶液的组成	变色 pH 值范围	颜色变化	溶液配制方法
溴甲酚绿	3.8～5.4	黄～蓝	0.1g 指示剂溶于 100mL 20% 乙醇中
甲基红	4.4～6.2	红～黄	0.1g 或 0.2g 指示剂溶于 100mL 60% 乙醇中
溴酚红	5.0～6.8	黄～红	0.1g 或 0.04g 指示剂溶于 100mL 20% 乙醇中
溴甲酚紫	5.2～6.8	黄～紫红	0.1g 指示剂溶于 100mL 20% 乙醇中
溴百里酚蓝	6.0～7.6	黄～蓝	0.05g 指示剂溶于 100mL 20% 乙醇中
中性红	6.8～8.0	红～亮黄	0.1g 指示剂溶于 100mL 60% 乙醇中
酚　红	6.8～8.0	黄～红	0.1g 指示剂溶于 100mL 20% 乙醇中
甲酚红	7.2～8.8	亮黄～紫红	0.1g 指示剂溶于 100mL 50% 乙醇中
百里酚蓝（麝香草酚蓝）（第二变色范围）	8.0～9.0	黄～蓝	参看第一变色范围
酚　酞	8.2～10.0	无色～紫红	（1）0.1g 指示剂溶于 100mL 60% 乙醇中；（2）0.1g 酚酞溶于 100mL 90% 乙醇中
百里酚酞	9.4～10.6	无色～蓝	0.1g 指示剂溶于 100mL 90% 乙醇中
茜素红 S（第二变色范围）	10.0～12.0	紫～淡黄	参看第一变色范围
茜素黄 R（第二变色范围）	10.1～12.1	黄～淡紫	1g/L 水溶液
孔雀绿（第二变色范围）	11.5～13.2	蓝绿～无色	参看第一变色范围
达旦黄	12.0～13.0	黄～红	1g/L 水溶液

附表 4-2 混合酸碱指示剂

指示剂溶液的组成	变色点 pH 值	颜色变化		备 注
		酸色	碱色	
一份 1g/L 甲基黄乙醇溶液，一份 1g/L 次甲基蓝乙醇溶液	3.25	蓝紫	绿	pH 3.2 蓝紫色 pH 3.4 绿色
四份 2g/L 溴甲酚绿乙醇溶液，一份 2g/L 二甲基黄乙醇溶液	3.9	橙	绿	变色点黄色
一份 2g/L 甲基橙溶液，一份 2.8g/L 靛蓝（二磺酸）乙醇溶液	4.1	紫	黄绿	调节两者的比例，直至终点敏锐
一份 1g/L 溴百里酚绿钠盐水溶液，一份 2g/L 甲基橙水溶液	4.3	黄	蓝绿	pH 3.5 黄色 pH 4.0 黄绿色 pH 4.3 绿色
三份 1g/L 溴甲酚绿乙醇溶液，一份 2g/L 甲基红乙醇溶液	5.1	酒红	绿	
一份 2g/L 甲基红乙醇溶液，一份 1g/L 次甲基蓝乙醇溶液	5.4	红紫	绿	pH 5.2 红紫 pH 5.4 暗蓝 pH 5.6 绿
一份 1g/L 溴甲酚绿钠盐水溶液，一份 1g/L 氯酚红钠盐水溶液	6.1	黄绿	蓝紫	pH 5.4 蓝绿 pH 5.8 蓝 pH 6.2 蓝紫
一份 1g/L 溴甲酚紫钠盐水溶液，一份 1g/L 溴百里酚蓝钠盐水溶液	6.7	黄	蓝紫	pH 6.2 黄紫 pH 6.6 紫 pH 6.8 蓝紫
一份 1g/L 中性红乙醇溶液，一份 1g/L 次甲基蓝乙醇溶液	7.0	蓝紫	绿	pH 7.0 蓝紫
一份 1g/L 溴百里酚蓝钠盐水溶液，一份 1g/L 酚红钠盐水溶液	7.5	黄	紫	pH 7.2 暗绿 pH 7.4 淡紫 pH 7.6 深紫
一份 1g/L 甲酚红 50% 乙醇溶液，六份 1g/L 百里酚蓝 50% 乙醇溶液	8.3	黄	紫	pH 8.2 玫瑰色 pH 8.4 紫色变色点微红色

附表 4-3　氧化还原指示剂

指示剂名称	E/V，[H^+] = 1mol/L	颜色变化		溶液配制方法
		氧化态	还原态	
中性红	0.24	红	无色	0.5g/L 的 60% 乙醇溶液
亚甲基蓝	0.36	蓝	无色	0.5g/L 水溶液
变胺蓝	0.59（pH = 2）	无色	蓝色	0.5g/L 水溶液
二苯胺	0.76	紫	无色	10g/L 的浓硫酸溶液
二苯胺磺酸钠	0.85	紫红	无色	5g/L 的水溶液。如溶液浑浊，可滴加少量盐酸
N-邻苯氨基苯甲酸	1.08	紫红	无色	0.1g 指示剂加 20mL50g/L 的 Na_2CO_3溶液，用水稀释至 100mL
邻二氮菲—Fe（Ⅱ）	1.06	浅蓝	红	1.485g 邻二氮菲加 0.965g $FeSO_4$，溶于 100mL 水中
5-硝基邻二氮菲—Fe（Ⅱ）	1.25	浅蓝	紫红	1.608g 5-硝基邻二氮菲加 0.695g $FeSO_4$，溶于 100mL 水中

附录5　实验室中常用酸碱的浓度及其配制

1. 酸溶液

名称	化学式	相对分子质量	浓度 /mol · L^{-1}	配 制 方 法
盐酸	HCl	36.47	12.1	浓盐酸，密度 1.19g/mL(293K)
			8	取 12.1mol/L HCl666.7mL，加水稀释至 1L
			6	取 12.1mol/L HCl 与等体积的蒸馏水混合
			3	取 12.1mol/L HCl250mL，加水稀释至 1L
			2	取 12.1mol/L HCl167mL，加水稀释至 1L
			1	取 12.1mol/L HCl84mL，加水稀释至 1L

续附录5

名称	化学式	相对分子质量	浓度/mol·L^{-1}	配制方法
硝酸	HNO_3	63.02	15.9	浓硝酸,密度1.42g/mL(293K)
			6	取15.9mol/L HNO_3 375mL,加水稀释至1L
			3	取15.9mol/L HNO_3 188mL,加水稀释至1L
			2	取15.9mol/L HNO_3 125mL,加水稀释至1L
			1	取15.9mol/L HNO_3 63mL,加水稀释至1L
硫酸	H_2SO_4	98.09	18.0	浓硫酸,密度1.84g/mL(293K)
			6	将334mL的18mol/L H_2SO_4 慢慢加到约600mL的水中,再加水稀释至1000mL
			3	将167mL的18mol/L H_2SO_4 慢慢加到约800mL的水中,再加水稀释至1000mL
			1	将56mL的18mol/L H_2SO_4 慢慢加到约900mL的水中,再加水稀释至1000mL
醋酸	CH_3COOH (HAc)	60.05	17.45	冰醋酸(冰乙酸),密度1.05g/mL(293K)
			6	取17.45mol/L HAc 353mL,加水稀释至1L
			3	取17.45mol/L HAc 177mL,加水稀释至1L
酒石酸	$H_2C_4H_4O_6$	150.09	饱和	将酒石酸溶于水中,使之饱和
草酸	$H_2C_2O_4 \cdot 2H_2O$	126.07	1%	称取 $H_2C_2O_4 \cdot 2H_2O$ 1g溶于少量水中,加水稀释至100mL

注:表中数据录自John A. Dean. Lange's Handbook of Chemistry. 13th ed. 1985。

2. 碱溶液

名称	化学式	浓度/mol·L^{-1}	配制方法
氢氧化钠	NaOH	6	将240g NaOH溶于水中，加水稀释至1L
		3	将120g NaOH溶于水中，加水稀释至1L
		1	将40g NaOH溶于水中，加水稀释至1L

续附录5

名称	化学式	浓度 /mol·L^{-1}	配制方法
氨　水	$NH_3 \cdot H_2O$	14.53	浓氨水，密度为0.90g/mL（293K）
		6	取14.53mol/L $NH_3 \cdot H_2O$ 400mL，加水稀释至1L
		2	取14.53mol/L $NH_3 \cdot H_2O$ 134mL，加水稀释至1L
		1	取14.53mol/L $NH_3 \cdot H_2O$ 67mL，加水稀释至1L
氢氧化钡	$Ba(OH)_2$	0.2（饱和）	63g $Ba(OH)_2 \cdot 8H_2O$ 溶于1L水中
氢氧化钾	KOH	6	将336g KOH溶于水中，加水稀释至1L

附录6　常用物理化学常数

附表6-1　弱电解质的解离常数

（近似浓度0.01~0.003mol/L，温度298K）

名　称	化学式	解离常数 $K^{\ominus}$	p$K^{\ominus}$
醋　酸	HAc	1.76×10^{-5}	4.75
碳　酸	H_2CO_3	$K_1^{\ominus}=4.30\times10^{-7}$	6.37
		$K_2^{\ominus}=5.61\times10^{-11}$	10.25
草　酸	$H_2C_2O_4$	$K_1^{\ominus}=5.90\times10^{-2}$	1.23
		$K_2^{\ominus}=6.40\times10^{-5}$	4.19
亚硝酸	HNO_2	4.6×10^{-4}（285.5K）	3.37
磷　酸	H_3PO_4	$K_1^{\ominus}=7.52\times10^{-3}$	2.12
		$K_2^{\ominus}=6.23\times10^{-8}$	7.21
		$K_3^{\ominus}=2.2\times10^{-13}$（291K）	12.67
亚硫酸	H_2SO_3	$K_1^{\ominus}=1.54\times10^{-2}$（291K）	1.81
		$K_2^{\ominus}=1.02\times10^{-7}$	6.91
硫　酸	H_2SO_4	$K_2^{\ominus}=1.20\times10^{-2}$	1.92
氢硫酸	H_2S	$K_1^{\ominus}=9.1\times10^{-8}$（291K）	7.04
		$K_2^{\ominus}=1.1\times10^{-12}$	11.96
氢氰酸	HCN	4.93×10^{-10}	9.31
铬　酸	H_2CrO_4	$K_1^{\ominus}=1.8\times10^{-1}$	0.74
		$K_2^{\ominus}=3.20\times10^{-7}$	6.49

续附表 6-1

名　称	化 学 式	解离常数 $K^{\ominus}$	$pK^{\ominus}$
硼　酸	H_3BO_3	5.8×10^{-10}	9.24
氢氟酸	HF	3.53×10^{-4}	3.45
过氧化氢	H_2O_2	2.4×10^{-12}	11.62
次氯酸	HClO	2.95×10^{-5}(291K)	4.53
次溴酸	HBrO	2.06×10^{-9}	8.69
次碘酸	HIO	2.3×10^{-11}	10.64
碘　酸	HIO_3	1.69×10^{-1}	0.77
砷　酸	H_3AsO_4	$K_1^{\ominus}=5.62\times10^{-3}$(291K)	2.25
		$K_2^{\ominus}=1.70\times10^{-7}$	6.77
		$K_3^{\ominus}=3.95\times10^{-12}$	11.40
亚砷酸	$HAsO_2$	6×10^{-10}	9.22
铵离子	NH_4^+	5.56×10^{-10}	9.25
氨　水	$NH_3\cdot H_2O$	1.79×10^{-5}	4.75
联　胺	N_2H_4	8.91×10^{-7}	6.05
羟　氨	NH_2OH	9.12×10^{-9}	8.04
氢氧化铅	$Pb(OH)_2$	9.6×10^{-4}	3.02
氢氧化锂	LiOH	6.31×10^{-1}	0.2
氢氧化铍	$Be(OH)_2$	1.78×10^{-6}	5.75
	$BeOH^+$	2.51×10^{-9}	8.6
氢氧化铝	$Al(OH)_3$	5.01×10^{-9}	8.3
	$Al(OH)_2^+$	1.99×10^{-10}	9.7
氢氧化锌	$Zn(OH)_2$	7.94×10^{-7}	6.1
氢氧化镉	$Cd(OH)_2$	5.01×10^{-11}	10.3
乙二胺	$H_2NC_2H_4NH_2$	$K_1^{\ominus}=8.5\times10^{-5}$	4.07
		$K_2^{\ominus}=7.1\times10^{-8}$	7.15
六亚甲基四胺	$(CH_2)_6N_4$	1.35×10^{-9}	8.87
尿　素	$CO(NH_2)_2$	1.3×10^{-14}	13.89
质子化六亚甲基四胺	$(CH_2)_6N_4H^+$	7.1×10^{-6}	5.15

续附表6-1

名　称	化 学 式	解离常数 $K^{\ominus}$	$pK^{\ominus}$
甲　酸	HCOOH	1.77×10^{-4}(293K)	3.75
氯乙酸	$ClCH_2COOH$	1.40×10^{-3}	2.85
氨基乙酸	NH_2CH_2COOH	1.67×10^{-10}	9.78
邻苯二甲酸	$C_6H_4(COOH)_2$	$K_1^{\ominus}=1.12\times10^{-3}$	2.95
		$K_2^{\ominus}=3.91\times10^{-6}$	5.41
柠檬酸	$(HOOCCH_2)_2$ C(OH)COOH	$K_1^{\ominus}=7.1\times10^{-4}$	3.14
		$K_2^{\ominus}=1.68\times10^{-5}$(293K)	4.77
		$K_3^{\ominus}=4.1\times10^{-7}$	6.39
酒石酸	$(CH(OH)COOH)_2$	$K_1^{\ominus}=1.04\times10^{-3}$	2.98
		$K_2^{\ominus}=4.55\times10^{-5}$	4.34
8-羟基喹啉	C_9H_6NOH	$K_1^{\ominus}=8\times10^{-6}$	5.1
		$K_2^{\ominus}=1\times10^{-9}$	9.0
苯　酚	C_6H_5OH	1.28×10^{-10}(293K)	9.89
对氨基苯磺酸	$H_2NC_6H_4SO_3H$	$K_1^{\ominus}=2.6\times10^{-1}$	0.58
		$K_2^{\ominus}=7.6\times10^{-4}$	3.12
乙二胺四乙酸(EDTA)	$(CH_2COOH)_2NH^+CH_2$ $CH_2NH^+(CH_2COOH)_2$	$K_5^{\ominus}=5.4\times10^{-7}$	6.27
		$K_6^{\ominus}=1.12\times10^{-11}$	10.95

附表6-2　难溶化合物的溶度积常数

序号	化学式	$K_{sp}^{\ominus}$	$pK_{sp}^{\ominus}$ $(-\lg K_{sp}^{\ominus})$	序号	化学式	$K_{sp}^{\ominus}$	$pK_{sp}^{\ominus}$ $(-\lg K_{sp}^{\ominus})$
1	Ag_3AsO_4	1.0×10^{-22}	22.0	8	Ag_2CrO_4	1.2×10^{-12}	11.92
2	AgBr	5.0×10^{-13}	12.3	9	$Ag_2Cr_2O_7$	2.0×10^{-7}	6.70
3	$AgBrO_3$	5.50×10^{-5}	4.26	10	AgI	8.3×10^{-17}	16.08
4	AgCl	1.8×10^{-10}	9.75	11	$AgIO_3$	3.1×10^{-8}	7.51
5	AgCN	1.2×10^{-16}	15.92	12	AgOH	2.0×10^{-8}	7.71
6	Ag_2CO_3	8.1×10^{-12}	11.09	13	Ag_2MoO_4	2.8×10^{-12}	11.55
7	$Ag_2C_2O_4$	3.5×10^{-11}	10.46	14	Ag_3PO_4	1.4×10^{-16}	15.84

续附表 6-2

序号	化学式	$K_{sp}^{\ominus}$	$pK_{sp}^{\ominus}$ ($-\lg K_{sp}^{\ominus}$)	序号	化学式	$K_{sp}^{\ominus}$	$pK_{sp}^{\ominus}$ ($-\lg K_{sp}^{\ominus}$)
15	Ag_2S	6.3×10^{-50}	49.2	41	$Bi_2(C_2O_4)_3$	3.98×10^{-36}	35.4
16	AgSCN	1.0×10^{-12}	12.00	42	$Bi(OH)_3$	4.0×10^{-31}	30.4
17	Ag_2SO_3	1.5×10^{-14}	13.82	43	$BiPO_4$	1.26×10^{-23}	22.9
18	Ag_2SO_4	1.4×10^{-5}	4.84	44	$CaCO_3$	2.8×10^{-9}	8.54
19	Ag_2Se	2.0×10^{-64}	63.7	45	$CaC_2O_4\cdot H_2O$	4.0×10^{-9}	8.4
20	Ag_2SeO_3	1.0×10^{-15}	15.00	46	CaF_2	2.7×10^{-11}	10.57
21	Ag_2SeO_4	5.7×10^{-8}	7.25	47	$CaMoO_4$	4.17×10^{-8}	7.38
22	$AgVO_3$	5.0×10^{-7}	6.3	48	$Ca(OH)_2$	5.5×10^{-6}	5.26
23	Ag_2WO_4	5.5×10^{-12}	11.26	49	$Ca_3(PO_4)_2$	2.0×10^{-29}	28.70
24	$Al(OH)_3$	4.57×10^{-33}	32.34	50	$CaSO_4$	3.16×10^{-7}	5.04
25	$AlPO_4$	6.3×10^{-19}	18.24	51	$CaSiO_3$	2.5×10^{-8}	7.60
26	Al_2S_3	2.0×10^{-7}	6.7	52	$CaWO_4$	8.7×10^{-9}	8.06
27	$Au(OH)_3$	5.5×10^{-46}	45.26	53	$CdCO_3$	5.2×10^{-12}	11.28
28	$AuCl_3$	3.2×10^{-25}	24.5	54	$CdC_2O_4\cdot 3H_2O$	9.1×10^{-8}	7.04
29	AuI_3	1.0×10^{-46}	46.0	55	$Cd_3(PO_4)_2$	2.5×10^{-33}	32.6
30	$Ba_3(AsO_4)_2$	8.0×10^{-51}	50.1	56	CdS	8.0×10^{-27}	26.1
31	$BaCO_3$	5.1×10^{-9}	8.29	57	CdSe	6.31×10^{-36}	35.2
32	BaC_2O_4	1.6×10^{-7}	6.79	58	$CdSeO_3$	1.3×10^{-9}	8.89
33	$BaCrO_4$	1.2×10^{-10}	9.93	59	CeF_3	8.0×10^{-16}	15.1
34	$Ba_3(PO_4)_2$	3.4×10^{-23}	22.44	60	$CePO_4$	1.0×10^{-23}	23.0
35	$BaSO_4$	1.1×10^{-10}	9.96	61	$Co_3(AsO_4)_2$	7.6×10^{-29}	28.12
36	BaS_2O_3	1.6×10^{-5}	4.79	62	$CoCO_3$	1.4×10^{-13}	12.84
37	$BaSeO_3$	2.7×10^{-7}	6.57	63	CoC_2O_4	6.3×10^{-8}	7.2
38	$BaSeO_4$	3.5×10^{-8}	7.46	64	$Co(OH)_2$（蓝）	6.31×10^{-15}	14.2
39	$Be(OH)_2$	1.6×10^{-22}	21.8		$Co(OH)_2$（粉红，新沉淀）	1.58×10^{-15}	14.8
40	$BiAsO_4$	4.4×10^{-10}	9.36				

续附表 6-2

序号	化学式	$K_{sp}^{\ominus}$	$pK_{sp}^{\ominus}$ ($-\lg K_{sp}^{\ominus}$)	序号	化学式	$K_{sp}^{\ominus}$	$pK_{sp}^{\ominus}$ ($-\lg K_{sp}^{\ominus}$)
64	$Co(OH)_2$ (粉红,陈化)	2.00×10^{-16}	15.7	86	$Fe(OH)_2$	8.0×10^{-16}	15.1
				87	$Fe(OH)_3$	4.0×10^{-38}	37.4
65	$CoHPO_4$	2.0×10^{-7}	6.7	88	$FePO_4$	1.3×10^{-22}	21.89
66	$Co_3(PO_4)_3$	2.0×10^{-35}	34.7	89	FeS	6.3×10^{-18}	17.2
67	$CrAsO_4$	7.7×10^{-21}	20.11	90	$Ga(OH)_3$	7.0×10^{-36}	35.15
68	$Cr(OH)_3$	6.3×10^{-31}	30.2	91	$GaPO_4$	1.0×10^{-21}	21.0
69	$CrPO_4\cdot4H_2O$ (绿)	2.4×10^{-23}	22.62	92	$Gd(OH)_3$	1.8×10^{-23}	22.74
				93	$Hf(OH)_4$	4.0×10^{-26}	25.4
	$CrPO_4\cdot4H_2O$ (紫)	1.0×10^{-17}	17.0	94	Hg_2Br_2	5.6×10^{-23}	22.24
				95	Hg_2Cl_2	1.3×10^{-18}	17.88
70	CuBr	5.3×10^{-9}	8.28	96	HgC_2O_4	1.0×10^{-7}	7.0
71	CuCl	1.2×10^{-6}	5.92	97	Hg_2CO_3	8.9×10^{-17}	16.05
72	CuCN	3.2×10^{-20}	19.49	98	$Hg_2(CN)_2$	5.0×10^{-40}	39.3
73	$CuCO_3$	2.34×10^{-10}	9.63	99	$HgCrO_4$	2.0×10^{-9}	8.70
74	CuI	1.1×10^{-12}	11.96	100	Hg_2I_2	4.5×10^{-29}	28.35
75	$Cu(OH)_2$	4.8×10^{-20}	19.32	101	HgI_2	2.82×10^{-29}	28.55
76	$Cu_3(PO_4)_2$	1.3×10^{-37}	36.9	102	$Hg_2(IO_3)_2$	2.0×10^{-14}	13.71
77	Cu_2S	2.5×10^{-48}	47.6	103	$Hg_2(OH)_2$	2.0×10^{-24}	23.7
78	Cu_2Se	1.58×10^{-61}	60.8	104	HgSe	1.0×10^{-59}	59.0
79	CuS	6.3×10^{-36}	35.2	105	HgS(红)	4.0×10^{-53}	52.4
80	CuSe	7.94×10^{-49}	48.1	106	HgS(黑)	1.6×10^{-52}	51.8
81	$Dy(OH)_3$	1.4×10^{-22}	21.85	107	Hg_2WO_4	1.1×10^{-17}	16.96
82	$Er(OH)_3$	4.1×10^{-24}	23.39	108	$Ho(OH)_3$	5.0×10^{-23}	22.30
83	$Eu(OH)_3$	8.9×10^{-24}	23.05	109	$In(OH)_3$	1.3×10^{-37}	36.9
84	$FeAsO_4$	5.7×10^{-21}	20.24	110	$InPO_4$	2.3×10^{-22}	21.63
85	$FeCO_3$	3.2×10^{-11}	10.50	111	In_2S_3	5.7×10^{-74}	73.24

续附表 6-2

序号	化学式	$K_{sp}^{\ominus}$	$pK_{sp}^{\ominus}$ ($-\lg K_{sp}^{\ominus}$)	序号	化学式	$K_{sp}^{\ominus}$	$pK_{sp}^{\ominus}$ ($-\lg K_{sp}^{\ominus}$)
112	$La_2(CO_3)_3$	3.98×10^{-34}	33.4	137	$PbCO_3$	7.4×10^{-14}	13.13
113	$LaPO_4$	3.98×10^{-23}	22.43	138	$PbCrO_4$	2.8×10^{-13}	12.55
114	$Lu(OH)_3$	1.9×10^{-24}	23.72	139	PbF_2	2.7×10^{-8}	7.57
115	$Mg_3(AsO_4)_2$	2.1×10^{-20}	19.68	140	$PbMoO_4$	1.0×10^{-13}	13.0
116	$MgCO_3$	3.5×10^{-8}	7.46	141	$Pb(OH)_2$	1.2×10^{-15}	14.93
117	$MgCO_3\cdot3H_2O$	2.14×10^{-5}	4.67	142	$Pb(OH)_4$	3.2×10^{-66}	65.49
118	$Mg(OH)_2$	1.8×10^{-11}	10.74	143	$Pb_3(PO_4)_3$	8.0×10^{-43}	42.10
119	$Mg_3(PO_4)_2\cdot8H_2O$	6.31×10^{-26}	25.2	144	PbS	1.0×10^{-28}	28.00
				145	$PbSO_4$	1.6×10^{-8}	7.79
120	$Mn_3(AsO_4)_2$	1.9×10^{-29}	28.72	146	PbSe	7.94×10^{-43}	42.1
121	$MnCO_3$	1.8×10^{-11}	10.74	147	$PbSeO_4$	1.4×10^{-7}	6.84
122	$Mn(IO_3)_2$	4.37×10^{-7}	6.36	148	$Pd(OH)_2$	1.0×10^{-31}	31.0
123	$Mn(OH)_4$	1.9×10^{-13}	12.72	149	$Pd(OH)_4$	6.3×10^{-71}	70.2
124	MnS(粉红)	2.5×10^{-10}	9.6	150	PdS	2.03×10^{-58}	57.69
125	MnS(绿)	2.5×10^{-13}	12.6	151	$Pm(OH)_3$	1.0×10^{-21}	21.0
126	$Ni_3(AsO_4)_2$	3.1×10^{-26}	25.51	152	$Pr(OH)_3$	6.8×10^{-22}	21.17
127	$NiCO_3$	6.6×10^{-9}	8.18	153	$Pt(OH)_2$	1.0×10^{-35}	35.0
128	NiC_2O_4	4.0×10^{-10}	9.4	154	$Pu(OH)_3$	2.0×10^{-20}	19.7
129	$Ni(OH)_2$(新)	2.0×10^{-15}	14.7	155	$Pu(OH)_4$	1.0×10^{-55}	55.0
130	$Ni_3(PO_4)_2$	5.0×10^{-31}	30.3	156	$RaSO_4$	4.2×10^{-11}	10.37
131	α-NiS	3.2×10^{-19}	18.5	157	$Rh(OH)_3$	1.0×10^{-23}	23.0
132	β-NiS	1.0×10^{-24}	24.0	158	$Ru(OH)_3$	1.0×10^{-36}	36.0
133	γ-NiS	2.0×10^{-26}	25.7	159	Sb_2S_3	1.5×10^{-93}	92.8
134	$Pb_3(AsO_4)_2$	4.0×10^{-36}	35.39	160	ScF_3	4.2×10^{-18}	17.37
135	$PbBr_2$	4.0×10^{-5}	4.41	161	$Sc(OH)_3$	8.0×10^{-31}	30.1
136	$PbCl_2$	1.6×10^{-5}	4.79	162	$Sm(OH)_3$	8.2×10^{-23}	22.08

续附表 6-2

序号	化学式	$K_{sp}^{\ominus}$	$pK_{sp}^{\ominus}$ ($-\lg K_{sp}^{\ominus}$)	序号	化学式	$K_{sp}^{\ominus}$	$pK_{sp}^{\ominus}$ ($-\lg K_{sp}^{\ominus}$)
163	$Sn(OH)_2$	1.4×10^{-28}	27.85	181	TlBr	3.4×10^{-6}	5.47
164	$Sn(OH)_4$	1.0×10^{-56}	56.0	182	TlCl	1.7×10^{-4}	3.76
165	SnO_2	3.98×10^{-65}	64.4	183	Tl_2CrO_4	9.77×10^{-13}	12.01
166	SnS	1.0×10^{-25}	25.0	184	TlI	6.5×10^{-8}	7.19
167	SnSe	3.98×10^{-39}	38.4	185	TlN_3	2.2×10^{-4}	3.66
168	$Sr_3(AsO_4)_2$	8.1×10^{-19}	18.09	186	Tl_2S	5.0×10^{-21}	20.3
169	$SrCO_3$	1.1×10^{-10}	9.96	187	$TlSeO_3$	2.0×10^{-39}	38.7
170	$SrC_2O_4\cdot H_2O$	1.6×10^{-7}	6.80	188	$UO_2(OH)_2$	1.1×10^{-22}	21.95
171	SrF_2	2.5×10^{-9}	8.61	189	$VO(OH)_2$	5.9×10^{-23}	22.13
172	$Sr_3(PO_4)_2$	4.0×10^{-28}	27.39	190	$Y(OH)_3$	8.0×10^{-23}	22.1
173	$SrSO_4$	3.2×10^{-7}	6.49	191	$Yb(OH)_3$	3.0×10^{-24}	23.52
174	$SrWO_4$	1.7×10^{-10}	9.77	192	$Zn_3(AsO_4)_2$	1.3×10^{-28}	27.89
175	$Tb(OH)_3$	2.0×10^{-22}	21.7	193	$ZnCO_3$	1.4×10^{-11}	10.84
176	$Te(OH)_4$	3.0×10^{-54}	53.52	194	$Zn(OH)_2$	2.09×10^{-16}	15.68
177	$Th(C_2O_4)_2$	1.0×10^{-22}	22.0	195	$Zn_3(PO_4)_2$	9.0×10^{-33}	32.04
178	$Th(IO_3)_4$	2.5×10^{-15}	14.6	196	α-ZnS	1.6×10^{-24}	23.8
179	$Th(OH)_4$	4.0×10^{-45}	44.4	197	β-ZnS	2.5×10^{-22}	21.6
180	$Ti(OH)_3$	1.0×10^{-40}	40.0	198	$ZrO(OH)_2$	6.3×10^{-49}	48.2

附表 6-3　常见配离子的稳定常数

配 离 子	$K_f^{\ominus}$	$\lg K_f^{\ominus}$	配 离 子	$K_f^{\ominus}$	$\lg K_f^{\ominus}$
1∶1			$[ZnY]^{2-}$	3.1×10^{16}	16.49
$[NaY]^{3-}$	5.0×10^{1}	1.69	$[CdY]^{2-}$	3.8×10^{16}	16.57
$[AgY]^{3-}$	2.0×10^{7}	7.30	$[HgY]^{2-}$	6.3×10^{21}	21.79
$[CuY]^{2-}$	6.8×10^{18}	18.79	$[PbY]^{2-}$	1.0×10^{18}	18.0
$[MgY]^{2-}$	4.9×10^{8}	8.69	$[MnY]^{2-}$	1.0×10^{14}	14.00
$[CaY]^{2-}$	3.7×10^{10}	10.56	$[FeY]^{2-}$	2.1×10^{14}	14.32
$[SrY]^{2-}$	4.2×10^{8}	8.62	$[CoY]^{2-}$	1.6×10^{18}	16.20
$[BaY]^{2-}$	6.0×10^{7}	7.77	$[NiY]^{2-}$	4.1×10^{18}	18.61

续附表 6-3

配 离 子	$K_f^\ominus$	$\lg K_f^\ominus$	配 离 子	$K_f^\ominus$	$\lg K_f^\ominus$
$[FeY]^-$	1.2×10^{25}	25.07		1 : 4	
$[CoY]^-$	1.0×10^{36}	36.0	$[Cu(NH_3)_4]^{2+}$	4.8×10^{12}	12.68
$[GaY]^-$	1.8×10^{20}	20.25	$[Zn(NH_3)_4]^{2+}$	5×10^{8}	8.69
$[InY]^-$	8.9×10^{24}	24.94	$[Cd(NH_3)_4]^{2+}$	3.6×10^{6}	6.55
$[TlY]^-$	3.2×10^{22}	22.51	$[Zn(CNS)_4]^{2-}$	2.0×10^{1}	1.30
$[TlHY]$	1.5×10^{23}	23.17	$[Zn(CN)_4]^{2-}$	1.0×10^{16}	16.0
$[CuOH]^+$	1×10^{5}	5.00	$[Cd(SCN)_4]^{2-}$	1.0×10^{8}	3.0
$[AgNH_3]^+$	2.0×10^{3}	3.30	$[CuCl_4]^{2-}$	3.1×10^{2}	2.49
	1 : 2		$[CdI_4]^{2-}$	3.0×10^{6}	6.43
$[Cu(NH_3)_2]^+$	7.4×10^{10}	10.87	$[Cd(CN)_4]^{2-}$	1.3×10^{18}	18.11
$[Cu(CN)_2]^-$	2.0×10^{38}	38.3	$[Hg(CN)_4]^{2-}$	3.3×10^{41}	41.51
$[Ag(NH_3)_2]^+$	1.7×10^{7}	7.24	$[Hg(SCN)_4]^{2-}$	7.7×10^{21}	21.88
$[Ag(en)_2]^+$	7.0×10^{7}	7.84	$[HgCl_4]^{2-}$	1.6×10^{15}	15.20
$[Ag(CNS)_2]^-$	4.0×10^{8}	8.60	$[HgI_4]^{2-}$	7.2×10^{29}	29.86
$[Ag(CN)_2]^-$	1.0×10^{21}	21.0	$[Co(CNS)_4]^{2-}$	3.8×10^{2}	2.58
$[Au(CN)_2]^-$	2.0×10^{38}	38.3	$[Ni(CN)_4]^{2-}$	1×10^{22}	22.0
$[Cu(en)_2]^{2+}$	4.0×10^{19}	19.60		1 : 6	
$[Ag(S_2O_3)_2]^{3-}$	1.6×10^{13}	13.20	$[Cd(NH_3)_6]^{2+}$	1.4×10^{6}	6.15
	1 : 3		$[Co(NH_3)_6]^{2+}$	2.4×10^{4}	4.38
$[Fe(CNS)_3]^0$	2.0×10^{3}	3.30	$[Ni(NH_3)_6]^{2+}$	1.1×10^{8}	8.04
$[CdI_3]^-$	1.2×10^{1}	1.07	$[Co(NH_3)_6]^{3+}$	1.4×10^{35}	35.15
$[Cd(CN)_3]^-$	1.1×10^{4}	4.04	$[AlF_6]^{3-}$	6.9×10^{19}	19.84
$[Ag(CN)_3]^{2-}$	5×10^{8}	0.69	$[Fe(CN)_6]^{3-}$	1×10^{42}	42.0
$[Ni(en)_3]^{2+}$	3.9×10^{18}	18.59	$[Fe(CN)_6]^{4-}$	1×10^{35}	35.0
$[Al(C_2O_4)_3]^{3-}$	2.0×10^{16}	16.30	$[Co(CN)_6]^{3-}$	1×10^{64}	64.0
$[Fe(C_2O_4)_3]^{3-}$	1.6×10^{20}	20.20	$[FeF_6]^{3-}$	1.0×10^{16}	16.0

注：表中 Y^{4-} 表示 EDTA 的酸根；en 表示乙二胺；$C_2O_4^{2-}$ 为草酸根。

附表6-4　标准电极电势

1. 在酸性溶液中（298K）

电　对	电　极　反　应	$E^{\ominus}$/V
Li(Ⅰ)—(0)	$Li^{+} + e^{-} = Li$	-3.0401
Cs(Ⅰ)—(0)	$Cs^{+} + e^{-} = Cs$	-3.026
Rb(Ⅰ)—(0)	$Rb^{+} + e^{-} = Rb$	-2.98
K(Ⅰ)—(0)	$K^{+} + e^{-} = K$	-2.931
Ba(Ⅱ)—(0)	$Ba^{2+} + 2e^{-} = Ba$	-2.912
Sr(Ⅱ)—(0)	$Sr^{2+} + 2e^{-} = Sr$	-2.89
Ca(Ⅱ)—(0)	$Ca^{2+} + 2e^{-} = Ca$	-2.868
Na(Ⅰ)—(0)	$Na^{+} + e^{-} = Na$	-2.71
La(Ⅲ)—(0)	$La^{3+} + 3e^{-} = La$	-2.379
Mg(Ⅱ)—(0)	$Mg^{2+} + 2e^{-} = Mg$	-2.372
Ce(Ⅲ)—(0)	$Ce^{3+} + 3e^{-} = Ce$	-2.336
H(0)—(-Ⅰ)	$H_2(g) + 2e^{-} = 2H^{-}$	-2.23
Al(Ⅲ)—(0)	$AlF_6^{3-} + 3e^{-} = Al + 6F^{-}$	-2.069
Th(Ⅳ)—(0)	$Th^{4+} + 4e^{-} = Th$	-1.899
Be(Ⅱ)—(0)	$Be^{2+} + 2e^{-} = Be$	-1.847
U(Ⅲ)—(0)	$U^{3+} + 3e^{-} = U$	-1.798
Hf(Ⅳ)—(0)	$HfO^{2+} + 2H^{+} + 4e^{-} = Hf + H_2O$	-1.724
Al(Ⅲ)—(0)	$Al^{3+} + 3e^{-} = Al$	-1.662
Ti(Ⅱ)—(0)	$Ti^{2+} + 2e^{-} = Ti$	-1.630
Zr(Ⅳ)—(0)	$ZrO_2 + 4H^{+} + 4e^{-} = Zr + 2H_2O$	-1.553
Si(Ⅳ)—(0)	$[SiF_6]^{2-} + 4e^{-} = Si + 6F^{-}$	-1.24
Mn(Ⅱ)—(0)	$Mn^{2+} + 2e^{-} = Mn$	-1.185
Cr(Ⅱ)—(0)	$Cr^{2+} + 2e^{-} = Cr$	-0.913
Ti(Ⅲ)—(Ⅱ)	$Ti^{3+} + e^{-} = Ti^{2+}$	-0.9
B(Ⅲ)—(0)	$H_3BO_3 + 3H^{+} + 3e^{-} = B + 3H_2O$	-0.8698
Ti(Ⅳ)—(0)	$TiO_2 + 4H^{+} + 4e^{-} = Ti + 2H_2O$	-0.86
Te(0)—(-Ⅱ)	$Te + 2H^{+} + 2e^{-} = H_2Te$	-0.793

续附表 6-4

1. 在酸性溶液中（298K）

电 对	电 极 反 应	$E^{\ominus}$/V
Zn(Ⅱ)—(0)	$Zn^{2+} + 2e^- = Zn$	-0.7618
Ta(Ⅴ)—(0)	$Ta_2O_5 + 10H^+ + 10e^- = 2Ta + 5H_2O$	-0.750
Cr(Ⅲ)—(0)	$Cr^{3+} + 3e^- = Cr$	-0.744
Nb(Ⅴ)—(0)	$Nb_2O_5 + 10H^+ + 10e^- = 2Nb + 5H_2O$	-0.644
As(0)—(-Ⅲ)	$As + 3H^+ + 3e^- = AsH_3$	-0.608
U(Ⅳ)—(Ⅲ)	$U^{4+} + e^- = U^{3+}$	-0.607
Ga(Ⅲ)—(0)	$Ga^{3+} + 3e^- = Ga$	-0.549
P(Ⅰ)—(0)	$H_3PO_2 + H^+ + e^- = P + 2H_2O$	-0.508
P(Ⅲ)—(Ⅰ)	$H_3PO_3 + 2H^+ + 2e^- = H_3PO_2 + H_2O$	-0.499
C(Ⅳ)—(Ⅲ)	$2CO_2 + 2H^+ + 2e^- = H_2C_2O_4$	-0.49
Fe(Ⅱ)—(0)	$Fe^{2+} + 2e^- = Fe$	-0.447
Cr(Ⅲ)—(Ⅱ)	$Cr^{3+} + e^- = Cr^{2+}$	-0.407
Cd(Ⅱ)—(0)	$Cd^{2+} + 2e^- = Cd$	-0.4030
Se(0)—(-Ⅱ)	$Se + 2H^+ + 2e^- = H_2Se(aq)$	-0.399
Pb(Ⅱ)—(0)	$PbI_2 + 2e^- = Pb + 2I^-$	-0.365
Eu(Ⅲ)—(Ⅱ)	$Eu^{3+} + e^- = Eu^{2+}$	-0.36
Pb(Ⅱ)—(0)	$PbSO_4 + 2e^- = Pb + SO_4^{2-}$	-0.3588
In(Ⅲ)—(0)	$In^{3+} + 3e^- = In$	-0.3382
Tl(Ⅰ)—(0)	$Tl^+ + e^- = Tl$	-0.336
Co(Ⅱ)—(0)	$Co^{2+} + 2e^- = Co$	-0.28
P(Ⅴ)—(Ⅲ)	$H_3PO_4 + 2H^+ + 2e^- = H_3PO_3 + H_2O$	-0.276
Pb(Ⅱ)—(0)	$PbCl_2 + 2e^- = Pb + 2Cl^-$	-0.2675
Ni(Ⅱ)—(0)	$Ni^{2+} + 2e^- = Ni$	-0.257
V(Ⅲ)—(Ⅱ)	$V^{3+} + e^- = V^{2+}$	-0.255
Ge(Ⅳ)—(0)	$H_2GeO_3 + 4H^+ + 4e^- = Ge + 3H_2O$	-0.182
Ag(Ⅰ)—(0)	$AgI + e^- = Ag + I^-$	-0.15224
Sn(Ⅱ)—(0)	$Sn^{2+} + 2e^- = Sn$	-0.1375
Pb(Ⅱ)—(0)	$Pb^{2+} + 2e^- = Pb$	-0.1262

续附表6-4

1. 在酸性溶液中（298K）

电　对	电　极　反　应	$E^{\ominus}/V$
C(Ⅳ)—(Ⅱ)	$CO_2(g) + 2H^+ + 2e^- = CO + H_2O$	-0.12
P(0)—(-Ⅲ)	$P(white) + 3H^+ + 3e^- = PH_3(g)$	-0.063
Hg(Ⅰ)—(0)	$Hg_2I_2 + 2e^- = 2Hg + 2I^-$	-0.0405
Fe(Ⅲ)—(0)	$Fe^{3+} + 3e^- = Fe$	-0.037
H(Ⅰ)—(0)	$2H^+ + 2e^- = H_2$	0.0000
Ag(Ⅰ)—(0)	$AgBr + e^- = Ag + Br^-$	0.07133
S(Ⅱ,Ⅴ)—(Ⅱ)	$S_4O_6^{2-} + 2e^- = 2S_2O_3^{2-}$	0.08
Ti(Ⅳ)—(Ⅲ)	$TiO^{2+} + 2H^+ + e^- = Ti^{3+} + H_2O$	0.1
S(0)—(-Ⅱ)	$S + 2H^+ + 2e^- = H_2S(aq)$	0.142
Sn(Ⅳ)—(Ⅱ)	$Sn^{4+} + 2e^- = Sn^{2+}$	0.151
Sb(Ⅲ)—(0)	$Sb_2O_3 + 6H^+ + 6e^- = 2Sb + 3H_2O$	0.152
Cu(Ⅱ)—(Ⅰ)	$Cu^{2+} + e^- = Cu^+$	0.153
Bi(Ⅲ)—(0)	$BiOCl + 2H^+ + 3e^- = Bi + Cl^- + H_2O$	0.1583
S(Ⅵ)—(Ⅳ)	$SO_4^{2-} + 4H^+ + 2e^- = H_2SO_3 + H_2O$	0.172
Sb(Ⅲ)—(0)	$SbO^+ + 2H^+ + 3e^- = Sb + H_2O$	0.212
Ag(Ⅰ)—(0)	$AgCl + e^- = Ag + Cl^-$	0.22233
As(Ⅲ)—(0)	$HAsO_2 + 3H^+ + 3e^- = As + 2H_2O$	0.248
Hg(Ⅰ)—(0)	$Hg_2Cl_2 + 2e^- = 2Hg + 2Cl^-$(饱和 KCl)	0.26808
Bi(Ⅲ)—(0)	$BiO^+ + 2H^+ + 3e^- = Bi + H_2O$	0.320
U(Ⅵ)—(Ⅳ)	$UO_2^{2+} + 4H^+ + 2e^- = U^{4+} + 2H_2O$	0.327
C(Ⅳ)—(Ⅲ)	$2HCNO + 2H^+ + 2e^- = (CN)_2 + 2H_2O$	0.330
V(Ⅳ)—(Ⅲ)	$VO^{2+} + 2H^+ + e^- = V^{3+} + H_2O$	0.337
Cu(Ⅱ)—(0)	$Cu^{2+} + 2e^- = Cu$	0.3419
Re(Ⅶ)—(0)	$ReO_4^- + 8H^+ + 7e^- = Re + 4H_2O$	0.368
Ag(Ⅰ)—(0)	$Ag_2CrO_4 + 2e^- = 2Ag + CrO_4^{2-}$	0.4470
S(Ⅳ)—(0)	$H_2SO_3 + 4H^+ + 4e^- = S + 3H_2O$	0.449
Cu(Ⅰ)—(0)	$Cu^+ + e^- = Cu$	0.521
I(0)—(-Ⅰ)	$I_2 + 2e^- = 2I^-$	0.5355

续附表 6-4

1. 在酸性溶液中（298K）

电 对	电 极 反 应	$E^\ominus$/V
I(0)—(－Ⅰ)	$I_3^- + 2e^- = 3I^-$	0.536
As(Ⅴ)—(Ⅲ)	$H_3AsO_4 + 2H^+ + 2e^- = HAsO_2 + 2H_2O$	0.560
Sb(Ⅴ)—(Ⅲ)	$Sb_2O_5 + 6H^+ + 4e^- = 2SbO^+ + 3H_2O$	0.581
Te(Ⅳ)—(0)	$TeO_2 + 4H^+ + 4e^- = Te + 2H_2O$	0.593
U(Ⅴ)—(Ⅳ)	$UO_2^+ + 4H^+ + e^- = U^{4+} + 2H_2O$	0.612
Hg(Ⅱ)—(Ⅰ)	$2HgCl_2 + 2e^- = Hg_2Cl_2 + 2Cl^-$	0.63
Pt(Ⅳ)—(Ⅱ)	$[PtCl_6]^{2-} + 2e^- = [PtCl_4]^{2-} + 2Cl^-$	0.68
O(0)—(－Ⅰ)	$O_2 + 2H^+ + 2e^- = H_2O_2$	0.695
Pt(Ⅱ)—(0)	$[PtCl_4]^{2-} + 2e^- = Pt + 4Cl^-$	0.755
Se(Ⅳ)—(0)	$H_2SeO_3 + 4H^+ + 4e^- = Se + 3H_2O$	0.74
Fe(Ⅲ)—(Ⅱ)	$Fe^{3+} + e^- = Fe^{2+}$	0.771
Hg(Ⅰ)—(0)	$Hg_2^{2+} + 2e^- = 2Hg$	0.7973
Ag(Ⅰ)—(0)	$Ag^+ + e^- = Ag$	0.7996
Os(Ⅷ)—(0)	$OsO_4 + 8H^+ + 8e^- = Os + 4H_2O$	0.8
N(Ⅴ)—(Ⅳ)	$2NO_3^- + 4H^+ + 2e^- = N_2O_4 + 2H_2O$	0.803
Hg(Ⅱ)—(0)	$Hg^{2+} + 2e^- = Hg$	0.851
Si(Ⅳ)—(0)	$(quartz)SiO_2 + 4H^+ + 4e^- = Si + 2H_2O$	0.857
Cu(Ⅱ)—(Ⅰ)	$Cu^{2+} + I^- + e^- = CuI$	0.86
N(Ⅲ)—(Ⅰ)	$2HNO_2 + 4H^+ + 4e^- = H_2N_2O_2 + 2H_2O$	0.86
Hg(Ⅱ)—(Ⅰ)	$2Hg^{2+} + 2e^- = Hg_2^{2+}$	0.920
N(Ⅴ)—(Ⅲ)	$NO_3^- + 3H^+ + 2e^- = HNO_2 + H_2O$	0.934
Pd(Ⅱ)—(0)	$Pd^{2+} + 2e^- = Pd$	0.951
N(Ⅴ)—(Ⅱ)	$NO_3^- + 4H^+ + 3e^- = NO + 2H_2O$	0.957
N(Ⅲ)—(Ⅱ)	$HNO_2 + H^+ + e^- = NO + H_2O$	0.983
I(Ⅰ)—(－Ⅰ)	$HIO + H^+ + 2e^- = I^- + H_2O$	0.987
V(Ⅴ)—(Ⅳ)	$VO_2^+ + 2H^+ + e^- = VO^{2+} + H_2O$	0.991
V(Ⅴ)—(Ⅳ)	$V(OH)_4^+ + 2H^+ + e^- = VO^{2+} + 3H_2O$	1.00
Au(Ⅲ)—(0)	$[AuCl_4]^- + 3e^- = Au + 4Cl^-$	1.002

续附表6-4

1. 在酸性溶液中（298K）

电对	电极反应	$E^{\ominus}$/V
Te(Ⅵ)—(Ⅳ)	$H_6TeO_6 + 2H^+ + 2e^- = TeO_2 + 4H_2O$	1.02
N(Ⅳ)—(Ⅱ)	$N_2O_4 + 4H^+ + 4e^- = 2NO + 2H_2O$	1.035
N(Ⅳ)—(Ⅲ)	$N_2O_4 + 2H^+ + 2e^- = 2HNO_2$	1.065
I(Ⅴ)—(-Ⅰ)	$IO_3^- + 6H^+ + 6e^- = I^- + 3H_2O$	1.085
Br(0)—(-Ⅰ)	$Br_2(aq) + 2e^- = 2Br^-$	1.0873
Se(Ⅵ)—(Ⅳ)	$SeO_4^{2-} + 4H^+ + 2e^- = H_2SeO_3 + H_2O$	1.151
Cl(Ⅴ)—(Ⅳ)	$ClO_3^- + 2H^+ + e^- = ClO_2 + H_2O$	1.152
Pt(Ⅱ)—(0)	$Pt^{2+} + 2e^- = Pt$	1.18
Cl(Ⅶ)—(Ⅴ)	$ClO_4^- + 2H^+ + 2e^- = ClO_3^- + H_2O$	1.189
I(Ⅴ)—(0)	$2IO_3^- + 12H^+ + 10e^- = I_2 + 6H_2O$	1.195
Cl(Ⅴ)—(Ⅲ)	$ClO_3^- + 3H^+ + 2e^- = HClO_2 + H_2O$	1.214
Mn(Ⅳ)—(Ⅱ)	$MnO_2 + 4H^+ + 2e^- = Mn^{2+} + 2H_2O$	1.224
O(0)—(-Ⅱ)	$O_2 + 4H^+ + 4e^- = 2H_2O$	1.229
Tl(Ⅲ)—(Ⅰ)	$Tl^{3+} + 2e^- = Tl^+$	1.252
Cl(Ⅳ)—(Ⅲ)	$ClO_2 + H^+ + e^- = HClO_2$	1.277
N(Ⅲ)—(Ⅰ)	$2HNO_2 + 4H^+ + 4e^- = N_2O + 3H_2O$	1.297
Cr(Ⅵ)—(Ⅲ)	$Cr_2O_7^{2-} + 14H^+ + 6e^- = 2Cr^{3+} + 7H_2O$	1.33
Br(Ⅰ)—(-Ⅰ)	$HBrO + H^+ + 2e^- = Br^- + H_2O$	1.331
Cr(Ⅵ)—(Ⅲ)	$HCrO_4^- + 7H^+ + 3e^- = Cr^{3+} + 4H_2O$	1.350
Cl(0)—(-Ⅰ)	$Cl_2(g) + 2e^- = 2Cl^-$	1.35827
Cl(Ⅶ)—(-Ⅰ)	$ClO_4^- + 8H^+ + 8e^- = Cl^- + 4H_2O$	1.389
Cl(Ⅶ)—(0)	$ClO_4^- + 8H^+ + 7e^- = 1/2Cl_2 + 4H_2O$	1.39
Au(Ⅲ)—(Ⅰ)	$Au^{3+} + 2e^- = Au^+$	1.401
Br(Ⅴ)—(-Ⅰ)	$BrO_3^- + 6H^+ + 6e^- = Br^- + 3H_2O$	1.423
I(Ⅰ)—(0)	$2HIO + 2H^+ + 2e^- = I_2 + 2H_2O$	1.439
Cl(Ⅴ)—(-Ⅰ)	$ClO_3^- + 6H^+ + 6e^- = Cl^- + 3H_2O$	1.451
Pb(Ⅳ)—(Ⅱ)	$PbO_2 + 4H^+ + 2e^- = Pb^{2+} + 2H_2O$	1.455
Cl(Ⅴ)—(0)	$ClO_3^- + 6H^+ + 5e^- = 1/2Cl_2 + 3H_2O$	1.47

续附表 6-4

1. 在酸性溶液中 (298K)

电 对	电 极 反 应	$E^{\ominus}$/V
Cl(Ⅰ)—(-Ⅰ)	$HClO + H^+ + 2e^- = Cl^- + H_2O$	1.482
Br(Ⅴ)—(0)	$BrO_3^- + 6H^+ + 5e^- = 1/2Br_2 + 3H_2O$	1.482
Au(Ⅲ)—(0)	$Au^{3+} + 3e^- = Au$	1.498
Mn(Ⅶ)—(Ⅱ)	$MnO_4^- + 8H^+ + 5e^- = Mn^{2+} + 4H_2O$	1.507
Mn(Ⅲ)—(Ⅱ)	$Mn^{3+} + e^- = Mn^{2+}$	1.5415
Cl(Ⅲ)—(-Ⅰ)	$HClO_2 + 3H^+ + 4e^- = Cl^- + 2H_2O$	1.570
Br(Ⅰ)—(0)	$HBrO + H^+ + e^- = 1/2Br_2(aq) + H_2O$	1.574
N(Ⅱ)—(Ⅰ)	$2NO + 2H^+ + 2e^- = N_2O + H_2O$	1.591
I(Ⅶ)—(Ⅴ)	$H_5IO_6 + H^+ + 2e^- = IO_3^- + 3H_2O$	1.601
Cl(Ⅰ)—(0)	$HClO + H^+ + e^- = 1/2Cl_2 + H_2O$	1.611
Cl(Ⅲ)—(Ⅰ)	$HClO_2 + 2H^+ + 2e^- = HClO + H_2O$	1.645
Ni(Ⅳ)—(Ⅱ)	$NiO_2 + 4H^+ + 2e^- = Ni^{2+} + 2H_2O$	1.678
Mn(Ⅶ)—(Ⅳ)	$MnO_4^- + 4H^+ + 3e^- = MnO_2 + 2H_2O$	1.679
Pb(Ⅳ)—(Ⅱ)	$PbO_2 + SO_4^{2-} + 4H^+ + 2e^- = PbSO_4 + 2H_2O$	1.6913
Au(Ⅰ)—(0)	$Au^+ + e^- = Au$	1.692
Ce(Ⅳ)—(Ⅲ)	$Ce^{4+} + e^- = Ce^{3+}$	1.72
N(Ⅰ)—(0)	$N_2O + 2H^+ + 2e^- = N_2 + H_2O$	1.766
O(-Ⅰ)—(-Ⅱ)	$H_2O_2 + 2H^+ + 2e^- = 2H_2O$	1.776
Co(Ⅲ)—(Ⅱ)	$Co^{3+} + e^- = Co^{2+}$	1.83
Ag(Ⅱ)—(Ⅰ)	$Ag^{2+} + e^- = Ag^+$	1.980
S(Ⅶ)—(Ⅵ)	$S_2O_8^{2-} + 2e^- = 2SO_4^{2-}$	2.010
O(0)—(-Ⅱ)	$O_3 + 2H^+ + 2e^- = O_2 + H_2O$	2.076
O(Ⅱ)—(-Ⅱ)	$F_2O + 2H^+ + 4e^- = H_2O + 2F^-$	2.153
Fe(Ⅵ)—(Ⅲ)	$FeO_4^{2-} + 8H^+ + 3e^- = Fe^{3+} + 4H_2O$	2.20
O(0)—(-Ⅱ)	$O(g) + 2H^+ + 2e^- = H_2O$	2.421
F(0)—(-Ⅰ)	$F_2 + 2e^- = 2F^-$	2.866
	$F_2 + 2H^+ + 2e^- = 2HF$	3.053

续附表6-4

2. 在碱性溶液中（298K）

电　对	电　极　反　应	$E^{\ominus}$/V
Ca(Ⅱ)—(0)	$Ca(OH)_2 + 2e^- = Ca + 2OH^-$	-3.02
Ba(Ⅱ)—(0)	$Ba(OH)_2 + 2e^- = Ba + 2OH^-$	-2.99
La(Ⅲ)—(0)	$La(OH)_3 + 3e^- = La + 3OH^-$	-2.90
Sr(Ⅱ)—(0)	$Sr(OH)_2 \cdot 8H_2O + 2e^- = Sr + 2OH^- + 8H_2O$	-2.88
Mg(Ⅱ)—(0)	$Mg(OH)_2 + 2e^- = Mg + 2OH^-$	-2.690
Be(Ⅱ)—(0)	$Be_2O_3^{2-} + 3H_2O + 4e^- = 2Be + 6OH^-$	-2.63
Hf(Ⅳ)—(0)	$HfO(OH)_2 + H_2O + 4e^- = Hf + 4OH^-$	-2.50
Zr(Ⅳ)—(0)	$H_2ZrO_3 + H_2O + 4e^- = Zr + 4OH^-$	-2.36
Al(Ⅲ)—(0)	$H_2AlO_3^- + H_2O + 3e^- = Al + 4OH^-$	-2.33
P(Ⅰ)—(0)	$H_2PO_2^- + e^- = P + 2OH^-$	-1.82
B(Ⅲ)—(0)	$H_2BO_3^- + H_2O + 3e^- = B + 4OH^-$	-1.79
P(Ⅲ)—(0)	$HPO_3^{2-} + 2H_2O + 3e^- = P + 5OH^-$	-1.71
Si(Ⅳ)—(0)	$SiO_3^{2-} + 3H_2O + 4e^- = Si + 6OH^-$	-1.697
P(Ⅲ)—(Ⅰ)	$HPO_3^{2-} + 2H_2O + 2e^- = H_2PO_2^- + 3OH^-$	-1.65
Mn(Ⅱ)—(0)	$Mn(OH)_2 + 2e^- = Mn + 2OH^-$	-1.56
Cr(Ⅲ)—(0)	$Cr(OH)_3 + 3e^- = Cr + 3OH^-$	-1.48
Zn(Ⅱ)—(0)	$[Zn(CN)_4]^{2-} + 2e^- = Zn + 4CN^-$	-1.26
Zn(Ⅱ)—(0)	$Zn(OH)_2 + 2e^- = Zn + 2OH^-$	-1.249
Ga(Ⅲ)—(0)	$H_2GaO_3^- + H_2O + 2e^- = Ga + 4OH^-$	-1.219
Zn(Ⅱ)—(0)	$ZnO_2^{2-} + 2H_2O + 2e^- = Zn + 4OH^-$	-1.215
Cr(Ⅲ)—(0)	$CrO_2^- + 2H_2O + 3e^- = Cr + 4OH^-$	-1.2
Te(0)—(-Ⅰ)	$Te + 2e^- = Te^{2-}$	-1.143
P(Ⅴ)—(Ⅲ)	$PO_4^{3-} + 2H_2O + 2e^- = HPO_3^{2-} + 3OH^-$	-1.05
Zn(Ⅱ)—(0)	$[Zn(NH_3)_4]^{2+} + 2e^- = Zn + 4NH_3$	-1.04
W(Ⅵ)—(0)	$WO_4^{2-} + 4H_2O + 6e^- = W + 8OH^-$	-1.01
Ge(Ⅳ)—(0)	$HGeO_3^- + 2H_2O + 4e^- = Ge + 5OH^-$	-1.0
Sn(Ⅳ)—(Ⅱ)	$[Sn(OH)_6]^{2-} + 2e^- = HSnO_2^- + H_2O + 3OH^-$	-0.93
S(Ⅵ)—(Ⅳ)	$SO_4^{2-} + H_2O + 2e^- = SO_3^{2-} + 2OH^-$	-0.93
Se(0)—(-Ⅱ)	$Se + 2e^- = Se^{2-}$	-0.924
Sn(Ⅱ)—(0)	$HSnO_2^- + H_2O + 2e^- = Sn + 3OH^-$	-0.909

续附表 6-4

2. 在碱性溶液中（298K）

电 对	电 极 反 应	$E^{\ominus}$/V
P(0)—(－Ⅲ)	$P+3H_2O+3e^-=PH_3(g)+3OH^-$	－0.87
N(Ⅴ)—(Ⅳ)	$2NO_3^-+2H_2O+2e^-=N_2O_4+4OH^-$	－0.85
H(Ⅰ)—(0)	$2H_2O+2e^-=H_2+2OH^-$	－0.8277
Cd(Ⅱ)—(0)	$Cd(OH)_2+2e^-=Cd(Hg)+2OH^-$	－0.809
Co(Ⅱ)—(0)	$Co(OH)_2+2e^-=Co+2OH^-$	－0.73
Ni(Ⅱ)—(0)	$Ni(OH)_2+2e^-=Ni+2OH^-$	－0.72
As(Ⅴ)—(Ⅲ)	$AsO_4^{3-}+2H_2O+2e^-=AsO_2^-+4OH^-$	－0.71
Ag(Ⅰ)—(0)	$Ag_2S+2e^-=2Ag+S^{2-}$	－0.691
As(Ⅲ)—(0)	$AsO_2^-+2H_2O+3e^-=As+4OH^-$	－0.68
Sb(Ⅲ)—(0)	$SbO_2^-+2H_2O+3e^-=Sb+4OH^-$	－0.66
Re(Ⅶ)—(Ⅳ)	$ReO_4^-+2H_2O+3e^-=ReO_2+4OH^-$	－0.59
Sb(Ⅴ)—(Ⅲ)	$SbO_3^-+H_2O+2e^-=SbO_2^-+2OH^-$	－0.59
Re(Ⅶ)—(0)	$ReO_4^-+4H_2O+7e^-=Re+8OH^-$	－0.584
S(Ⅳ)—(Ⅱ)	$2SO_3^{2-}+3H_2O+4e^-=S_2O_3^{2-}+6OH^-$	－0.58
Te(Ⅳ)—(0)	$TeO_3^{2-}+3H_2O+4e^-=Te+6OH^-$	－0.57
Fe(Ⅲ)—(Ⅱ)	$Fe(OH)_3+e^-=Fe(OH)_2+OH^-$	－0.56
S(0)—(－Ⅱ)	$S+2e^-=S^{2-}$	－0.47627
Bi(Ⅲ)—(0)	$Bi_2O_3+3H_2O+6e^-=2Bi+6OH^-$	－0.46
N(Ⅲ)—(Ⅱ)	$NO_2^-+H_2O+e^-=NO+2OH^-$	－0.46
Co(Ⅱ)—C(0)	$[Co(NH_3)_6]^{2+}+2e^-=Co+6NH_3$	－0.422
Se(Ⅳ)—(0)	$SeO_3^{2-}+3H_2O+4e^-=Se+6OH^-$	－0.366
Cu(Ⅰ)—(0)	$Cu_2O+H_2O+2e^-=2Cu+2OH^-$	－0.360
Tl(Ⅰ)—(0)	$Tl(OH)+e^-=Tl+OH^-$	－0.34
Ag(Ⅰ)—(0)	$[Ag(CN)_2]^-+e^-=Ag+2CN^-$	－0.31
Cu(Ⅱ)—(0)	$Cu(OH)_2+2e^-=Cu+2OH^-$	－0.222
Cr(Ⅵ)—(Ⅲ)	$CrO_4^{2-}+4H_2O+3e^-=Cr(OH)_3+5OH^-$	－0.13
Cu(Ⅰ)—(0)	$[Cu(NH_3)_2]^++e^-=Cu+2NH_3$	－0.12
O(0)—(－Ⅰ)	$O_2+H_2O+2e^-=HO_2^-+OH^-$	－0.076
Ag(Ⅰ)—(0)	$AgCN+e^-=Ag+CN^-$	－0.017
N(Ⅴ)—(Ⅲ)	$NO_3^-+H_2O+2e^-=NO_2^-+2OH^-$	0.01

续附表6-4

2. 在碱性溶液中（298K）

电　对	电　极　反　应	$E^{\ominus}$/V
Se(Ⅵ)—(Ⅳ)	$SeO_4^{2-}+H_2O+2e^-=SeO_3^{2-}+2OH^-$	0.05
Pd(Ⅱ)—(0)	$Pd(OH)_2+2e^-=Pd+2OH^-$	0.07
S(Ⅱ,Ⅴ)—(Ⅱ)	$S_4O_6^{2-}+2e^-=2S_2O_3^{2-}$	0.08
Hg(Ⅱ)—(0)	$HgO+H_2O+2e^-=Hg+2OH^-$	0.0977
Co(Ⅲ)—(Ⅱ)	$[Co(NH_3)_6]^{3+}+e^-=[Co(NH_3)_6]^{2+}$	0.108
Pt(Ⅱ)—(0)	$Pt(OH)_2+2e^-=Pt+2OH^-$	0.14
Co(Ⅲ)—(Ⅱ)	$Co(OH)_3+e^-=Co(OH)_2+OH^-$	0.17
Pb(Ⅳ)—(Ⅱ)	$PbO_2+H_2O+2e^-=PbO+2OH^-$	0.247
I(Ⅴ)—(-Ⅰ)	$IO_3^-+3H_2O+6e^-=I^-+6OH^-$	0.26
Cl(Ⅴ)—(Ⅲ)	$ClO_3^-+H_2O+2e^-=ClO_2^-+2OH^-$	0.33
Ag(Ⅰ)—(0)	$Ag_2O+H_2O+2e^-=2Ag+2OH^-$	0.342
Fe(Ⅲ)—(Ⅱ)	$[Fe(CN)_6]^{3-}+e^-=[Fe(CN)_6]^{4-}$	0.358
Cl(Ⅶ)—(Ⅴ)	$ClO_4^-+H_2O+2e^-=ClO_3^-+2OH^-$	0.36
Ag(Ⅰ)—(0)	$[Ag(NH_3)_2]^++e^-=Ag+2NH_3$	0.373
O(0)—(-Ⅱ)	$O_2+2H_2O+4e^-=4OH^-$	0.401
I(Ⅰ)—(-Ⅰ)	$IO^-+H_2O+2e^-=I^-+2OH^-$	0.485
Ni(Ⅳ)—(Ⅱ)	$NiO_2+2H_2O+2e^-=Ni(OH)_2+2OH^-$	0.490
Mn(Ⅶ)—(Ⅵ)	$MnO_4^-+e^-=MnO_4^{2-}$	0.558
Mn(Ⅶ)—(Ⅳ)	$MnO_4^-+2H_2O+3e^-=MnO_2+4OH^-$	0.595
Mn(Ⅵ)—(Ⅳ)	$MnO_4^{2-}+2H_2O+2e^-=MnO_2+4OH^-$	0.60
Ag(Ⅱ)—(Ⅰ)	$2AgO+H_2O+2e^-=Ag_2O+2OH^-$	0.607
Br(Ⅴ)—(-Ⅰ)	$BrO_3^-+3H_2O+6e^-=Br^-+6OH^-$	0.61
Cl(Ⅴ)—(-Ⅰ)	$ClO_3^-+3H_2O+6e^-=Cl^-+6OH^-$	0.62
Cl(Ⅲ)—(Ⅰ)	$ClO_2^-+H_2O+2e^-=ClO^-+2OH^-$	0.66
I(Ⅶ)—(Ⅴ)	$H_3IO_6^{2-}+2e^-=IO_3^-+3OH^-$	0.7
Cl(Ⅲ)—(-Ⅰ)	$ClO_2^-+2H_2O+4e^-=Cl^-+4OH^-$	0.76
Br(Ⅰ)—(-Ⅰ)	$BrO^-+H_2O+2e^-=Br^-+2OH^-$	0.761
Cl(Ⅰ)—(-Ⅰ)	$ClO^-+H_2O+2e^-=Cl^-+2OH^-$	0.841
Cl(Ⅳ)—(Ⅲ)	$ClO_2(g)+e^-=ClO_2^-$	0.95
O(0)—(-Ⅱ)	$O_3+H_2O+2e^-=O_2+2OH^-$	1.24

附录 7 元素的相对原子质量和化合物的摩尔质量

附表 7-1 元素的相对原子质量

元素		相对	元素		相对	元素		相对
符号	名称	原子质量	符号	名称	原子质量	符号	名称	原子质量
Ag	银	107.8682	Hf	铪	178.49	Rb	铷	85.4678
Al	铝	26.981539	Hg	汞	200.59	Re	铼	186.207
Ar	氩	39.948	Ho	钬	164.93032	Rh	铑	102.9055
As	砷	74.92159	I	碘	126.904447	Ru	钌	101.07
Au	金	196.96654	In	铟	114.82	S	硫	32.066
B	硼	10.811	Ir	铱	192.22	Sb	锑	121.757
Ba	钡	137.327	K	钾	39.0983	Sc	钪	44.955910
Be	铍	9.012182	Kr	氪	83.80	Se	硒	78.96
Bi	铋	208.98037	La	镧	138.9055	Si	硅	28.0855
Br	溴	79.904	Li	锂	6.941	Sm	钐	150.36
C	碳	12.011	Lu	镥	174.967	Sn	锡	118.710
Ca	钙	40.078	Mg	镁	24.3050	Sr	锶	87.62
Cd	镉	112.411	Mn	锰	54.93805	Ta	钽	180.9479
Ce	铈	140.115	Mo	钼	95.94	Tb	铽	158.92534
Cl	氯	35.4527	N	氮	14.00674	Te	碲	127.60
Co	钴	58.93320	Na	钠	22.989768	Th	钍	232.0381
Cr	铬	51.9961	Nb	铌	92.90638	Ti	钛	47.88
Cs	铯	132.90543	Nd	钕	144.24	Tl	铊	204.3833
Cu	铜	63.546	Ne	氖	20.1797	Tm	铥	168.93421
Dy	镝	162.50	Ni	镍	58.6934	U	铀	238.0289
Er	铒	167.26	Np	镎	237.0482	V	钒	50.9415
Eu	铕	151.965	O	氧	15.9994	W	钨	183.85
F	氟	18.9984032	Os	锇	190.2	Xe	氙	131.29
Fe	铁	55.847	P	磷	30.973762	Y	钇	88.90585
Ga	镓	69.723	Pb	铅	207.2	Yb	镱	173.04
Gd	钆	157.25	Pd	钯	106.42	Zn	锌	65.39
Ge	锗	72.61	Pr	镨	140.90765	Zr	锆	91.224
H	氢	1.00794	Pt	铂	195.08			
He	氦	4.002602	Ra	镭	226.0254			

附表7-2　化合物的摩尔质量

化合物	M /g·mol⁻¹	化合物	M /g·mol⁻¹	化合物	M /g·mol⁻¹
Ag_3AsO_4	462.52	$BiCl_3$	315.34	CH_2O	30.03
AgBr	187.77	BiOCl	260.43	$C_{14}H_{14}N_3O_3Sna$（甲基橙）	327.33
AgCl	143.32	CO_2	44.01		
AgCN	133.89	CaO	56.08	$C_6H_5NO_3$（硝基酚）	139.11
AgSCN	165.95	$CaCO_3$	100.09		
$AlCl_3$	133.34	CaC_2O_4	128.10	$C_4H_8N_2O_2$（丁二酮肟）	116.12
Ag_2CrO_4	331.73	$CaCl_2$	110.99		
AgI	234.77	$CaCl_2 \cdot 6H_2O$	219.08	$(CH_2)_6N_4$（六亚甲基四胺）	140.19
$AgNO_3$	169.87	$Ca(NO_3)_2 \cdot 4H_2O$	236.15		
$AlCl_3 \cdot 6H_2O$	241.43	$Ca(OH)_2$	74.09	$C_7H_6O_6S \cdot 2H_2O$（磺基水杨酸）	254.22
$Al(NO_3)_3$	213.00	$Ca_3(PO_4)_2$	310.18		
$Al(NO_3)_3 \cdot 9H_2O$	375.13	$CaSO_4$	136.14	C_9H_6NOH（8-羟基喹啉）	145.16
Al_2O_3	101.96	$CdCO_3$	172.42		
$Al(OH)_3$	78.00	$CdCl_2$	183.82	$C_{12}H_8N_2 \cdot H_2O$（邻菲罗啉）	198.22
$Al_2(SO_4)_3$	342.14	CdS	144.47		
$Al_2(SO_4)_3 \cdot 18H_2O$	666.41	$Ce(SO_4)_2$	332.24	$C_2H_5NO_2$（氨基乙酸、甘氨酸）	75.07
As_2O_3	197.84	$Ce(SO_4)_2 \cdot 4H_2O$	404.30		
As_2O_5	229.84	$CoCl_2$	129.84	$C_6H_{12}N_2O_4S_2$（L-胱氨酸）	240.30
As_2S_3	246.03	$CoCl_2 \cdot 6H_2O$	237.93		
$BaCO_3$	197.34	$Co(NO_3)_2$	182.94	$CrCl_3$	158.36
BaC_2O_4	225.35	$Co(NO_3)_2 \cdot 6H_2O$	291.03	$CrCl_3 \cdot 6H_2O$	266.45
$BaCl_2$	208.24	CoS	90.99	$Cr(NO_3)_3$	238.01
$BaCl_2 \cdot 2H_2O$	244.27	$CoSO_4$	154.99	Cr_2O_3	151.99
$BaCrO_4$	253.32	$CoSO_4 \cdot 7H_2O$	281.10	CuCl	99.00
BaO	153.33	$CO(NH_2)_2$（尿素）	60.06	$CuCl_2$	134.45
$Ba(OH)_2$	171.34	$CS(NH_2)_2$（硫脲）	76.116	$CuCl_2 \cdot 2H_2O$	170.48
$BaSO_4$	233.39	C_6H_5OH	94.113	CuSCN	121.62

续附表 7-2

化合物	M /g · mol^{-1}
CuI	190.45
$Cu(NO_3)_2$	187.56
$Cu(NO_3) \cdot 3H_2O$	241.60
CuO	79.54
Cu_2O	143.09
CuS	95.61
$CuSO_4$	159.06
$CuSO_4 \cdot 5H_2O$	249.68
$FeCl_2$	126.75
$FeCl_2 \cdot 4H_2O$	198.81
$FeCl_3$	162.21
$FeCl_3 \cdot 6H_2O$	270.30
$FeNH_4(SO_4)_2 \cdot 12H_2O$	482.18
$Fe(NO_3)_3$	241.86
$Fe(NO_3)_3 \cdot 9H_2O$	404.00
FeO	71.85
Fe_2O_3	159.69
Fe_3O_4	231.54
$Fe(OH)_3$	106.87
FeS	87.91
Fe_2S_3	207.87
$FeSO_4$	151.91
$FeSO_4 \cdot 7H_2O$	278.01
$Fe(NH_4)_2(SO_4)_2 \cdot 6H_2O$	392.13
H_3AsO_3	125.94

化合物	M /g · mol^{-1}
H_3AsO_4	141.94
H_3BO_3	61.83
HBr	80.91
HCN	27.03
HCOOH	46.03
CH_3COOH	60.05
H_2CO_3	62.02
$H_2C_2O_4$	90.04
$H_2C_2O_4 \cdot 2H_2O$	126.07
$H_2C_4H_4O_4$（丁二酸）	118.09
$H_2C_4H_4O_6$（酒石酸）	150.09
$H_3C_6H_5O_7 \cdot H_2O$（柠檬酸）	210.14
$H_2C_4H_4O_5$（DL-苹果酸）	134.09
$HC_3H_6NO_2$（DL-a-丙氨酸）	89.10
HCl	36.46
HF	20.01
HI	127.91
HIO_3	175.91
HNO_2	47.01
HNO_3	63.01
H_2O	18.015
H_2O_2	34.02

化合物	M /g · mol^{-1}
H_3PO_4	98.00
H_2S	34.08
H_2SO_3	82.07
H_2SO_4	98.07
$Hg(CN)_2$	252.63
$HgCl_2$	271.50
Hg_2Cl_2	472.09
HgI_2	454.40
$Hg_2(NO_3)_2$	525.19
$Hg_2(NO_3)_2 \cdot 2H_2O$	561.22
$Hg(NO_3)_2$	324.60
HgO	216.59
HgS	232.65
$HgSO_4$	296.65
Hg_2SO_4	497.24
$KAl(SO_4)_2 \cdot 12H_2O$	474.38
KBr	119.00
$KBrO_3$	167.00
KCl	74.55
$KClO_3$	122.55
$KClO_4$	138.55
KCN	65.12
KSCN	97.18
K_2CO_3	138.21
K_2CrO_4	194.19
$K_2Cr_2O_7$	294.18
$K_3Fe(CN)_6$	329.25

续附表 7-2

化合物	M /g · mol^{-1}	化合物	M /g · mol^{-1}	化合物	M /g · mol^{-1}
$K_4Fe(CN)_6$	368.35	MgO	40.30	$(NH_4)_2S$	68.14
$KFe(SO_4)_2 \cdot 12H_2O$	503.24	$Mg(OH)_2$	58.32	$(NH_4)_2SO_4$	132.13
		$Mg_2P_2O_7$	222.55	NH_4VO_3	116.98
$KHC_2O_4 \cdot H_2O$	146.14	$MgSO_4 \cdot 7H_2O$	246.47	Na_3AsO_3	191.89
$KHC_2O_4 \cdot H_2C_2O_4 \cdot H_2O$	254.19	$MnCO_3$	114.95	$Na_2B_4O_7$	201.22
		$MnCl_2 \cdot 4H_2O$	197.91	$Na_2B_4O_7 \cdot 10H_2O$	381.37
$KHC_4H_4O_6$（酒石酸氢钾）	188.18	$Mn(NO_3)_2 \cdot 6H_2O$	287.04	$NaBiO_3$	279.97
		MnO	70.94	$NaCN$	49.01
$KHC_8H_4O_4$（邻苯二甲酸氢钾）	204.22	MnO_2	86.94	$NaSCN$	81.07
		MnS	87.00	Na_2CO_3	105.99
$KHSO_4$	136.16	$MnSO_4$	151.00	$Na_2CO_3 \cdot 10H_2O$	286.14
KI	166.00	$MnSO_4 \cdot 4H_2O$	223.06	$Na_2C_2O_4$	134.00
KIO_3	214.00	NO	30.01	CH_3COONa	82.03
$KIO_3 \cdot HIO_3$	389.91	NO_2	46.01	$CH_3COONa \cdot 3H_2O$	136.08
$KMnO_4$	158.03	NH_3	17.03	$Na_3C_6H_5O_7$（柠檬酸钠）	258.07
$KNaC_4H_4O_6 \cdot 4H_2O$	282.22	CH_3COONH_4	77.08		
KNO_3	101.10	$NH_2OH \cdot HCl$（盐酸羟氨）	69.49	$NaC_5H_8NO_4 \cdot H_2O$（L-谷氨酸钠）	187.13
KNO_2	85.10				
K_2O	94.20	NH_4Cl	53.49	$NaCl$	58.44
KOH	56.11	$(NH_4)_2CO_3$	96.09	$NaClO$	74.44
K_2SO_4	174.25	$(NH_4)_2C_2O_4$	124.10	$NaHCO_3$	84.01
$MgCO_3$	84.31	$(NH_4)_2C_2O_4 \cdot H_2O$	142.11	$Na_2HPO_4 \cdot 12H_2O$	358.14
$MgCl_2$	95.21	NH_4SCN	76.12	$Na_2H_2C_{10}H_{12}O_8N_2$（EDTA 二钠盐）	336.21
$MgCl_2 \cdot 6H_2O$	203.30	NH_4HCO_3	79.06		
MgC_2O_4	112.33	$(NH_4)_2MoO_4$	196.01	$Na_2H_2C_{10}H_{12}O_8N_2 \cdot 2H_2O$	372.24
$Mg(NO_3)_2 \cdot 6H_2O$	256.41	NH_4NO_3	80.04		
$MgNH_4PO_4$	137.32	$(NH_4)_2HPO_4$	132.06	$NaNO_2$	69.00

续附表 7-2

化合物	M /g·mol^{-1}	化合物	M /g·mol^{-1}	化合物	M /g·mol^{-1}
$NaNO_3$	85.00	$Pb(CH_3COO)_2 \cdot 3H_2O$	379.30	SnS_2	150.75
Na_2O	61.98			$SrCO_3$	147.63
Na_2O_2	77.98	$Pb(CH_3COO)_2$	325.29	SrC_2O_4	175.64
NaOH	40.00	PbI_2	461.01	$SrCrO_4$	203.61
Na_3PO_4	163.94	$Pb(NO_3)_2$	331.21	$Sr(NO_3)_2$	211.63
Na_2S	78.04	PbO	223.20	$Sr(NO_3)_2 \cdot 4H_2O$	283.69
$Na_2S \cdot 9H_2O$	240.18	PbO_2	239.20	$SrSO_4$	183.69
Na_2SO_3	126.04	$Pb_3(PO_4)_2$	811.54	$ZnCO_3$	125.39
Na_2SO_4	142.04	PbS	239.30	$UO_2(CH_3COO)_2 \cdot 2H_2O$	424.15
$Na_2S_2O_3$	158.10	$PbSO_4$	303.30		
$Na_2S_2O_3 \cdot 5H_2O$	248.17	SO_3	80.06	ZnC_2O_4	153.40
$NiCl_2 \cdot 6H_2O$	237.70	SO_2	64.06	$ZnCl_2$	136.29
NiO	74.70	$SbCl_3$	228.11	$Zn(CH_3COO)_2$	183.47
$Ni(NO_3)_2 \cdot 6H_2O$	290.80	$SbCl_5$	299.02	$Zn(CH_3COO)_2 \cdot 2H_2O$	219.50
NiS	90.76	Sb_2O_3	291.50		
$NiSO_4 \cdot 7H_2O$	280.86	Sb_2S_3	339.68	$Zn(NO_3)_2$	189.39
$Ni(C_4H_7N_2O_2)_2$（丁二酮肟合镍）	288.91	SiF_4	104.08	$Zn(NO_3)_2 \cdot 6H_2O$	297.48
		SiO_2	60.08	ZnO	81.38
P_2O_5	141.95	$SnCl_2$	189.60	ZnS	97.44
$PbCO_3$	267.21	$SnCl_2 \cdot 2H_2O$	225.63	$ZnSO_4$	161.54
PbC_2O_4	295.22	$SnCl_4$	260.50	$ZnSO_4 \cdot 7H_2O$	287.55
$PbCl_2$	278.10	$SnCl_4 \cdot 5H_2O$	350.58		
$PbCrO_4$	323.19	SnO_2	150.69		

参考文献

[1] 中长华，唐树戈主编．普通化学实验［M］．北京：科学出版社，2006.
[2] 郑春生，杨南，李梅，崔春仙．基础化学实验（无机及化学分析实验部分）［M］．天津：南开大学出版社，2002 重印．
[3] 北京师范大学无机化学教研室编．无机化学实验（第三版）［M］．北京：高等教育出版社，2004.
[4] 中山大学等校编．无机化学实验（第三版）［M］．北京：高等教育出版社，1992（2004 重印）．
[5] 王希通主编．无机化学实验［M］，北京：高等教育出版社，1992.
[6] 刘长久，刘峥主编．大学化学基础实验［M］．桂林：广西师范大学出版社，2004.
[7] 林宝凤等．基础化学实验技术绿色化教程［M］．北京：科学出版社，2003.
[8] 李聚源主编．普通化学实验［M］．北京：化学工业出版社，2002.
[9] 蔡维平主编．基础化学实验（一）［M］．北京：科学出版社，2004.
[10] 吕苏琴，张春荣，揭念芹．基础化学实验Ⅰ［M］．北京：科学出版社，2000.
[11] 周仕学，薛彦辉主编．普通化学实验［M］．北京：化学化工出版社，2003.
[12] 文建国，常慧，徐勇军，等．基础化学实验教程［M］．北京：国防工业出版社，2006.
[13] 吴泳主编．大学化学新体系实验［M］．北京：科学出版社，1999.
[14] 大连理工大学无机化学教研室编．无机化学（第四版）［M］，北京：高等教育出版社，2001.
[15] 周宁怀．微型无机化学实验［M］．北京：科学出版社，2000.
[16] 王林山，张霞．无机化学实验［M］．北京：化学工业出版社，2004.
[17] 陈虹锦主编．实验化学（上册）［M］，北京：科学出版社，2003.
[18] 古凤才，肖衍繁，张明杰，等．基础化学实验教程（第二版）［M］．北京：科学出版社，2005.
[19] 刘迎春主编．无机化学实验［M］．北京：中国医药科技出版社，2004.
[20] 李志林，马志领，翟永清．无机及分析化学实验［M］．北京：化学工业出版社，2007.
[21] 丁先锋，段海宝，吴艳．过氧化钙的合成新工艺［J］．化学研究，2003，4（2）：42～43，49.
[22] 田从学．过氧化钙（CaO_2）的实验室制备研究［J］．攀枝花大学学报，2001，18（1）：76～79.
[23] 周玉新，贺小平，伍沅．过氧化钙的生产工艺研究［J］．武汉化工学院学报，2003，25（1）：18～20.
[24] 杨茂山．固体碱熔氧化法制备重铬酸钾的微型实验［J］．临沂师范学院学报，2004，

26 (3)：135 ~ 136.
[25] 李杰．固体碱熔氧化法制备重铬酸钾的实验研究［J］．赤峰学院学报（自然科学版），2005，21（5）：25，29.
[26] 袁爱群，金彩，张直，等．用绿色化学理念改进硫酸亚铁铵制备实验［J］，化学教育，2004（5）：8 ~ 9.
[27] 姜述芹，马荔，梁竹梅，等．硫酸亚铁铵制备实验的改进探索［J］．实验室研究与探索，2005，24（7）：18 ~ 20.
[28] 汪丰云，王小龙．硫酸亚铁铵制备的绿色化设计［J］．大学化学，2006，21（1）：51 ~ 52，54.
[29] 姜述芹，陈红锦，梁竹梅，等．三草酸合铁（Ⅲ）酸钾制备实验探索［J］．实验室研究与探索，2006，25（10）：1194 ~ 1196.
[30] 姚杰强．十二钨磷酸制备方法的改进［J］．光谱实验室，1999，16（4）：432 ~ 433.
[31] 黄理耀．五水硫酸铜制备实验的改进［J］．实验室研究与探索，2004，23（11）：53.
[32] 舒增年．制备硫酸铜实验的改进［J］．丽水师专学报，1998，20（2）：46，55.
[33] 纪明中，刘卫华．硫酸铜制备实验的改进［J］．化学教学，2006，（2）：6 ~ 7.
[34] 洪彤彤，陈伟珍，杨桂珍，等．转化法制备硝酸钾微型实验的探究［J］．实验技术与管理，2006，23（11）：45 ~ 46.
[35] 丁宗庆．转化法制备硝酸钾的微型实验［J］．内蒙古民族大学学报（自然），2004，19（1）：41 ~ 43.
[36] 霍冀川主编．化学综合设计实验［M］．北京：化学工业出版社，2008.
[37] 邱广敏，沈国平，刘铁山．硫代硫酸钠制备实验的改进［J］．实验室研究与探索，1998，17（3）：44 ~ 46.
[38] 浙江大学普通化学教研组编，普通化学［M］．北京：高等教育出版社，2002.
[39] 陈坚固，杨森根．无机化学实验［M］．厦门：厦门大学出版社，1997.
[40] 徐琰，何占航主编．无机化学实验［M］．郑州：郑州大学出版社，2002.
[41] 李铭岫主编．无机化学实验［M］．北京：北京理工大学出版社，2002.
[42] 王秋长，赵鸿喜，张守民，等．基础化学实验［M］．北京：科学出版社，2003.

冶金工业出版社部分图书推荐